本书研究及出版获以下基金支持
国家自然科学基金（30300272）
福建省自然科学基金（D0510018，B0310014）

杉木人工林碳经营、计量与监测方法学

杨玉盛　陈光水　钟小剑 等　著

科学出版社
北　京

内 容 简 介

杉木人工林是我国南方地区经营历史最长的人工用材林，其在木材生产功能和固碳、涵养水源等生态功能方面扮演着非常重要的角色，在应对全球气候变化进程中也发挥着不可替代的作用。然而，与天然林相比，人工用材林存在诸多问题。其中，如何在保证木材生产的同时提高生态功能，实现可持续发展，是目前杉木人工林经营管理面临的关键问题之一。碳储量是衡量森林生态功能的重要指标之一，森林碳汇有利于减缓温室效应，应对气候变化。本书通过梳理和分析近年来与杉木人工林碳储量相关的文献，综述了林分年龄、经营管理措施、分布区域及立地条件对杉木人工林生产力和碳储量的影响，在此基础上，提出了维持杉木人工林经济与生态效益相平衡的生产实践建议，也对杉木人工林碳储量研究的现存问题及日后研究方向进行了探讨，以期为今后的相关研究提供参考。

本书可供地理、生态、环境、生态经济、规划、政策与管理研究等相关领域的专业人员使用，也可供高等院校相关专业的师生参阅。

图书在版编目（CIP）数据

杉木人工林碳经营、计量与监测方法学 / 杨玉盛等著 . — 北京：科学出版社，2021.9

ISBN 978-7-03-069784-4

Ⅰ . ①杉⋯　Ⅱ . ①杨⋯　Ⅲ . ①杉木—人工林—碳—储量—研究　Ⅳ . ① S791.27

中国版本图书馆 CIP 数据核字 (2021) 第 187557 号

责任编辑：林　剑 / 责任校对：樊雅琼
责任印制：吴兆东 / 封面设计：无极书装

科 学 出 版 社 出版
北京东黄城根北街16号
邮政编码：100717
http://www.sciencep.com

北京捷迅佳彩印刷有限公司 印刷
科学出版社发行　各地新华书店经销
*
2021年9月第　一　版　开本：787×1092　1/16
2021年9月第一次印刷　印张：12 1/2
字数：300 000
定价：138.00元
（如有印装质量问题，我社负责调换）

前　言

林业具有生态、社会、经济等多重效益，兼具减缓与适应气候变化的双重功能，在应对气候变化中具有特殊地位并发挥重要作用。《联合国森林战略规划（2017—2030 年）》于 2017 年 4 月 27 日第 71 届联合国大会审议通过，这是首次以联合国名义做出的全球森林发展战略，彰显了国际社会对林业的高度重视。林业也是我国应对气候变化的重要战略储备，2015 年 11 月 30 日，国家主席习近平在气候变化巴黎大会上提出，于 2030 年左右我国森林蓄积量比 2005 年增加 45 亿 m^3 左右。在此背景下，国内外碳交易市场陆续启动，并实现了林业碳汇项目的交易。尤其是在自愿碳交易中，林业碳汇项目已成为国内外企业、机构和公众自愿减排、履行社会责任的主要选择。这进一步推动了国内外碳交易市场的培育进程，也是我国碳汇林业发展的新挑战，更是新契机。

林业碳汇的开发既要与国际接轨，也要立足中国国情与林情，是在实践中逐步探索且专业性很强的新兴产业。目前，我国林业碳汇相关领域的碳计量、市场管理等工作尚处起步阶段，尤其是林业碳汇项目方法学仍不成熟，亟需开发更加适合于区域特色的林业碳汇方法学。

碳汇方法学，是用于确定项目基准线、论证额外性、计算减排量和制定监测计划等碳计量方法指南。基于以上原则，林业碳汇方法学是开发林业碳汇项目的主要标准，是项目审定、核查、注册、签发减排量的重要依据，是林业碳汇项目减排量达到"可计量、可报告、可核查"的基本保证。为对接快速兴起的林业碳汇市场的需求，补齐碳计量方法学的短板，笔者基于我国人工林占比较大的基本国情，与团队科研成员、研究生一起，自 20 世纪 90 年代起在福建省南平市等闽北一带开展了杉木人工林碳计量、碳经营等相关研究工作。研究成果《杉木人工林碳吸存与碳计量技术》获得 2009 年福建省科技进步奖一等奖；《杉木人工林碳汇经营技术》入选首批国家发展和改革委员会国家重点节能低碳技术推广目录技术报告，是当时仅有的两项绿色低碳项目之一。在此基础上，笔者着眼于气候变化与林业碳汇的现实背景，立足于杉木人工林速生的基本特性，进一步推动碳计量技术与方法的革新，完善了杉木人工林碳经营、碳计量等技术。经过长时间的积累和沉淀，终得汇集成稿，与读者见面。在本书中详细介绍了部分技术的操作方法与技术参数，以便推广；还结合中国的区域特点，建议将人工林土壤碳汇纳入森林碳汇计量。这有两方面的考量：一是研究结果表明土壤碳汇在杉木人工林生态系统碳汇中的占比较大；二是在全球变暖进一步加剧的背景下，碳汇将显得更加稀缺，土壤碳汇纳入林业碳汇计量是人工林与天然林碳计量最大的差别。书中研究了传统营林方式——炼山对杉木幼林生态系统碳流失的影响；同时，对比不同营林方式增汇功能的优劣，为杉木人工林的碳经营（增汇）提供理论支撑。本书结合团队研究成果，介绍了未来碳计量领域如何整合物联网、无人机与大数据平台，实现无人值守 24 小时自动监测技术，以供有关从业人员参照使用，也可供生态、环境、地理和全球变化等专业人士或学生使用。

在此书付梓出版之际，谨向参与研究工作的全体教师、研究生表示诚挚的谢意。特别是陈光水、邹双全、郑金兴、高人、谢锦升、尹云锋、郭剑芬、林成芳等教授在团队工作、思想交流等方面给予非常重要的帮助，杨智杰博士、刘小飞高级实验师、熊德成高级实验师、胥超实验师、陈仕东讲师、曾宏达讲师在实验开展及新方法、新技术探索等方面做了大量工作，助理实验员金圣圣、博士生钟小剑、博士生范跃新、硕士生张志强在部分文字整理方面付出了努力。众多校内外的专家为技术的革新与创造提供了宝贵建议。感谢他们在为推动碳汇林业发展，研究适合我国和区域的碳计量方法学，积极应对气候变化所付出的心血和劳作。也愿这些研究成果能为促进林业项目开发、管理和不断丰富、完善相关方法学标准发挥积极作用。

由于笔者水平有限，本书难免存在不足之处，敬请读者批评指正。

杨玉盛

2021 年 8 月

目 录

|1| 全球气候变化与林业碳汇

全球气候变化已经成为国际社会广泛关注的热点问题。近 100 多年来，全球平均气温经历了"冷—暖—冷—暖"两次波动，总的趋势为上升。在普通人的感觉上，这点温度的变化对生活并无影响，但从全球来看，这个数字已经对全球产生了巨大的影响，如北极冰山融化、全球海平面上升、频繁的龙卷风、局部的暴雨与干旱、厄尔尼诺现象等。它们有的以极端天气现象的形式频繁爆发，有的则悄悄地对生物圈进行着不可逆的颠覆。

1.1 气候变化的观测事实和趋势预估

1.1.1 全球气候变暖

1.1.1.1 气候变化的事实和证据

由于人类大量燃烧化石燃料及毁林等人为因素，联合国政府间气候变化专门委员会（IPCC）第五次报告显示，近 100 年来全球地表温度平均升高了 0.85℃（0.65～1.06℃）。政府间气候变化问题小组根据气候模型预测，到 2100 年，全球平均气温估计将上升 1.4～5.8℃。根据这一预测，温度升高将给全球生态系统带来潜在的重大影响（IPCC，2014）。自 20 世纪 50 年代以来，许多观察到的变化在数十年到数千年间是前所未有的（何洁琳等，2017）。自 1850 年以来，最近的三十年地表温度都比前面十年更高。1983～2012 年是北半球最温暖的 30 年，且具有中等可信度。据世界气象组织（WMO）预测，2018 年是地球有史以来第四最高温的年份，即 2015 年、2016 年、2017 年和 2018 年，是自 1850 年有记录以来温度最高的 4 年。

目前，从观测得到的全球平均气温和海温升高、大范围的雪和冰融化及全球平均海平面上升的证据均支持了全球变暖的论断。IPCC 第五次评估报告中关于全球变暖的主要证据有：①全球地表平均温度近 50 年的平均线性增暖速率（每 10 年 0.13℃）几乎是近 100 年的两倍。②全球海洋平均温度的增加已延伸到至少 3000 m 的深度，海洋已经并且正在吸收

80%以上增加到气候系统的热量。自1971年以来，到2010年海洋表层温度正以每10年0.11℃的速率升高。③南北半球的山地冰川和积雪总体上都已退缩；格陵兰和南极冰盖持续退缩，大多数地区的永久冻土温度都有所提高。④1901～2010年间，全球平均海平面上升了0.19m（0.17～0.21m），自19世纪中期以来海平面上升的速度大于前两千年的平均速度（高可信度）。⑤近60年来，蒸发占主导地位的高盐度地区变得盐度更高，降水占主导地位的低盐度地区变得更淡，并且具有高可信度。这又从侧面证明了海水循环发生了变化。自工业革命以来，海洋表面水的pH降低了0.1（具有高可信度），相当于以氢离子浓度计算酸度增加了26%（IPCC，2014）。

1.1.1.2 气候变化的原因

全球气候变化的原因主要分自然与人类活动两个方面。自然方面主要是此时地球正处于"增温期"，受海洋、陆地、火山活动、太阳活动等自然变化的影响。IPCC第四次评估报告指出，全球气候变化的主要原因90%以上是由人类活动引起的。全球变暖主要是温室气体引起的，而二氧化碳引起的增温效应占所有温室气体增温效应的63%，是最主要的温室气体（何洁琳等，2017）。18世纪中叶工业革命以后，人类过多地燃烧煤炭、石油和天然气等化石燃料，释放出大量的温室气体。同时，过度地采伐森林、大面积地毁林等活动也释放出大量的二氧化碳（姜中孝，2013）。随着大气中温室气体浓度的不断增加，地球表面的温室效应也不断增强，全球气候变暖趋势加剧。

1.1.1.3 气候变化发展趋势估测

持续排放温室气体将导致气候系统所有组成部分进一步变暖和长期变化，从而增加对人类和生态系统造成严重、普遍和不可逆转影响的可能性（王雪钰，2019）。限制气候变化将需要大量持续减少温室气体排放，这与适应一起可以限制气候变化风险。IPCC第五次报告显示，在所有评估的排放情景下，预计地球表面温度将在21世纪继续上升；热浪很可能会更频繁地发生并持续更长时间，并且极端降水事件将在许多地区变得更加强烈和频繁；海洋将继续变暖和酸化，全球平均海平面将上升。自IPCC第四次报告以来，对海平面变化的理解和预测有了显著改善。全球平均海平面上升将在21世纪继续，很可能以比1971年至2010年更快的速度增长（IPCC，2014）。

一系列IPCC排放情景特别报告（SRES）预测，未来20年每十年温度将升高0.2℃；即使所有温室气体和气溶胶的浓度保持在2000年水平，全球温度每十年仍将升高0.1℃；如果温室气体浓度保持现状不变，由于与气候过程和反馈相关的时间尺度的存在，人类活动引起的变暖和海平面上升也将会持续数个世纪；若温室气体浓度以目前的趋势继续增加，将引起进一步变暖问题，从而导致21世纪全球气候系统的更多变化，这些变化可能要比

20 世纪观测到的大得多（IPCC，2014）。

根据对未来人类社会温室气体排放的一系列假设，再利用气候系统模式，可以预测未来 100 年或者更长时间的气候可能会发生什么样的变化。总体上来说，未来 100 年的地表温度有可能升高 1.1 ~ 6.4℃。但是从总体来说，温度变化低也不会低于 1.1℃，因为气候系统有比较长或者比较大的惯性，所以这种暖化的现象会持续很长一段时间。未来在气候继续变暖这样一个背景下，高温热浪、强降水事件发生的频率很可能会持续上升。台风、飓风的风速会更大、更强，破坏力更为严重（IPCC，2014）。

1.1.2 气候变化的影响

气候变化不仅对于自然环境会产生重大影响，对人类自身也会产生巨大的影响。气候变化将扩大现有风险，并为自然和人类自身带来新的风险。而且这些风险分布不均，对于处于不同发展水平的国家中的弱势群体和区域来说，风险通常更大。即使人为的温室气体排放停止，气候变化和相关影响的许多方面也将持续几个世纪。随着变暖幅度的增加，突然或不可逆变化的风险也会增加。气候变化对自然的影响主要有以下几个方面。

1.1.2.1 对海洋系统的影响

气候变化对海洋系统的影响包括：海面温度上升，平均海平面上升，海冰融化增加，海水盐度、洋流、海浪状况发生变化等，这些影响将可能使沿海地区的洪灾更加严重、风暴影响范围更大、海岸侵蚀更严重，沿海的生态系统也将受到影响，如湿地和植被减少等。全世界大约有 1/3 的人口生活在沿海岸线 60km 的范围内，全球气候变暖导致的海洋水体膨胀和两极冰雪融化，将危及这些沿海地区，特别是那些人口稠密、经济发达的河口和沿海低地。由于气温升高，在过去 100 年中全球海平面每年以 1 ~ 2mm 的速度在上升，预计到 2050 年全球海平面将继续上升 30 ~ 50cm，这将淹没沿海大量低洼土地（IPCC，2014）。

1.1.2.2 对冰川的影响

由于气候变暖，导致大量的冰川消融后退，冰川融水会自然及人类社会产生极大的影响。例如，冰川融化将使全球海平面上升，威胁沿海海拔较低的国家或地区；可能使得极端天气出现频率增加，影响生物生存；低纬地区可能降水减少，对农业产生较大影响；影响全球生态系统，改变生态环境而加快生物灭绝速率，等等。国际冰雪委员会（ICSI）的一份研究报告指出，喜马拉雅地区冰川后退的速度比世界其他任何都要快。如果目前的融化速度继续下去，这些冰川在 2035 年之前消失的可能性非常之大。

1.1.2.3　对生态和生物多样性的影响

首先，全球气候变暖导致海平面上升和降水格局改变，改变了当前的世界气候格局；其次，全球气候变暖影响和破坏了生物链、食物链，带来更为严重的自然恶果。气候变化可能恶化某些本已濒临灭绝的物种的生存环境，对野生动植物的分布、数量、密度和行为产生直接的影响。同时，气候变暖也迫使许多物种向更高的纬度和海拔迁移，当这些物种无法再迁移时，就会造成地方性的甚至是全球性的灭绝（丁继武和周立华，2009）。

1.1.2.4　对粮食安全的影响

对于热带和温带地区的作物，如小麦、水稻和玉米，若未能使其适应气候变化，将对21世纪后期水平（上升2℃）更高温度下的产量产生负面影响。21世纪后期全球温度可能升高4℃或更高，加上粮食需求的增加，将对全球粮食安全构成巨大风险。

1.1.2.5　对降水和水资源的影响

预计气候变化将减少大多数干燥亚热带地区的可再生地表水和地下水资源，各部门之间的水竞争将可能更加激烈。随着人口的不断增加，对水资源的需求越来越大，进而导致许多地区水资源的压力越来越大。导致水资源不足的因素中，气候变化要占到20%。气候变化将引起降水的地区、时间以及年际之间分布更加不平衡，将会使许多已经受到水资源胁迫的国家更加困难。一般来说，水温升高淡水质量也会下降。气候变化对水资源、水质量以及洪灾和旱灾的频度和强度的影响，对未来水资源管理和洪水管理带来更大的挑战。

1.1.2.6　对人体健康的影响

IPCC第五次报告显示，到21世纪中叶，预计的气候变化将主要通过加剧已经存在的健康问题来影响人类健康，且具有非常高的可信度（IPCC，2014）。在整个21世纪，与没有气候变化的基线相比，预计气候变化将导致许多地区，特别是低收入发展中国家的健康不良现象增加。到2100年，某些地区的高温和高湿度的组合，会在一年中的某个时段，预计会影响人类的共同活动，包括种植食物和在户外工作（IPCC，2014）。简单来说，比如：①全球气候变暖直接导致部分地区夏天出现超高温，心脏病及各种呼吸系统疾病，每年都会夺去很多人的生命，其中又以新生儿和老人的危险性最大。②全球气候变暖导致臭氧浓度增加，低空中的臭氧是非常危险的污染物，会破坏人的肺部组织，引发哮喘或其他肺病。③全球气候变暖还会造成某些传染性疾病传播（范晓丹，2014）。

1.2　林业碳汇与气候变化

1.2.1　现阶段应对气候变化的主要措施

目前，人类面对气候变化及其带来的影响，无非是从两方面入手。第一是减缓气候变化。在如下领域减少或避免温室气体排放：可再生能源；能源效率；可持续交通；土地利用、土地利用变化和林业的管理（LULUCF）。例如，增强对气候变化的减缓能力，最切实可行的办法是广泛植树造林、加强绿化、停止滥伐森林、扩大自然生态系统的碳库（包括土壤碳库）；社会系统中优化能源结构、提高能源转换和使用效率、降低能耗，寻找低碳排放的新能源等。第二是适应气候变化。旨在通过在发展政策、规划、计划、项目和行动中促进迅捷和长期的适应措施，使发展中国家具备适应气候变化的能力。

因此，森林在应对气候变化中，具有双重的作用。大量造林，采取更加低碳的方式经营森林，能够作为减缓气候变化的重要手段之一，中国政府就将森林作为应对气候变化的重要战略资源。另外，随着气候变暖的惯性持续，部分区域的森林将受到重大影响，需要定向的培育或者改善经营方式，用以适应气候变化，并使之成为减缓气候变化的措施之一。

1.2.2　森林在应对气候变化中具有特殊的作用

森林在应对气候变化中扮演了一个十分重要的角色，主要表现在以下几个方面

1）森林是陆地上最大的储碳库。森林生态系统是陆地生态系统的主体，是陆地上最主要的生物碳储存库，是生物群中对地球初级生产力的最大贡献者。据 IPCC 估计，全球陆地生态系统碳储量约 24 770 亿 t，其中植被碳储量约占 20%，土壤碳储量约占 80%。占全球土地面积约 30% 的森林，其森林植被的碳储量约占全球植被的 77%，森林土壤的碳储量约占全球土壤碳储量的 39%，森林生态系统碳储量约占陆地生态系统碳储量的 57%（杨玉坡，2010）。王绍强等（1999）研究发现中国陆地土壤碳库为 1001.8×10^8 t，平均碳密度为 10.83 kg C/m^2，而中国国土面积仅占全球陆地面积的 6.4%，中国土壤碳库占全球土壤碳库约为 7.30%，说明中国陆地生态系统土壤碳库是巨大的，中国土壤在全球碳循环及全球气候变化中起着相当重要的作用，对全球陆地碳平衡的贡献也大。我国南方土壤碳密度低，但是南方水热气候条件适合植物的生长，因而，应加强对中国南方土地的管理及森林保护，加强对全国碳储存与流动，以及与水、土壤和土地管理的关系的研究（李赟等，2008）。应在全国范围内开展大规模的人工造林计划和活动，在增加土壤碳储存的可能性基础上，结合现有的二氧化碳施肥和抗蒸发效应，努力做到人为肥化土壤。

2）森林是最经济有效的吸碳器。森林通过光合作用吸收二氧化碳，并将其以生物量的形式固定下来，这个过程被称为碳汇。全球森林对碳的吸收和储量占全球每年大气和地表碳流动量的90%。国内专家研究指出，在中国种植 $1hm^2$ 森林，每储存 $1t$ 二氧化碳的成本约为122元人民币，而非碳汇措施减排每吨碳成本高达数百美元，两者形成鲜明反差（李剑泉等，2010）。

3）森林固定二氧化碳持久而稳定。只要不腐烂、燃烧，森林的固碳功能就会长期、稳定地持续下去。木材及木制品也是十分重要的碳库，固碳的时间可达几十年、上百年。北京故宫等许多古建筑所用的木材固碳的时间长达几百年、上千年。新疆的胡杨林有"活着一千年不死，死了一千年不倒，倒了一千年不朽"的特点，固碳的时间更长。

4）森林固碳有两大明显优势。一是成本低、易施行。据测算，如果我国将煤的使用比例降低1个百分点，尽管二氧化碳排放量可以减少0.74%，但同时会造成GDP下降0.64%，居民福利降低0.6%，就业岗位减少470多万个（李剑泉等，2010）。二是森林还具有生态功能、经济功能和社会功能，对涵养水源、防风固沙、保护物种、调节温湿度、改善小气候、维护生态平衡具有不可替代的作用，同时还能为人类提供众多的林产品和林副产品，增加社会就业，促进经济发展。

5）森林固碳已经成为缓解气候变化的根本措施之一。恢复和保护森林作为减排的重要措施受到了国际社会的高度重视，并被写入了《京都议定书》（李剑泉等，2010）。IPCC第四次评估报告中指出：与林业相关的措施，可在很大程度上以较低成本减少温室气体排放并增加碳汇，从而缓解气候变化。目前，许多发达国家已在实行森林间接减排（IPCC，2007）。围绕后京都议定书的国际谈判，许多国家和国际组织都在积极推动森林间接减排政策的制定。

但由于森林（特别是热带森林）遭受破坏、砍伐以及退化等原因，使目前全球森林整体上成为主要的碳源之一。IPCC第五次评估报告指出，2010年农业、林业和其他土地利用（AFOLU）造成的温室气体排放达到全球温室气体排放量的24%，仅次于能源领域，占第二位。AFOLU温室气体排放主要来自森林砍伐和农业牲畜排放、土壤和施肥排放。森林退化、森林火灾和农业焚烧也是造成AFOLU温室气体排放的重要原因之一（IPCC，2014）。

通过造林和再造林活动，以及加强森林管理，增加森林面积和森林蓄积量，能提高森林的碳储量（杨国彬等，2011）；减少破坏性采伐、保护现有森林资源，加强森林病虫害和森林火灾的防控力度，减少因极端气候事件造成的干旱、洪涝、雨雪冰冻灾害等对森林资源的破坏等，能有效保护现有森林的碳储存，减少森林向大气中排放二氧化碳等温室气体；增加木质林产品使用、提高木材利用率、延长木材使用寿命等都可增强木制林产品储碳能力和减少碳排放（姜丽娜，2014）；用木材替代水泥、砖瓦等能源密集型建筑材料，能节约能源消耗、减少碳排放。1750～2011年，林业和其他土地利用（FOLU）导致的二氧化碳排放量约占人为温室气体排放量的 1/3；2000～2009 年，这一比例降为 12%；最近几年，全球来自 FOLU 产生的温室气体排放量继续减少，主要得益于森林砍伐率的下降和人工造林的增加（IPCC，2014）。

1.2.3　林业碳汇概念、特点与优势

碳汇，一般是指从空气中清除二氧化碳的过程、活动、机制，主要是指森林吸收并储存二氧化碳的多少，或者说是森林吸收并储存二氧化碳的能力。广义的林业碳汇是指通过森林活动清除二氧化碳过程、活动和机制以及由此引起的碳的汇集和储存的结果，任何森林清除二氧化碳的过程、活动和机制都是指林业碳汇（刘丛丛，2014）。从这个意义上讲，林业碳汇包括森林生态系统各个部分清除二氧化碳的过程、活动和机制，其中包含土壤碳汇。狭义的林业碳汇是指在《联合国气候变化框架公约》和《京都议定书》下的一个特定的名词，是指通过造林和再造林项目而产生的一种碳的汇集，是一种存储于森林体内的碳的集合，这样就将森林汇集二氧化碳放出氧气这一生态系统的无形服务变得有形化了，而汇集的气体变成了看得见、摸得着的可以计量的商品。

由于森林生态系统具有多种功能，因此林业碳汇项目具有降低二氧化碳浓度，减缓全球气候变暖，促进生物多样性保护，增加当地社区收入，净化空气，涵养水源，保持水土，防风固沙，提供森林游憩与林产品等多重效益。与直接减排措施相比，林业碳汇措施不仅可以达到间接减排的效果，获得巨大的综合效益，而且操作成本低、易施行，可以说是应对气候变化进程中最为经济、现实和有效的手段（曹静等，2009）。虽然不同工业化国家的减排成本不同，但一般的估计是：工业减排一吨二氧化碳成本为 100 美元左右，而且技术复杂、推广难度大；能源部门的核能、风能和生物燃料等各种技术的减排成本大多为 70～100 美元；而减少毁林排放的成本低于 20 美元，造林和再造林的成本仅为 5～15 美元。因此，《京都议定书》明确指出，从目前到 2030 年甚至更长的时期，减少毁林、缓解森林退化、造林再造林、森林可持续管理、农林间种、生物产品替代工业产品、生物能源等多方面的共同作用，对缓解气候变化具有巨大的潜力（杨玉盛等，2015）。

1.3　林业碳汇发展现状

1.3.1　林业碳汇发展的政策环境

为了应对全球气候变化挑战，国际社会在共同利益和责任的驱动下，积极行动起来，采取了一系列的措施（杨国彬等，2011）。1992 年 6 月，联合国环境与发展大会在巴西里

约热内卢举行, 150 多个国家联合签署了《联合国气候变化框架公约》(简称《公约》)。《公约》是世界上第一个为全面控制二氧化碳等温室气体排放, 以应对全球气候变化给人类经济社会带来不利影响的国际公约, 也是国际社会在应对全球气候变化问题上进行国际合作的一个基本框架, 具有权威性、普遍性和全面性, 奠定了应对气候变化国际合作的法律基础(郭庆春等, 2011)。1994 年 3 月,《公约》正式生效。1997 年 12 月, 在日本京都召开的《公约》缔约方第三次会议上, 本着共同但有区别的责任原则, 通过了旨在限制发达国家温室气体排放量以抑制全球气候变暖的《京都议定书》(简称《议定书》)。《议定书》规定, 在 2008 ~ 2012 年第一个承诺期间, 附件一所涉及的 39 个工业化及经济转轨国家(通称发达国家)温室气体的排放量至少在 1990 年的基础上平均减少 5.2%(李华锋等, 2008); 同时, 还规定了三种履约机制: 联合履约(JI)、排放贸易(ET)和清洁发展机制(CDM)。其中, CDM 是个双赢机制, 发达国家与发展中国家通过项目级合作, 向发展中国家提供资金并转让技术, 将项目产生的碳信用额度用于抵消其国内的减排指标(任静, 2013)。这既可以帮助发达国家以较低的成本履行减排义务, 又有利于促进发展中国家社会经济的可持续发展(李怒云等, 2010)。

在随后的一系列气候公约国际谈判中, 国际社会对森林吸收二氧化碳的汇聚作用越来越重视。《波恩政治协议》《马拉喀什协定》将造林、再造林等林业活动作为《京都议定书》第一承诺期合格的清洁发展机制项目, 允许发达国家通过造林、再造林吸收的碳汇量抵消一部分工业活动二氧化碳的排放(张海贤, 2012)。2003 年和 2004 年召开的《公约》第九、十次缔约方大会上, 国际社会就将造林、再造林等林业活动纳入碳汇项目的具体操作模式和程序达成了一致意见, 制定了新的运作规则。2005 年 2 月,《京都议定书》正式生效。

2007 年 12 月, 为进一步推进《公约》和《京都议定书》的有效实施, 联合国气候变化大会通过了备受瞩目的"巴厘岛路线图", 把减少毁林和林地退化(REDD)纳入林业碳汇项目范畴(杨国彬, 2011)。"巴厘岛路线图"还确定了今后加强落实《公约》的领域, 强调了国际合作, 把美国纳入履行义务的国家范围, 并为落实《公约》设定了时间表。2009 年 12 月, 哥本哈根气候大会上各成员国通过艰难谈判, 最终由中国、美国、印度、巴西和南非达成的五国协议作为《哥本哈根协议》。协议的第 6、第 7、第 8 和第 10 条条款均提到建立森林保护机制、加强森林经营管理(REDD+)和碳排放交易模式来鼓励减少森林砍伐和增加碳减排的成本效益。各国表示将通过减少 REDD+、发达国家 300 亿美元经济援助及碳排放交易等机制, 加快世界森林资源保护, 特别是对发展中国家乱砍滥伐现象加以制约。

1.3.2 林业碳汇国内外研究概述

目前, 在应对气候变化背景下, 对生物碳的研究重点为陆地碳循环、碳源、碳汇时空格局，碳循环的自然和人为控制机理及未来的碳循环趋势预测等。通过研究，希望减少对全球碳收支评价的不确定性，寻找未知碳汇，了解碳循环动态的控制与反馈机制及生态系统对全球变化的适应机制，预测未来全球碳循环的可能动态，评价全球气候变化情景下生态系统的有机碳动态平衡等（王斌，2014）。而森林碳储量与动态研究一直是研究的核心和重点所在。国内外许多学者采用清单方法、反演模拟及以涡度相关为代表的微气象观测法和模拟遥感方法等，对森林生态系统碳收支、碳平衡进行了深入的研究，并从各方面分析了生物碳研究的现状与进展。其中，在计量与监测方面有以下几种方法。

清单方法主要是通过对陆地生态系统中的五大碳库，即地上生物量碳库、枯死木碳库、枯落物碳库、地下生物量碳库和土壤有机碳库进行测算与计量，进而估算森林的碳平衡。到目前为止，已有诸多研究结果公开发表。目前国际上许多国家和地区都是利用国家森林资源调查数据为基础进行碳汇计量。例如，美国采用基于森林资源清查数据（forest inventory data，FD）开展的碳汇计量预测模型（forest carbon model，FORCARB），加拿大、欧洲等国家和地区也都采用一些针对 FID 的生物量清单方法估算国家森林碳汇量及有关国家清单内容。应用生物量清单方法估算碳储量不仅能够估测森林的生物量变化，而且可以分析一些受到自然扰动和人为活动影响的森林生物量变化，因此可以进行生物量变化的综合估算（樊晓亮和闫平，2010）。同时，森林资源清查资料与数据的详细性和权威性，在计算国家或区域尺度碳平衡时最具有代表性，在国际上得到了普遍认可和广泛接受。

在森林植被的二氧化碳通量观测方面，国际上普遍采用微气象技术测定方法。20 世纪 80 年代开始，国际上采用该方法建立定位观测网，目前已注册的观测站有 500 多个，分别隶属于欧洲通量网（EUROFLUX）、美洲通量网（AMERLFLUX）、加拿大北方森林通量网（BOREALS）、地中海通量网（MEDEDFLUX）、澳洲通量网（OZNET）和亚洲通量观测网（ASIAFLUX）。这些网站的建立，积累了大量的全球森林生态系统二氧化碳通量的数据资料，为全面、系统研究全球森林生态系统碳平衡及全球变化提供了基础资料（樊晓亮和闫平，2010）。从全年的二氧化碳通量观测结果分析，无论是北方森林、温带森林还是热带森林均表现为碳汇，但碳汇强度大小受森林类型、气候环境变化、自然与人为干扰的影响而存在较大差异（李永龙，2011）。

近年来，我国在森林生态系统碳循环与碳平衡研究方面取得了一定的进展，在国家尺度和不同森林生态系统水平上，对全国整体及我国从北向南的各种森林生态系统的碳储量、碳通量和碳平衡进行了研究（徐永兴，2017）。研究采用的方法，主要是以国家森林资源清查数据为基础的生物量清单法和以涡度相关方法为基础的模型估算方法。

为了评估中国森林生态系统碳源汇格局及其动态变化，刘国华等（2000）用我国第一次（1973～1976 年）至第四次（1989～1993 年）森林资源清查资料，建立了不同森林类型生物量和蓄积量之间的回归方程，对我国近 20 年来森林的碳储量进行了估算。结果表明，我国四次森林资源清查中森林的总碳储量分别是 37.5 亿 t、41.2 亿 t、40.6 亿 t 和 42.0 亿 t 碳。方精云和陈安平（2001）用大量的生物量实测数据，结合中国 50 年来的森林资源清查资料及相关统计资料，基于生物量换算因子连续函数法，研究了中国森林植被碳储量及其时空变化，估算结果得到国际公认并被广泛引用。其研究结果显示：中国森林植被总碳储量从 1949 年的 50.6 亿 t 碳减少到 1977 ~ 1981 年的 43.8 亿 t 碳；1981 ~ 2003 年，中国森林植被碳库总量稳步增长，由 56.43 亿 t 碳增加到 73.76 亿 t 碳，净增 17.33 亿 t 碳，相当于抵减同期中国化石燃料产生的二氧化碳排放总量的 10.4%。该研究同时表明：中国人工林碳密度已由 1977 ~ 1981 年的 15.6t/hm^2 碳增加到 1999 ~ 2003 年的 226.3t/hm^2 碳，天然林碳密度由 41.7t/hm^2 碳增加到 45.4t/hm^2 碳，变化幅度不大。郭兆迪等（2013）用 1977 ~ 2008 年连续 6 次全国森林资源清查资料，通过评估生物量碳库变化来估算中国森林生物量碳汇大小及其变化。森林按其用途和形态特征，分为林分、经济林和竹林三大类别，采用连续生物量转换因子法估算林分生物量碳库，平均生物量法估算经济林和竹林生物量碳库。结果显示，中国森林总生物量碳库由 1977 ~ 1981 年的 49.72 亿 t 碳增加到 2004 ~ 2008 年的 68.68 亿 t 碳净增加 18.96 亿 t 碳，其中：林分、经济林和竹林分别增加 17.1 亿 t 碳、1.08 亿 t 碳和 0.78 亿 t 碳。年均生物量碳汇为 0.702 亿 t，相当于抵消中国同期化石燃料排放二氧化碳的 7.8%。研究还表明，中国人工林的生物量碳库持续增加，生物量碳汇为 8.18 亿 t，占林分总碳汇的 47.8%；各龄级林分的生物量碳汇都有不同程度的增加，老龄林、中龄林和幼龄林分别增加 9.30 亿 t、3.91 亿 t 和 3.88 亿 t，由于现阶段中国森林具有林龄小、平均碳密度低和人工林面积大的特点，因此未来中国森林生物增汇潜力巨大，展望未来，按照《中国可持续发展林业战略研究总论》对森林面积增长的规划，相比 2003 年，到 2020 年我国森林植被碳储量将增加 19.6 亿 t，到 2050 年将增加 367 亿 t（黎英华，2015）。据估计，中国人工林对中国森林总碳汇的贡献率超过 80%，2013 年公布的《中华人民共和国气候变化第二次国家信息通报》表明，2005 年中国森林植被净吸收了 4.21 亿 t 二氧化碳当量，约占当年全国温室气体排放总量的 5.6%（杨国彬等，2011）。根据第八次全国森林资源清查，我国森林植被总碳储量达 84.27 亿 t。总的来说，通过目前国内有关学者和专家运用森林资源清查数据进行森林碳储量的估算表明，我国森林的碳汇功能在显著增加，为减缓全球气候变化发挥了十分重要的作用。

由于碳汇估计方法与数据来源的不同，造成了目前对我国森林生态系统碳储量的估算结果有一定差异。根据全国森林资源清查的森林蓄积量数据，采用生物量扩展系数（BEF）方法计算的森林植被碳密度为 31.04 ~ 45.75tC/hm^2，如果用 BEF 方法按树种的年龄进行估算，其结果又呈现差异（侯振宏，2010）。另外，由于目前国内森林资源清查中的经济林、灌木林和竹林的原始数据没有合适的碳储量估算方法与公式，所以许多计量结果中没有包括此部分。国内也有根据研究样地资料及采用 InTEC、CEVSA 模型的方法，计算森林植被碳密度（51.6 ~ 71.69tC/hm^2）与碳储量（6.2 ~ 10.02GtC），其数值与清单方法相比明显偏高。

通过多种方法比较验证说明，目前基于森林资源清查资料在区域尺度上估算碳密度及碳储备量更具合理性。

1.3.3 我国林业建设成就及对减缓全球气候变化的贡献

自 20 世纪 80 年代以来，我国政府持续加大了发展和保护森林资源的力度，先后启动实施了六大林业重点工程，对减缓气候变化做出了重要贡献。我国还先后出台了多部林业法律法规及地方性法规规章，形成了完备的森林资源保护法律体系和森林资源管理体系。在森林病虫害防治、火灾控制及湿地保护、自然保护区建设等方面做出了不懈努力。第八次全国森林资源清查结果表明：全国森林面积 2.08 亿 hm^2，森林覆盖率 21.63%。活立木总蓄积量 164.33 亿 m^3，森林蓄积量 151.37 亿 m^3。天然林面积 1.22 亿 hm^2，蓄积量 122.96 亿 m^3；人工林面积 0.69 亿 hm^2，蓄积量 24.83 亿 m^3。森林面积和森林蓄积量分别位居世界第 5 位和第 6 位，人工林面积仍居世界首位。

我国森林发展和保护成果受到了国际社会的充分肯定。FAO 发表的《2015 年全球森林资源评估报告：世界森林变化情况（第二版）》，对 234 个国家和地区进行评估后指出，随着人口不断增长，林地转变为农田和其他用途，世界森林面积持续减少。在全球森林资源继续减少的趋势下，2010～2015 年，中国是世界上净增森林面积最多的国家，年均增加 154.2 万 hm^2。这集中反映了中国在造林绿化、加快林业改革发展、推动森林资源保护发展中取得的积极成就，充分肯定了中国在扭转全球森林资源持续减少中所做的重大贡献，凸显了中国在国际和区域林业发展中的重要地位。该报告在分析全球永久性森林面积变化时特别指出，"中国在通过天然更新和人工造林增加永久性森林面积方面，为全球树立了榜样"。

我国多年来大规模植树造林不仅提高了森林面积和蓄积量，也吸收固定了大量的二氧化碳。据评估，2004 年我国森林净吸收了约 5 亿 t 二氧化碳，相当于我国当年工业二氧化碳排放量的 8%（李怒心等，2010）。2006 年底来自中国、芬兰、英国及美国的 6 位不同学科的国际著名专家，共同对中国森林吸收二氧化碳的能力进行了评估，一致认为，1999～2005 年期间，中国是世界上森林资源增长最快的国家，不仅吸收了大量二氧化碳，而且为中国乃至全球经济社会的可持续发展创造了难以估量的生态价值，并呼吁世界有关国家向中国学习，以实际行动为应对全球气候变化做出积极贡献（王春峰，2008）。

1.3.4 我国林业应对气候变化政策环境

中国政府高度重视全球气候变化问题，并采取多种措施，积极推进林业碳汇发展。2007 年 6 月，《中国应对气候变化国家方案》发布，强调植树造林、保护森林、最大限度发挥森林的碳汇功能等是应对气候变化的重要措施。同年，胡锦涛主席在亚太经济合作组织（APEC）会议上倡议建立"亚太森林恢复与可持续管理网络"，该网络于 2009 年 6 月正式成立。2009 年 2 月，碳汇林业作为一个全新的概念出现在中央 1 号文件中；6 月，时任总理温家宝同志在首次中央林业工作会议上提出"林业在应对气候变化中具有特殊地位"的重要论断；9 月，胡锦涛主席在联合国气候变化峰会开幕式上发表《携手应对气候变化挑战》的重要讲话，强调大力增加森林碳汇是我国应对气候变化的四项重要措施之一，并明确提出中国要大力增加森林碳汇，争取到 2020 年森林面积比 2005 年增加 4000 万 hm^2，森林蓄积量比 2005 年增加 13 亿 m^3。11 月，国家林业局发布《应对气候变化林业行动计划》，并联合北京市政府成立"中国林业产权交易所"，稳步推进林业碳汇工作。国家系列惠林政策的出台为推进各地区林业碳汇发展提供了稳定的环境保障。习近平总书记在 2015 年全球气候变化巴黎大会上郑重承诺，为实现国家应对气候变化自主贡献目标，到 2030 年我国森林蓄积量要比 2005 年增加 45 亿 m^3 左右。这充分体现了中国积极应对气候变化、维护全球气候安全高度负责的精神。国家出台了《关于推进林业碳汇交易工作的指导意见》，明确了推进林业碳汇交易工作的指导思想、基本原则和政策要求。推动北京等 7 个碳排放权交易试点省市相关制度设计中，明确林业碳汇项目可以通过中国核证减排量（CCER）抵消机制，参与碳排放权交易。出台《碳汇造林项目方法学》等 4 个林业碳汇项目方法学，为林业碳汇进入即将启动的全国碳市场交易奠定了基础，林业碳汇项目开发呈现快速增长的态势。2019 年全国机构改革过程中，国务院组建生态环境部，将环保部的职责、国家发改委的应对气候变化和减排及其他项部、局 / 司相关职责等整合，组建生态环境部，作为国务院组成部门。

1.3.5　我国林业应对气候变化的途径及潜力分析

林业在减缓气候变化中的作用主要是通过增汇、减排、储存、替代四个途径来实现。具体措施包括通过植树造林、植被恢复、可持续经营森林等措施增加森林碳吸收；通过合理控制采伐、减少毁林、防控森林火灾与病虫害等，减少源自森林的碳排放；通过提高森林质量、增加木质林产品使用、延长木材使用寿命等，提高森林和木质林产品的碳储量（姜丽娜，2014）；通过发展林业生物质能源、园林绿化废弃物资源化利用、扩大木质林产品使用范围等，替代化石能源的使用量，从而减少碳排放。

（1）植树造林，扩大森林面积，提高现有森林质量

我国尚有 0.57 亿 hm^2 左右的宜林荒山荒地、0.54 亿 hm^2 左右的宜林沙荒地、相当数量的 25° 以上的陡坡耕地和未利用地都可用于植树造林。同时，通过提高现有林地使用率，发展农田林网等途径，均可扩大我国森林面积。《中共中央 国务院关于加快林业发展的决定》中提出：到 2050 年，我国森林覆盖率将由现在的 18.21% 提高到 26% 以上。届时，我国森

林碳储量将会得到较大的提高。

我国现有森林资源平均蓄积量约为 84m³/hm²，林分年均生长量约为 3.55m³/hm²，大多数森林属于生物量密度较低的人工林和次生林。专家分析：我国现有森林植被资源的碳储量只相当于其潜在碳储量的 44.3%，世界平均水平为 110.10m³/hm²，而德国达到 320m³/hm²。因此，通过合理调整林分结构，强化森林经营管理，可以将单位面积林分生长量提高 1 倍以上，增强现有森林植被的碳汇能力。

（2）加强森林保护，减少森林碳排放

历次森林资源清查结果表明：我国每年因乱征乱占林地而丧失的有林地面积约 100 万 hm² 左右。因此严格控制乱征乱占林地等毁林行为，对控制碳排放具有较大潜力。同时，在采伐作业过程中，做到科学规划、保护林地植被和土壤，可减少因地被物和森林土壤被破坏而发生碳排放。另外，建立森林火灾、病虫害预警系统等措施，可有效控制森林火灾和病虫害发生引起的森林碳排放。

（3）保护湿地，控制林地水土流失，减少排放

我国现有 100hm² 以上的各类湿地总面积约 3848 万 hm²。由于经济社会发展，大量湿地退化或被占用。加大湿地保护力度，可以减少因湿地破坏而导致的温室气体排放。森林土壤中也储存了大量有机碳，约占整个森林生态系统碳储量 60% 以上。通过加大生物措施，控制林地水土流失，有助于保护林地土壤，促进和加速森林土壤发育，促使非森林土壤转化为森林土壤，提高森林土壤固碳能力。

（4）发展林木生物质能源，替代化石能源

据统计，我国每年有可以能源化利用的森林采伐和木材加工废弃物 3 亿 t 左右，如果全部利用，约可替代 2 亿 t 的化石能源。同时，利用现有宜林荒山荒地和盐碱地、矿山复垦地等难利用地，还可定向培育一部分能源林，发展林木生物质能源，扩大林木生物质替代化石能源的比例，减少我国温室气体排放总量。

（5）增加木质林产品碳储量

木材在生产和加工过程中所耗能源，大大低于制造铁、铝等材料排放的温室气体（王春峰，2008）。研究表明：用 1m³ 木材替代等量水泥、砖等材料，约可以减排 0.8t 二氧化碳。木制品只要不腐烂、不燃烧，都是重要的碳库。因此，扩大木材使用范围，延长木制品使用寿命，均可以增加木质林产品的储碳总量。专家初步测算：从 1961 ～ 2004 年，我国木制品碳储量约达 12 亿 ～ 18 亿 t 二氧化碳当量，这是林业对减缓气候变化的重要贡献。

1.4 林业碳汇计量方法

森林生态系统是复杂多变的系统，具有强烈的时空异质性和复杂的内部联系。因此，

森林生态系统碳汇的大小和分布存在很大的不确定性。有关森林碳循环和碳储量的研究仍然存在很大的困难和不确定因素，为深入了解森林生态系统的增汇功能，必须有一套科学有效的森林碳计量方法体系。近年来，国内外发展了大量对森林碳计量进行估算的方法，主要有基于样地清查的森林植被碳和土壤碳估算方法，基于生长收获的经验模型估算，基于定量遥感、雷达观测的遥感估测，基于多尺度森林生态系统网络的通量观测和陆地生态系统过程模型模拟等方法。然而，由于森林生态系统结构复杂，对森林碳计量的估算结果普遍存在精度低、不确定性高的问题。2008 年《联合国气候变化框架公约》中大部分国家采用的是 IPCC 第一、第二层次的方法，采用缺省参数计量，存在着成熟林结果偏高，中幼龄林结果偏低的问题（温雅婷，2018）。

1.4.1 传统方法学

1.4.1.1 基于样地清查的森林碳计量方法

（1）森林植被碳估算方法

森林生态系统群落结构复杂，直接获取不同植被类型的碳储量非常困难，之前的国内外研究大多采用 45% 或者 50% 作为森林植被类型的平均碳含量，乘以森林植被的现存量推算得到森林植被的碳储量（王效科等，2001；方精云等，2007；王天博等，2012）。当前，森林碳计量方法主要基于森林清查样地资料的基础数据建立起来。主要的植被碳计量方法有基于森林清查的样地生物量估算法（包括皆伐法、平均生物量法）和蓄积法（李文华，1978）。皆伐法指的是通过直接砍伐单位面积的林木之后测定其（根、叶、枝、干、果等）鲜重，换算之后得到干重，各部分之和为单位面积林木总的生物量。这种方法精度高，但工作量大，在实际操作过程中难度较大，可作为检验其他间接测定方法的标准（李文华，1978）。该方法一般适用于林下灌草小样方生物量测定。平均生物量法是采用平均木的生物量乘以株数，再结合该类型的森林面积估算森林生物量的方法。通过选取标准木，计算标准木的生物量，乘以样地内的森林株数可以得到样地总生物量（冯险峰等，2004）。该方法较为粗略，误差较大，适合大区域中树木大小符合正态分布的森林。蓄积扩展因子法是指通过抽取具体树种生物量与蓄积量的比值，即生物量扩展因子 [biomass expansion factor（BEF）可以定义为林分总生物量与干材蓄积量或干材生物量的比] 乘森林总蓄积量求出生物量，然后根据不同类型森林含碳率得到森林碳储量（Turner et al.，2007）。有研究表明，扩展因子并不是常数，Brown 等（1999）利用干材扩展因子、蓄积量及木材密度得到干材生物量，再根据扩展因子得到总生物量。方精云等（2007）根据中国境内 758 个林分的生物量与蓄积量研究，发现 BEF 与林分蓄积量之间是呈倒数的非线性关系，当林分蓄积量到达一定程度时，趋于常数。

（2）森林土壤碳估算方法

森林土壤碳主要指陆地碳循环中的森林土壤有机碳，在未来气候变暖的情况下，温度的升高导致土壤有机质分解和土壤呼吸作用增强，会引起更多的土壤碳排放。另外，对土壤库的微小扰动都会对陆地生态系统的碳源／汇产生重大影响。目前对森林土壤碳储量和碳循环的估算和模拟研究是陆地生态系统碳循环的研究热点之一。国内外基于样地清查的土壤碳估算方法主要有：①土壤类型法，根据不同土壤类型单位面积上的采样调查数据获取该类型的土壤碳储量，再根据土壤类型图计算区域土壤碳储量（Eswaran et al.，1993）。②生命带研究法，根据不同生命地带土壤有机碳的密度与该类型生命带面积的乘积计算总的森林土壤有机碳。由于该方法在大区域应用时难以对植被类型进行精确分类和细化，且受土地利用方式变化等人为管理措施的影响，其不确定性较大（Post，1993）。③土壤碳经验模型法，利用森林土壤有机碳受到多种因素的影响，通过建立土壤碳密度与其周围环境、土壤、气候、植被、地形地貌等因素的关系，可以估算区域碳储量（黄从德等，2009）。根据土壤属性的空间自相关性，利用回归模型结合克里金插值的方法估算土壤碳密度，还可以提高模拟精度。基于经验方程的森林土壤碳计量计算简便，但精度较低，往往受区域和森林植被类型的限制，难以实现时空分布上的精确模拟。基于样地清查的森林碳计量方法能够较为精确的估算森林现有的植被和土壤的碳储量，但操作复杂，比较适合于小区域估算碳储量（Eswaran et al.，1993）。在时间尺度上，更多依赖于现有观测资料的观测间隔，且难以实现空间上的碳储量分布和碳源／汇强度估算，没有考虑气候变化和人为管理措施的影响，无法对森林未来碳源／汇进行估算（赵苗苗等，2019）。

1.4.1.2　基于模型的森林碳计量方法

随着《京都议定书》的制定，全球加快了林业清单编制的步伐，针对清单中的方法和参数，越来越多的国家采取了 IPCC 报告中第三层次的方法和基于本国／本区域情况的参数开发计量模型。例如，美国的 FORCARB 模型；日本的土壤碳源／汇基于 CENTURY 模型估算；加拿大的 CBM-CFS3 模型等国家森林碳监测、计量及报告系统估算森林的碳源／汇（Kull and Banfield，2006）；澳大利亚估算碳源／汇主要基于国家碳计量系统（NCAS），采用 FullCAM 模型；英国利用 CARBINE 和 C-Flow 碳计量模型；挪威利用森林清查经验模型和 Yasso 模型（Liski et al.，2010）。

生态系统碳循环模型利用数学方法定量描述陆地生态系统碳收支状况及其与全球环境变化之间的关系，并且借助于遥感、地理信息系统和计算机等先进技术手段模拟碳循环的动态变化，估算植被和土壤碳的运输情况，预期其未来。近几十年来，陆地生态系统碳循环模型得到了较大的发展（赵苗苗等，2019）。

1.4.1.3 通量观测

正因为森林碳计量的技术难度大，劳动需求量也大，科学家开始构建森林生态系统通量观测研究网络。这是建设在森林生态系统分布区的长期观测研究设施，对森林生态系统碳收支的动态变化格局与过程进行长期监测，能够识别和剔除生态环境短期波动带来的不确定性，探究生态系统演替的内在规律、变化机制以及周期性规律，为森林碳计量估算提供支持（于贵瑞等，2006）。关于森林生态网络通量的研究可以追溯到国际地球物理年（1957～1958年）及国际生物学计划（IBP）（1964～1974年），后来演变成了现在的国际长期生态学研究网络（ILTER）。ILTER主要依托研究站开展生态系统过程与格局方面的研究工作，并系统地收集和存储所有观测数据。目前国际上主要的观测网络有全球环境监测系统（GEMS）、全球陆地观测系统（GTOS）、国际长期生态学研究网络（ILTER）、国际通量观测研究网络（FLUXNET）等。FLUXNET为全球陆地生态系统碳水循环、碳水收支时空格局以及生态系统碳水过程的研究提供了全球范围的实测数据（于贵瑞等，2006）。

中国在1988年建立了覆盖森林等9大生态系统的生态系统研究网络（CERN）。目前该网络由横跨30个维度、代表不同气候带的73个森林生态站组成，覆盖了中国森林生态系统分布区，并规划到2020年森林生态站数量达到99个（赵苗苗等，2017）。另外，陆地生态系统通量观测研究网络（China-FLUX）于2001年起开始了长期联网观测。至此，中国已形成了长期服务于不同尺度的森林生态系统结构和功能、水－碳通量研究、陆地样带野外观测一体化的综合观测研究网络，并在估算中国森林碳储量及研究森林对碳平衡的影响机理等工作中得到广泛应用。

1.4.2 碳计量技术的发展趋势

1）森林碳计量方法向整合，使之趋于完善的方向发展。不同的森林碳计量方法各有其优缺点，基于样地清查的森林碳计量是最基础、最精确的方法，但其工作量大，对森林破坏程度较大，不易恢复，难以实现时空尺度上碳储量分布格局的模拟和碳源/汇强度估算；基于生长收获的模型根据不同树种的生长曲线以及胸径－树高等关系，能够在一定程度上估算森林的碳储量，应用到其他区域时需要重新确定经验参数值，具有很强的区域适用性；遥感模型原理清晰，计算过程简单，可以弥补传统方法的不足，但和基于生长收获的模型一样，都没有从机理上考虑森林植被的碳循环过程，而过程模型则弥补了实验观测在机理研究上的不足及基于生长收获的模型的局限性，相辅相成，可以更全面地理解森林生态系统与气候及土壤之间的相互关系，但过程模型涉及参数较多，不易获取和本地化。通量观测由于国内通量观测网分布不均，数量有限，难以形成综合的森林碳计量观测体系。在实际的森林碳计量中,根据不同的森林类型特征和数据获取情况,往往采取不同的碳计量方法,并倾向于多方法的综合集成。

2)森林碳计量的尺度整合,微观与宏观结合,向区域性发展。由于森林生态系统结构的复杂性,各森林碳计量方法标准不一,观测尺度、模型模拟尺度及生态过程尺度之间的不匹配,可能会对森林碳计量结果产生较大的影响。如何将不同尺度的遥感观测数据和森林清查数据进行融合,以及在模型验证过程中将地面观测数据升尺度到像元尺度,是当前森林碳循环模拟中亟待解决的难题(赵苗苗等,2019)。因此,集成各森林碳计量方法的优点,进一步集成基于样地和通量观测、遥感模型及过程模型模拟等方法,实现不同尺度间的转换。

3)通过大数据、物联网等技术,加强森林碳计量的不确定性分析。森林碳计量的不确定性来源于很多方面,从观测数据的获取、计量方法的选择到森林生态系统碳循环机理的认识及模型模拟过程和结果等。无论是地面观测还是遥感反演,观测仪器都具有一定的误差范围,而在模型参数的选择中,模型参数具有时空异质性,对某一时刻植被参数的观测,并不能真实反映多个植被多种状态的真实情况。另外,人们对植物生理机制认识尚存在局限性,生物地球化学过程并不是简单地用数学方程刻画,通过经验关系解决也是不确定性来源之一;数据获取的时间间隔太长,经验性的选择时间获得数据也是不确定来源之一,甚至是致命的错误。而所有的不确定性最后都通过复杂的误差传递影响最终碳计量的结果,不确定性加大。

4)发展碳-氮-水循环耦合机制的森林碳计量方法。森林生态系统碳-氮-水循环是认识气候变化和森林生态系统相互作用的关键,对于准确评估全球变化背景下森林碳计量和碳源/汇的时空格局具有重要的研究意义。目前虽然对森林碳-氮-水循环及其与环境的相互作用过程机理有了一定的认识,但是缺乏对关键过程的进一步探讨,需要从分子水平上加强对生物调控机制的研究,提高森林碳循环模拟的精确性。

5)研发对人工林碳计量方法学。我国实施了一系列重大的林业生态工程,如三北防护林工程、退耕还林工程等,大规模造林工程的实施使得我国拥有世界上最大面积的人工林,且多为中幼龄林,具有巨大的固碳潜力。这些森林与天然林有很大差别,其土壤极大可能是碳汇,需要精准计量。因此,加强对人工林固碳潜力和碳源/汇功能的科学评估具有重要意义。目前,对人工林碳计量的研究较少,已有研究主要基于成熟林碳密度为参考,极大地提高了人工林碳储量计量结果的不确定。另外,人工混交林较人工纯林复杂,受人类干扰的活动力度较大,在模型模拟方面也存在诸如植被生理生态参数选择、林分竞争和生物多样性等问题。

6)开发数据与方法综合集成的碳计量方法学。从国家森林资源清查、遥感估测、模型模拟,到多方位、多尺度观测的生态系统网络的建立,我国的森林监测技术有了长足的进步,积累了大量的森林生态系统气候、植被与土壤的生态参数和观测数据，这些观测数据为陆地生态系统过程模型提供了必要的数据基础。例如，利用气象观测站点的气候驱动数据和遥感影像反演的土地覆被类型、土壤、多种卫星遥感数据反演叶面积指数（LAI）和森林年龄等参数作为模型的输入，利用通量观测等资料对模型参数进行优化，考虑森林扰动（火灾、虫害等）和土地利用变化（土地转型等）等人类活动对碳循环的影响，最后通过森林样地清查数据与模型同化，提高碳通量模拟的精度和可靠性。以生态过程模型模拟、遥感反演和数据同化技术为主要手段，基于碳通量观测数据、控制实验数据和遥感影像数据等数据与方法的综合集成，发展多学科、多过程、多尺度的综合联网观测，充分认识森林碳循环过程中碳源/汇强度的时空分布特征，开展区域、洲际乃至全球尺度碳循环及其对全球变化和人类活动响应的系统性、集成性研究，以便建立高效、可靠的碳计量体系是未来林业碳计量的发展趋势，也是目前世界各国的努力目标（赵苗苗等，2019）。

1.5 人工林在中国

中国是一个林业资源短缺的国家，但是对林木的资源需求很大，这导致本来就短缺的天然林资源形势严峻，因此人工林的变得极为重要，在我国林业中占据了重要的地位（温雅婷，2018）。

人工林，指的是通过人工措施形成的森林。根据《国家森林资源连续清查技术规定》，人工林即指由植苗（包括植苗、分殖、扦插）、直播（穴播或条播）或飞播方式形成，包括人工林采伐后萌生抚育而形成的森林。人工林是一种人为痕迹非常明显的植被类型，其经营目的明确，树种选择、空间配置及其造林技术措施都是按照人们的要求来安排的。根据《造林技术规程》（GB/T 15776—2006），我国造林方式主要包括人工造林（更新）、飞播造林、封山（沙）育林3种，近年来我国营造林面积还包括退化林修复。人工林受人类种植经营、利用活动和自然条件的影响程度大，其数量、质量和资源消长变化状况是林业发展政策和人工林培育措施最直接的反映。

中华人民共和国成立初期，由于国民经济建设所需木材所限，坚持以木材生产为主的思想占主体，重砍轻造，造林绿化事业发展的规模和速度有限。20世纪中期，虽然倡导大力造林、普遍护林，但是人们对森林重要性认识不足，森林资源依然遭受了一定程度破坏，以营林为基础的方针未能得到有效落实，人工林发展缓慢。

改革开放以来，我国把造林绿化作为社会主义建设的一项重大内容，采取一系列重大措施，加速推进人工林建设，并取得显著成绩。对北方自然灾害严重地区以营造防护林为主；南方自然条件优越的山区以栽培用材林和经济林为主；广大平原农区普遍开展平原造林和水系绿化；人烟稀少的山区和偏远地区实行飞机播种造林；城镇、矿区、校园、营区和"四旁"隙地，发动全民义务植树和部门（单位、系统）造林绿化。我国的森林覆盖率由中华人民共和国成立初期的 8.6% 提高到 2018 年的 21.66%，人工林保存面积达 6933 万 hm²，居世界首位（孙长忠和沈国舫，2001）。

根据第八次全国森林资源连续清查（2009～2013 年）结果显示，全国森林面积 2.08 亿 hm²，其中人工林面积为 0.69 亿 hm²，蓄积量为 24.83 亿 m³。对比分析多期全国森林资源清查结果，全国人工林保存面积和蓄积量都实现了连续 40 年稳步快速增长。比较第二次清查至第八次清查结果，人工林保存面积增加了 4714 万 hm²，增长了 2.13 倍，同期人工林蓄积增长了约 5 倍（图 1.1）。

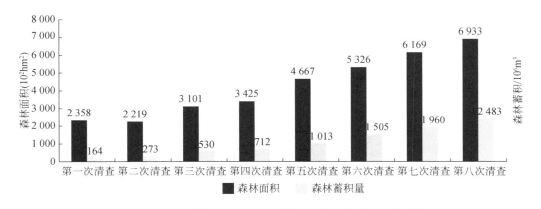

图 1.1　我国森林资源历次清查结果人工林面积蓄积变化趋势

从全国分布情况来看，人工林面积较多（占全国面积 5% 以上）的省（自治区），有广西、广东、湖南、四川、云南和福建，6 省（自治区）人工林面积、蓄积量合计均占全国的 42% 左右。其中，广西人工林面积最大，约占全国人工林总面积的 9%；福建人工林蓄积量最多，约占全国人工林蓄积量的 10%。从人工林优势树种（组）组成来看，面积排名前 10 位的优势树种（组）为杉木、杨树、桉树、落叶松、马尾松、油松、柏木、湿地松、刺槐和栎类等，面积合计 3439 万 hm²，约占人工林面积的 73%；蓄积量合计 18.52 亿 m³，约占人工林蓄积量的 75%。从人工林的林种结构来看，乔木林 4707 万 hm²，约占人口林面积的 68%；经济林 1985 万 hm²，约占人口林面积的 29%；竹林 241 万 hm²，约占人工林面积的 3%。人工乔木林中，用材林和防护林比重较大，分别约占人工林面积的 58.1% 和 38.2%（表 1.1）。

表 1.1　人工乔木林按林种统计表

林种结构	防护林	特用林	用材林	薪炭林
面积 / 万 hm²	1 800	147	2 734	26
蓄积量 / 亿 m³	8.40	0.87	15.52	0.04

随着天然林保护不断加强，森林采伐由天然林向人工林快速转变，人工林资源消耗压力越来越大。据第八次全国森林资源清查，人工林采伐消耗 1.55 亿 m³，较上一期增加 3221 万 m³，人工林采伐量占全国森林采伐量的比例达到 46.49%。对比分析近几期清查结果，人工林消耗量呈快速上升趋势（图 1.2）。随着停止天然林商业性采伐政策的全面实施，人工林资源的木材供给压力进一步加大。根据国务院确定的全国"十三五"期间年森林采伐限额 2.54 亿 m³，其中人工林承担 2.05 亿 m³ 的额度。

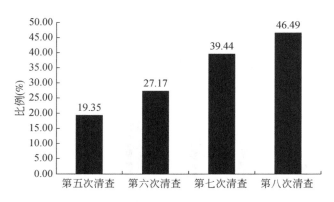

图 1.2 人工林采伐量占森林采伐量比例变化趋势

随着经济社会发展和城镇化推进，一些地区森林和林地资源消耗日趋增加。第八次森林资源连续清查期间，全国平均每年违规侵占林地面积 13.3 万 hm²（200 万亩①）。此外，每年尚有森林火灾、病虫害及自然灾害的破坏，全国每年新造林 400 多万 hm² 需要管护以确保成活、成林，还有退化林要修复。巩固造林成果，保护好现有林地的任务十分繁重。

经过几十年大规模持续推进造林绿化，我国可造林地的结构和分布都发生了显著变化。据统计，全国 3958 万 hm² 宜林地，67% 分布在华北、西北干旱半干旱地区，12% 分布在南方岩溶石漠化地区，这些地区自然立地条件差，造林成林越来越困难，成本越来越高。此外，还有 1000 多万 hm² 可用于城乡造林绿化的非规划林地、近 1000 万 hm² 需要恢复植被的废弃矿山用地等。这些既是造林绿化的拓展空间，也是重点和难点所在。

森林抚育是保障造林成活、成林、成材的关键措施。全国现有中幼龄林面积 1.06 亿 hm²，每年还新增幼龄林 260 万 hm²。其中有一半多正处于快速生长、激烈竞争阶段，由于初植密度普遍偏大，急需加强抚育经营。否则，将错过最佳抚育时机，造成无法弥补的损失。按照我国的气候条件和现行经营水平，从幼中龄林到成熟林阶段至少需要抚育 3 ～ 5 次。

---

① 1 亩≈ 666.7m²。

按最少抚育 3 次测算，总的抚育任务量将达到 50 多亿亩次，其中人工林 30 多亿亩次。2009 年以来，各地以中央财政森林抚育补贴政策为契机，加大工作力度，有效减少了森林抚育的历史欠账。但是，出于政策、资金、技术等方面的原因，还有大面积中幼龄林急需抚育。这也正是增加资源总量、提升森林质量的巨大潜力所在。

因此，急需发展用材与碳汇相结合的人工林经营方法学推动我国人工林进一步发展。

1.6　人工林碳计量研究进展

近些年来，我国人工林的面积越来越大，人工的林碳汇也成为研究热点，受到了学者们的广泛关注，许多学者对人工林碳汇做计量研究，研究方法也形式多样，但主要的研究方法是法根据国家发展和改革委员会批准的碳汇造林项目方法学，有生物量法、生物量扩展因子法、IPCC 材积源生物量模型法、蓄积量与生物量工程法等（刘红润，2017）。

部分学者对不同树种的人工林的碳计量参数进行修正，罗云建（2007）以华北落叶松人工林为研究对象，分析了生态因子对碳计量参数的影响与林分因子的定量关系。吴小山（2008）以杨树人工林为研究对象，分析了生态因子对碳计量参数的影响及碳计量参数与林分因子的关系。杨玉盛等（2015）以杉木人工林为对象建立杉木人工林一整套碳计量方法学。

一些学者对不同林场的碳汇进行了计算。陈康柏等（2017）利用生物量法、生物量扩展因子法对东北地区元青山、二站林场进行了碳汇计量研究。刘红润等（2017）利用生物量扩展因子法对黑河市大岭林场人工林进行了碳汇计量研究。李贵林等（2017）利用生物量法对黑龙江铁山林场人工林进行了碳汇计量研究。魏晓华等（2015）对以杉木人工林为研究对象，在综述国内外有关固碳潜力概念的基础上，引入时间动态构架和可持续性的概念，提出了针对人工林的固碳潜力概念并利用 FORECAST 模型以杉木人工林为例阐明此概念的实际意义与应用。

并且一些学者对碳计量方法进行了发展与创新。国家林业局桉树中心建立了桉树、相思和湿地松生物量相对生长方程，建立或改造了 300 亩桉树试验林，提出了速丰人工林的碳汇计量监测技术指标体系，为人工林生物量碳计量做了有益的补充。杨玉盛等（2015）在南方对杉木人工林碳计量技术进行了开发与实践，并且提出了土壤碳汇在杉木人工林生态系统碳计量的作用，首次提出了杉木人工林碳汇成熟期这一概念。董利虎等（2013）研究了红松人工林碳储量计量方法，主要包括基于标准地的碳储量的计算方法、基于林分每公顷段面积和平均高的碳储量计算方法及基于每公顷蓄积量的碳储量计算方法。

2 | 炼山对幼年杉木人工林的影响

2.1 实验样地概况与实验设计

2.1.1 样地概况

实验样地为 2011 年福建师范大学建立的研究地点（26°19′ N，117°36′ E），位于中国福建省三明市陈大镇。该场地的特点是低海拔的山脉和丘陵，平均坡度约为 30°。来自黑云母花岗岩的土壤发育成砂质黏土，主要植被是以米槠为群种的亚热带常绿阔叶林。年平均气温为 20.1℃，1 月气温可低至 –5.8℃，7 月气温可至 41℃，主要生长季为 4 月～ 10 月。年降水量丰富，约 1550mm，具有明显的季节性（大约 80% 发生在 3 月～ 8 月和偶尔的台风风暴），导致年降雨侵蚀力高达 8125 MJ mm，极端最低值为 4373 MJ mm yr^{-1} 和最高 12 096 MJ mm yr^{-1}。自 2000 年以来，实验样地所在地年降雨侵蚀力大于 10 000 MJ mm 的情形频繁发生，显示出潜在的暴雨风险。

2.1.2 实验设计

自 2011 年以来，选择了 1.1hm^2 的斜坡进行实验，建立了 9 个相同面积 0.12hm^2 横断上坡、中坡和下坡的地块。在地块附近设置了以 5 个间隔记录降雨量的雨量计。为了避免边界效应，在每个地块中间围起 20 m × 5 m 的区域进行径流监测。9 个地块均匀分配到 3 个区块中的 3 个部位：上部，中间，下部。表 2.1 列出了三种造林的基本土壤和植被特征。测量每次降雨引起的径流和泥沙量，并在 2012 ～ 2015 年期间每隔 3 个月应用网格设备确定植被覆盖率。根据该年代数据集，径流响应根据降水量，植被覆盖度和前期降水强度（API）对土壤侵蚀量进行量化。三种处理方法（图 2.1）详情可参考 Yang（2018）的文献。

2.1.2.1 人工促进天然更新（ANR）

在 ANR（assisted natural regenerated forest，人工促进天然更新）处理中，2011 年 12 月

将常绿阔叶林砍伐，保留剩余物。收获树干木材，但树枝和树叶被保留并均匀地铺在伐木的土地上。种子和发芽的幼苗在 4500 ～ 6000 株幼苗 /hm² 的密度下保存。幼苗在前 3 年严加保护，然后任其自然演替。

表 2.1 实验样地三种造林的土壤和植被特征

景观指标	ANR	YCF	YCP
坡度（°）	31.7（3.7）	33.0（3.0）	32.2（3.0）
SOC（土壤有机碳）（g/kg）	25.6（1.2）	21.7（0.4）	19.9（4.2）
黏粒（%）	11.6（0.9）	10.3（1.4）	11.9（1.1）
粉粒（%）	44.0（2.6）	37.9（4.9）	42.2（0.9）
沙粒（%）	44.4（2.1）	51.8（6.4）	45.9（1.3）
平均树高（m）	5.6（0.2）	4.7（0.4）	4.0（0.2）
SBD（cm）	5.2（1.2）	7.9（1.7）	4.9（1.0）
密度（trees/hm²）	4 233	2 860	2 400

2.1.2.2　中国杉木幼林（YCF）

在杉木人工幼林处理中，原始森林在 2011 年 12 月被砍伐后，采伐剩余物（树枝和树叶）均匀分布在地上，然后于 2012 年 3 月火烧。杉木幼苗种植密度是为 2860 株幼苗 /hm²。按照杉木人工林的常规做法，前三年至前五年每年两次抚育、除草，一次在 6 月和 7 月，另一次在 11 月和 12 月。幼林郁闭时，停止抚育。

2.1.2.3　米槠幼林（YCP）

YCP（young Castanopsis plantation，米槠幼林）中应用类似的 YCF 处理栲树是该地区的天然优势种。

（1）更新初期幼林地土壤有机碳的水土流失

每次侵蚀性降雨后监测径流和泥沙量，并取径流和泥沙样品（图 2.2）。测径流样品中的 DOC 浓度和泥沙样品中的有机碳含量。长期监测天然更新幼林和人工幼林土壤有机碳的流失差异。

(a)ANR,YCF和YCP布局   (b)径流小区和径流收集池

(c)治疗后的初始状况(2012年10月)   (d)2014年9月的植被覆盖情况

图 2.1   实验样地情况

注：ANR，人工促进天然更新；YCF，中国杉木幼林；YCP，米槠幼林

图 2.2   径流和泥沙样品采集

（2）更新初期幼林地土壤有机碳的矿化

采用 Li-Cor 8100 对更新初期幼林地土壤有机碳矿化进行长期监测。初期前两个月采用加密观测，观测频率为每天一次，之后每月观测两次（图 2.3）。对天然更新幼林和人工幼林碳矿化进行长期动态比较。

（3）采伐剩余物分解的动态监测

将采伐剩余物分成叶、细枝和粗枝分别装入尼龙网分解袋中置于幼林地中，叶于处理后每月取样，细枝和粗枝于处理后的第 3 个月，第 6 个月，第 9 个月和第 12 个月进行取样，测其干重并测其养分含量（图 2.4）。

图 2.3　土壤呼吸观测

图 2.4　采伐剩余物分解试验

（4）采伐剩余物火烧试验

将已知干重的采伐剩余物放入火烧盘中，火烧结束后测定火烧残留物的干重（图 2.5）。计算火烧前后的干重之差与火烧前后干重的比值，以此作为采伐剩余物的火烧损失率，从而估算火烧后采伐剩余物有机碳的损失量。

图 2.5　采伐剩余物火烧试验

（5）火烧对土壤有机碳的损失影响

火烧前对表层土壤（0～10 cm，10～20 cm，20～40 cm）进行多点取样，测其容重和土壤有机碳含量。火烧后，在火烧灰下部取土、测容重。计算火烧前后土壤有机碳储量差异。

（6）更新初期土壤细根动态

利用非破坏性方法——微根管法对细根动态进行监测，每个月定期进行图片采集（图2.6），并及时处理图片，以获得细根的根长、根径等数据。

图 2.6　更新初期利用微根管法观测细根动态

（7）土壤有机碳稳定性和酶活性的分析

更新处理一年后对天然更新幼林和杉木人工幼林进行取土，测土壤芳香化指数和腐殖化指数，同时测定土壤酸性磷酸酶、β 葡萄糖苷酶、纤维素水解酶和酚氧化酶。

2.2　更新初期土壤有机质的损失机制

2.2.1　人工造林和人工促进更新初期土壤有机碳流失量差异

幼林地碳的流失主要以溶解在径流溶液中的可溶性有机碳（DOC）和径流水携带的颗粒（包括悬移质泥沙、推移质泥沙和火烧灰）碳两种形式发生。因而本项目分别从 DOC 流失量和颗粒碳流失量两个方面比较人工造林和人工促进更新初期土壤有机碳的流失差异。

2.2.1.1　人工造林和人工促进更新初期 DOC 流失量差异

观测第一年的 53 次水土流失事件中，杉木人工幼林和米槠人工幼林 DOC 流失量大多极显著高于天然更新幼林 [图 2.7（a）]。杉木人工幼林和米槠人工幼林第一年全年累积碳流失量分别为 10.5kg/hm² 和 16.3kg/hm²，而天然更新幼林仅为 4.8kg/hm²[图 2.7（b）]。杉木人工幼林相比米槠人工幼林减少了 36% 的流失量，比天然更新幼林增加了 54% 的流失量。

观测第二年，杉木人工幼林和米槠人工幼林与天然更新幼林单次侵蚀事件 DOC 流失量均较之第二年总体低 [图 2.7（a），图 2.7（c）]，但杉木人工幼林和米槠人工幼林 DOC 流失量仍显著高于天然更新幼林。杉木人工幼林第二年累积 DOC 流失量为 5.1 kg/hm²，米槠天然更新幼林和米槠人工幼林分别为 8.0kg/hm² 和 2.3 kg/hm²。相比米槠天然更新幼林，杉木人工幼林减少了 36%，比米槠人工幼林增加了 55% 的流失量。

观测第三年，杉木人工幼林和米槠人工幼林单次侵蚀事件 DOC 流失量进一步降低，天然更新幼林 DOC 流失量与第二年水平相当 [图 2.7（c）]，依然低于杉木人工幼林和米槠人工幼林流失量。杉木人工幼林和米槠人工幼林第三年全年累积流失量分别为 3.3 kg/hm² 和 6.8kg/hm²，天然更新幼林年累积 DOC 流失量为 2.6kg/hm²。

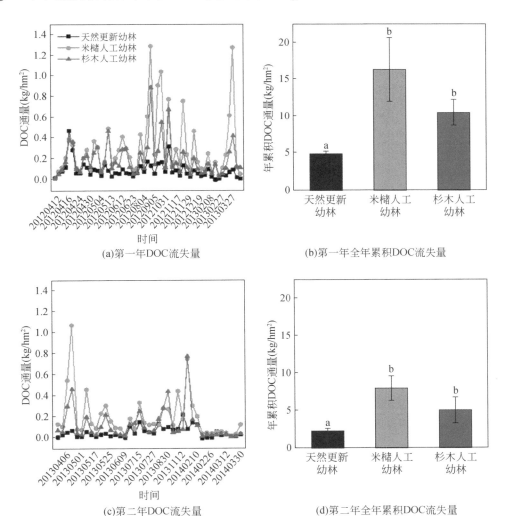

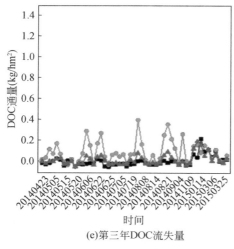

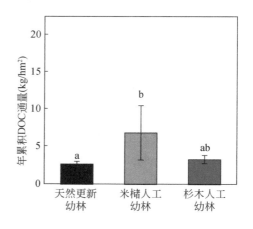

(e)第三年DOC流失量　　　　　　　　(f)第三年全年累积DOC流失量

图 2.7　更新初期 DOC 流失量差异

2.2.1.2　人工造林和人工促进更新初期颗粒碳流失量差异

更新第一年,杉木人工幼林和米槠人工幼林颗粒碳流失量最高,而且主要集中在4月～8月[图 2.8(a)],在此期间单次降雨所造成的颗粒碳流失量高达 376kg/hm²。杉木人工幼林和米槠人工幼林全年累积颗粒碳流失量分别为 2652kg/hm² 和 2542kg/hm²,天然更新幼林累积颗粒碳流失量仅为 49 kg/hm²。

更新第二年,杉木人工幼林和米槠人工幼林颗粒碳仍高于天然更新幼林,但差异缩小[图 2.8(c)]。从全年来看,天然更新幼林颗粒碳流失量仅为5kg/hm²[图 2.8(f)]、杉木人工幼林为 148 kg/hm²、米槠人工幼林为 368 kg/hm²。

更新第三年,杉木人工幼林、天然更新幼林和米槠人工幼林颗粒碳流失量分别为 43 kg/hm²、7kg/hm² 和 84 kg/hm²。

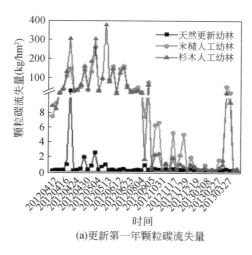

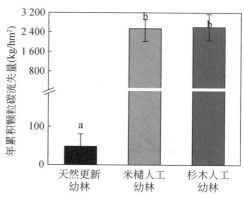

(a)更新第一年颗粒碳流失量　　　　　　　(b)更新第一年累积颗粒碳流失量

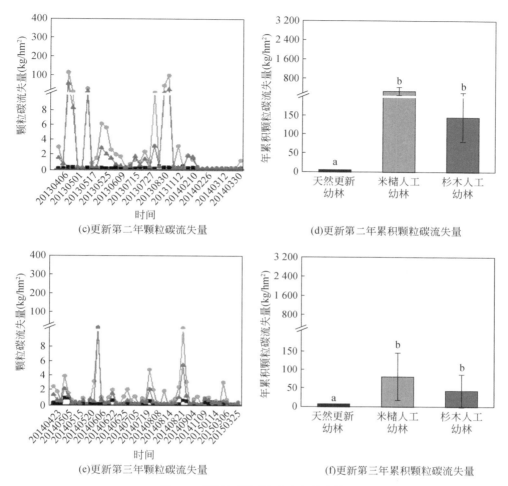

图 2.8　更新初期颗粒碳流失量差异

2.2.1.3　人工造林和人工促进更新初期总碳流失量差异

观测第一年杉木人工幼林、天然更新幼林和米槠人工幼林总碳流失量分别为 2663 kg/hm²，53kg/hm² 和 2559kg/hm²[图 2.9（a）]，杉木人工林比天然更新幼林和米槠人工幼林分别增加了 98% 和 4% 的流失量。

第二年杉木人工幼林、天然更新幼林和米槠人工幼林总碳流失量分别为 153kg/hm²，7 kg/hm² 和 376kg/hm² 和 [图 2.9（b）]，和米槠人工幼林相比，杉木人工幼林减少了 60% 的流失量。

第三年杉木人工幼林、天然更新幼林和米槠人工幼林总碳流失量分别为 47kg/hm²、10kg/hm² 和 91kg/hm²[图 2.9（c）]，杉木人工幼林比米槠人工幼林减少了 48% 的流失量。

杉木人工幼林和米槠人工幼林更新初期三年累积碳流失量分别达 2862kg/hm² 和 3025kg/hm²，天然更新幼林三年累积碳流失量仅 71kg/hm²。对米槠次生林进行采伐后的前三年，采用人工促进天然更新的方法能够保护 98% 的碳不被流失，累积碳的保护量达 2791 ～ 2954kg/hm²。

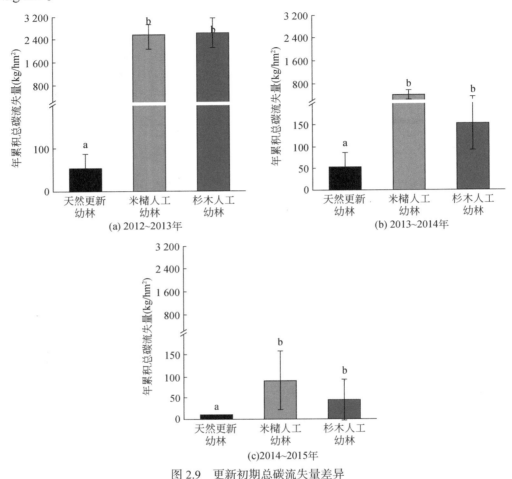

(a) 2012~2013年

(b) 2013~2014年

(c)2014~2015年

图 2.9　更新初期总碳流失量差异

2.2.2　人工造林和人工促进更新初期土壤有机碳矿化差异

图 2.10 中第一个点为火烧前一天所测土壤呼吸速率，从第二个点开始为火烧后第二天所测呼吸速率，发现从火烧第二天后杉木人工幼林土壤呼吸速率显著高于天然更新幼林，而且多次观测到峰值（图 2.10）。火烧后杉木人工幼林呼吸速率激增现象约持续了半年，这可能与炼山后释放了大量的可利用性物质，通过降雨淋溶后进入土壤，为微生物带来丰富的底物。半年后杉木人工林土壤呼吸速率回到与天然更新幼林接近的水平。

杉木人工幼林第一年土壤异养呼吸排放量为 10.5 t C·hm⁻²·a⁻¹，极显著高于天然更新幼林的异养呼吸排放量（7.6 t C·hm⁻²·a⁻¹），比其高出 28%（图 2.11）。到第二年后，杉木人工幼林异养呼吸年碳排放量显著下降，下降至 5.6 t C·hm⁻²·a⁻¹，与天然更新幼林（6.3

t C·hm^{-2}·a^{-1}）的接近。观测第三年，天然更新幼林土壤碳排放量（8.0 t C·hm^{-2}·a^{-1}）略高于杉木人工幼林（6.3 t C·hm^{-2}·a^{-1}），但两者无显著差异。

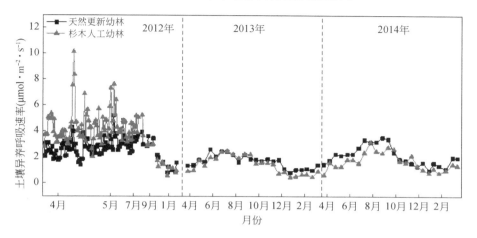

图 2.10　天然更新幼林和杉木人工幼林土壤异养呼吸速率

注：2012 年 4 月、5 月观测频率为每天观测，6 月为每周观测，其余均为每两周观测

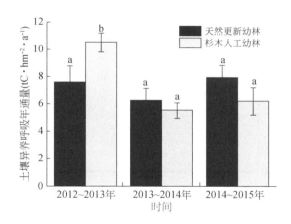

图 2.11　天然更新幼林和杉木人工幼林土壤异养呼吸通量

火烧处理后，幼林地土壤微生物的养分有效性显著增加，土壤异养呼吸速率加快，但火烧后微生物呼吸速率加快的过程只维持了约半年。土壤速效性养分消耗完后，土壤异养呼吸速率回到与天然更新林一致的水平。

2.2.3　人工幼林采伐剩余物分解动态

图 2.12 为采伐剩余物的叶、细枝和粗枝的分解速率，经过一年分解后人工林采伐剩余物中的叶、细枝和粗枝的干重残留率分别为 19%，63% 和 72%。根据保留采伐剩余物的总

量及叶、细枝和粗枝各部分的分量，我们可估算出一年后采伐剩余物分解的碳损失量，详细结果如表 2.2 所示。采伐剩余物的叶、细枝和粗枝保留量干重分别为 7.6 t/hm²，1.7 t/hm² 和 18.9 t/hm²，总采伐剩余物保留量为 39.2 t/hm²。一年后，叶、细枝和粗枝的分解率分别为 81%、37% 和 28%，分解部分有机碳含量以 45% 计，则叶、细枝和粗枝分解导致碳的损失量分别为 2.8t/hm²、2.1 t/hm² 和 2.4 t/hm²，总损失量为 7.3 t/hm²。

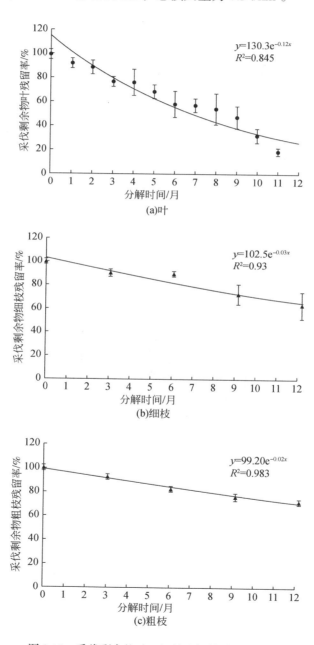

图 2.12 采伐剩余物叶、细枝和粗枝分解残留率

表 2.2 采伐剩余物各部分碳损失量

器官	保留量（t/hm²）	分解率（%）	碳含量（%）	碳损失量（t/hm²）
叶	7.6	81	45	2.8
细枝	12.7	37	45	2.1
粗枝	18.9	28	45	2.4
总量	39.2	—	—	7.3

2.2.4　更新初期有机碳损失途径及其量

更新初期天然更新林和杉木人工幼林有机碳损失途径如图 2.13 所示。各个途径损失的量列于表 2.3 中。杉木人工幼林中火烧损失的有机碳所占比例最大，其次是有机碳矿化和水土流失。第一年杉木人工林总碳流失量达 34.6t/hm²，比天然更新幼林（17.9t/hm²）多损失 16.7t/hm²。到第二年和第三年，天然更新幼林有机碳矿化量都高于杉木人工幼林，因而总损失量也更高，第二年比人工幼林高出 0.3t/hm²，第三年高出 1.6t/hm²。

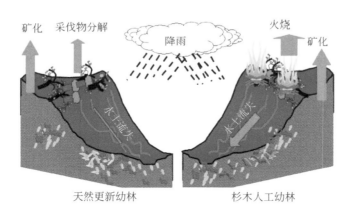

图 2.13　天然更新幼林和杉木人工幼林土壤有机碳损失途径

表 2.3　不同更新方式前期土壤有机碳各个途径损失量　　　　　　（单位：t/hm²）

观测年	森林类型	采伐物火烧	土壤碳灼烧	采伐物分解	有机碳矿化	水土流失	总损失量
第一年	杉木人工幼林	15.3	3.8	0	12.8	2.7	34.6
	天然更新幼林	0	0	7.3	10.6	0.044	17.9
	差值	15.3	3.8	−7.3	2.2	2.26	16.7

观测年	森林类型	采伐物火烧	土壤碳灼烧	采伐物分解	有机碳矿化	水土流失	总损失量
第二年	杉木人工幼林	—	—	—	5.6	0.4	6
	天然更新幼林	—	—	—	6.3	0.01	6.3
	差值				−0.7	0.4	−0.3
第三年	杉木人工幼林	—	—	—	6.3	0.09	6.4
	天然更新幼林	—	—	—	8.0	0.01	8.0
	差值				−1.7	0.08	−1.6

2.2.5 更新初期土壤有机碳稳定性

在更新处理一年后取土壤测其芳香化指数和腐殖化指数，以此来表征土壤有机碳的稳定性。发现更新初期天然更新幼林的芳香化指数（图 2.14）和腐殖化指数（图 2.15）都极显著高于杉木人工幼林，表明更新一年后天然更新幼林土壤腐殖化程度更好，有机碳比杉木人工幼林更加稳定。

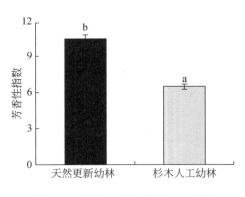

图 2.14 更新初期土壤芳香化指数

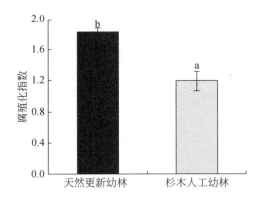

图 2.15 更新初期土壤腐殖化指数

2.2.6 小结

人工造林火烧清理林地时不仅带走了采伐剩余物中的有机碳（15.3t/hm²），还将表层土壤有机碳大量灼烧损失（3.8t/hm²）。火烧后，火烧灰的输入提高了表层土壤养分有效性，大量养分在降雨的运输下进入土壤产生频繁的激发效应，土壤有机碳的排放量提高（12.8t/hm²）。

同时火烧后裸露的地表加剧了幼林地土壤有机碳的流失（2.7t/hm²）。而天然更新幼林在土壤有机质维持方面明显优于人工造林。天然更新幼林将采伐剩余物保留在采伐迹地内而暂时得以保存。采伐剩余物缓慢分解过程中，虽然部分碳被微生物分解回归到大气中，但仍有相当一部分以 DOM 的形式淋溶进入土壤形成土壤有机碳。采伐剩余物良好的覆盖有效地控制了土壤有机碳的流失（减少 95% 以上）。采伐剩余物分解过程中释放出的氮、磷和钾等养分，改善了土壤肥力，促进萌芽苗的生长，使得天然更新幼林地上生物量明显高于人工幼林，地下细根生长量也高于人工幼林，从而为天然更新幼林地增加碳的输入。通过这些机制天然更新幼林地土壤有机质得以良好地维持。

3 杉木人工林碳计量与碳经营技术

3.1 研究目的和意义

随着《京都议定书》的生效，温室气体排放权贸易方兴未艾，国际上已成立如欧盟碳市场、英国碳市场、芝加哥气候交易所、澳大利亚新南威尔士碳市场等《京都议定书》议定的和非《京都议定书》议定的碳交易市场，2006 年全球碳汇贸易额达 250 亿～ 300 亿美元，每吨 CO_2 交易价格高达 20 欧元。同时，随着造林再造林碳汇项目被列入清洁发展机制（CDM）项目之一，森林的碳汇能力及其所蕴藏的巨大经济效益正越来越受关注。

中国已成为世界上第二大温室气体排放国，如果不能有效解决《京都议定书》中有关碳减排与增汇的科技问题，在未来的全球环境履约谈判中将可能陷入很被动的局面。因此，碳减排与碳增汇是我国政府和科学界必须面对的、不可回避的重大生态与环境科技问题。由于森林特别是人工林具有巨大的碳汇效益，因而通过营造人工林扩大森林碳汇亦可以作为我国温室气体减排的重要补充手段。大力发展人工林碳汇，不仅对我国的气候变化谈判和履约等有重要作用；同时，人工林碳汇本身具有广阔的碳贸易市场，对提高我国林业的经济效益，实现林业的可持续发展等有重要作用。

作为我国森林覆盖率最高的省份之一，福建省无疑应该为我国温室气体的减排做出应有贡献；同时，应该发挥福建省的森林碳汇优势，促进福建省区域环境保护和循环经济的发展，为海峡西岸经济区建设做出贡献。

虽然目前我国人工林面积已居世界第一，但我国有关人工林碳经营和碳计量的研究与国际相比仍有较大差距。目前，欧美等发达国家（地区）都在加大人工林碳增汇对策技术的研究力度。但我国的人工林经营措施研究仍以用材为经营目标，以碳汇效益为目标的碳人工林经营理论和方法仍未起步，从而限制了我国人工林碳吸存效益的提高。有关森林碳计量的研究，发达国家起步较早，特别是针对温带和寒温带的主要人工林树种的碳计量方法体系已基本建立，并已在森林碳汇贸易中发挥了重要的作用。但目前我国有关人工林碳计量方法体系研究尚属空白，导致目前已有碳汇项目的碳汇核定均由国外相关机构完成，在碳汇交易中使我国处于极为不利的地位，不利于我国碳汇贸易和碳汇林业的发展，亦对我国气候变化谈判产生不利影响。因而探讨人工林碳汇经营的措施体系和碳计量技术，已成为我国林业发展的一项重大科技需求。

杉木是包括福建省在内的我国南方集体林区最重要的商品林树种之一，杉木林是我国最重要的人工林之一。本书拟通过野外定位研究，揭示杉木林年龄序列碳源／汇变化和经营措施对杉木林碳吸存的影响，以此建立杉木林碳汇经营措施体系和碳计量技术，为包括福建省在内的我国南方集体林区的杉木林碳经营提供科学指导；同时，为杉木林碳汇估算和核定提供必要的方法手段。这不但为我国气候变化谈判提供相应的基础数据支撑，亦可为我国开展碳贸易提供技术支撑。该项研究在林业部门的碳汇核定中拥有广阔的推广应用前景，将为我国林业经济发展提供新的动力，不仅对我省建设海峡西岸经济区亦有一定意义，同时对我国南方集体林区的经济社会发展亦有一定的贡献。同时，该研究成果亦具有很强的示范和借鉴作用，对我国其他人工林的碳汇经营和碳计量技术的研究有重要的借鉴作用。

3.2　试验地概况

3.2.1　杉木林年龄序列试验地概况

杉木林年龄序列试验地位于福建省杉木中心产区的南平市王台镇溪后村（26°28′N，117°57′E），属武夷山系南伸支脉，海拔 200 m 左右；气候属亚热带海洋性季风气候，年平均气温 17 ～ 22℃，极端高温可达 33.9 ～ 39.8℃，极端低温可至 –3℃；年平均降水量为 1669 mm，降水多集中在 3 ～ 8 月；年平均蒸发量为 1413 mm，年平均相对湿度为 83%。土壤是由燕山晚期白云母岩中细粒花岗岩发育的山地暗红壤，土层厚度在 100 cm 以上，土壤表层疏松，但含有一定的石砾，质地中壤至重壤。林下植被主要有狗脊（*Woodwardia japonica*）、五节芒（*Miscanthus floridulus*）、铁芒萁（*Dicranopteris linearis*）等。不同年龄杉木林试验地概况如表 3.1 所示。

表 3.1　不同年龄杉木林试验地概况

林龄（a）	胸径（cm）	树高（m）	优势木高（m）	坡度（°）	坡向	密度（株 /hm²）
2	—	—	—	35	SW80°	
7	8.0	6.0	8.1	15	NW20°	4 892
16	11.0	11.8	14.3	34	NW25°	3 875
21	14.7	13.0	15.3	32	NW28°	2 800
41	24.3	25.2	29.0	40	SW10°	1 317
88	32.8	32.2	35.7	30	SW80°	750

邻近的安曹下常绿阔叶次生林乔木层（高度大于 6 m 的乔木和灌木种类）密度为 497 株 /hm²，其中马尾松、丝栗栲和木荷密度分别为 162 株 /hm²、119 株 /hm² 和 60 株 /hm²，以上 3 个树种占总株数的 2/3 以上。林下植被主要有丝栗栲、百两金、檵木、绒楠、芒萁、黑莎草和狗脊等。

邻近的 35a 生楠木人工林密度为 1624 株 /hm²，平均胸径 19.38 cm，平均树高 18.0 m，林分郁闭度 0.95 以上，林下植被稀少。

3.2.2　皆伐火烧试验地概况

皆伐火烧试验地位于福建省沙县林业（集团）有限公司异州国有林业采育场的异州工区（26°7′ ～ 26°42′ N，117°27′ ～ 118°7′ E）。该地气候为亚热带海洋性季风气候，年均气温 19.2 ℃，年降水量 1687.5 mm，年均相对湿度 82%，年蒸发量 1437.3 mm 。杉木林和栲树林两种林分试验样地其母质同属燕山早期第三阶段第四次侵入岩，岩性为细粒黑云母花岗岩，间有同阶段第三次入侵的中粗粒黑云母花岗岩，土壤为山地红壤，土壤厚度大于 1 m。

杉木林试验样地海拔高度为 450 m，坡向 NE26°，坡度 32°，树龄 27 a，林分平均树高 20.1 m，平均胸径 19.8 cm，密度 1650 株 /hm²，蓄积量为 484.28 m³/ hm²。林下层为杨桐（Adinandra millettii）、狗脊（Woodwardia japonica）等，枯枝落叶层厚 1 ～ 2 cm 。

栲树林试验样地海拔高度为 630 m，坡向 SW30°，坡度 34°，树龄约 43 a。乔木层以栲（Castanopsis fargesii）、石柯（Lithocarpus glaber）、甜槠（Castanopsis eyrei）等为优势种，其中以栲树为主，简称栲树林（下同）。3 种优势种的密度分别为 653 株 /hm²、338 株 /hm² 和 135 株 /hm²，平均树高分别为 26.4 m、21.5 m 和 24.3 m，平均胸径分别为 21.5 cm、19.8 cm 和 20.1 cm。林分蓄积量为 553.25 m³/ hm²。林下层为毛冬青（Ilex pubescens）、狗骨柴（Diplospora dubia）、檵木（Loropetalum chinense）、短尾越橘（Vaccinium carlesii）、狗脊（Woodwardia japonica）等，枯枝落叶层厚 3 ～ 5 cm 。

3.2.3　不同更新方式试验地概况

2006 年 8 ～ 9 月，上述试验地中 1967 年营造的 2 代杉木林进行了皆伐。2006 年 12 月采伐迹地进行火烧时保留了 3 块 10 m × 30 m 的样地未进行火烧。2007 年 2 月份对 1 块 10 m × 30 m 进行火烧处理，其余 2 块样地仍不火烧。之后，对 3 块样地均按 1 m × 1 m 株行距进行了栽杉处理，从而形成了火烧 + 人工栽杉更新（BR，下文同）、不火烧 + 自然更新（NR，下文同）和不火烧 + 人工栽杉更新（AR，下文同）三种处理，三标准地在 2007 年 5 月底和 10 月底进行了锄草。

3.2.4 杉木林经营模式试验地概况

3.2.4.1 杉木多代连栽模式（Ⅰ）

在采伐后的杉木林地上继续栽种二代、三代杉木林。试验地位于福建南平市王台镇溪后村安曹下（26°28′ N，117°57′ E，）及其邻近的邓窠。该区属中亚热带季风气候，年均气温 19.3℃，年均降水量 1669 mm，降雨多集中在 3～8 月，年均蒸发量 1413 mm，年均相对湿度为 83%。土壤是由燕山晚期白云母化中细粒花岗岩发育的山地暗红壤，土壤厚度在 100 cm 以上，土壤表层疏松，含有一定量的石砾，质地为砾质轻壤土。一、二和三代杉木林彼此毗邻，调查时林龄均为 29 年，保留密度分别为 1845 株 /hm²、2005 株 /hm² 和 2084 株 /hm²，林分平均高分别为 22.10 m、17.51 m 和 16.44 m，平均胸径分别为 20.18 cm、18.16 cm 和 17.75 cm。

3.2.4.2 杉阔轮栽模式（Ⅱ）

杉木林皆伐后重新营造阔叶林称为杉阔轮栽模式。试验地位于福建省尤溪县国有林场城关工区林坑山场（25.8°～26.4°N，117.8°～118.6°E），该区属中亚热带海洋性季风气候，年均气温 18.9℃，年降水量 1599.6 mm，年蒸发量 1323.4 mm，年均相对湿度 83%。土壤为花岗岩发育的厚层红壤。试验地海拔高 260 m 左右。杉木林系 1961 年二代杉木林采伐后萌生的萌芽林，1969 年在同一坡面上进行皆伐杉木萌芽林重造细柄阿丁枫林和保留杉木萌芽林处理。杉木萌芽林（对照 1，下文同）保留密度为 1359 株 /hm²，林分平均树高和胸径分别为 12.30 m 和 14.95 cm，林分蓄积量为 153.486 m³/hm²，林分郁闭度 0.7～0.8，树龄 33a。细柄阿丁枫保留密度 650 株 /hm²，平均树高和胸径分别为 15.5 m 和 21.98 cm，林分蓄积量为 183.040 m³/hm²，林分郁闭度 1.0，树龄 26a。

3.2.4.3 留杉栽阔模式（Ⅲ）

在强度间伐的杉木林内补栽阔叶树，形成异龄混交林，简称留杉栽阔模式。试验地位于福建省尤溪县国有林场城关工区林坑山场（25.8°～26.4°N，117.8°～118.6°E），杉木林系 1961 年二代杉木林采伐后萌生的山木萌芽林，1969 年在同一坡面上进行强度间伐补栽细柄阿丁枫和杉木萌芽林保留对照的处理，细柄阿丁枫保留密度 360 株 /hm²，平均树高和胸径分别为 15.0 m 和 17.39 cm，蓄积量为 63.1121 m³/hm²，树龄 26a。该模式中杉木保留密度为 630 株 /hm²，平均树高和胸径分别为 14.8 m 和 18.50 cm，蓄积量为 123.656 m³/hm²，树龄为 33 年生，留杉栽阔模式总蓄积量为 186.768 m³/hm²，郁闭度 0.8～0.9。

3.2.4.4 杉木多代连栽地营造杉阔混交林模式（Ⅳ）

在多代连栽的杉木皆伐林地上营造杉阔混交林。试验地位于福建省南平市溪后林业采育场溪后工区（26.28ºN，117.57ºE），该区属中亚热带季风气候，平均气温 19.3℃，年均降雨量 1969 mm，年均蒸发量 1143 mm，年均相对湿度为 83%。土壤为燕山晚期白云母化中细粒花岗岩发育的红壤，土壤厚度在 100 cm 以上，土壤表层疏松，但均含有一定量的石砾，质地为砾质轻壤土。试验地海拔高度在 200 m 左右。1986 年在 3 代杉木林采伐迹地上营造杉木火力楠混交林（3 杉：1 阔）及杉木纯林（对照 2，下文同），造林密度均为 3600 株 / hm²，造林面积共计 5.6 hm²。造林后第 2 年对杉木纯林和杉木火力楠混交林进行施肥处理，调查树龄为 10 年，火力楠平均树高 7.86 m，平均胸径 7.9；杉木平均树高 9.97 m，平均胸径 12.5 cm。杉木纯林平均树高 8.63 m，平均胸径 11.70 cm。不同经营模式试验地概况如表 3.2 所示。

表 3.2 不同经营模式试验地概况

经营模式	林分	树种	地点	海拔（m）	树龄（a）	密度（株 /hm²）	平均胸径（cm）	平均树高（m）	单株材积（m³）	林分蓄积（m³/hm²）
Ⅰ	一代	杉木	安曹下	235	29	1 845	20.18	21.60	0.351 65	677.115
	二代	杉木	安曹下	230	29	2 005	18.17	17.68	0.249 71	500.675
	三代	杉木	邓窠	200	29	2 084	15.67	16.49	0.166 32	346.616
Ⅱ	阔叶林	细柄阿丁枫	尤溪	260	26	650	21.98	15.50	0.281 60	2 306.0
	对照 1	杉木	尤溪	260	33	1 359	14.95	12.3	0.112 94	153.486
Ⅲ	混交 1	细柄阿丁枫	尤溪	260	26	360	1739	15.00	0.175 31	63.112
		杉木			33	630	18.50	14.80	0.196 28	123.656
Ⅳ	混交 2	火力楠	安曹下	200	10	1 035	7.9	7.86	0.020 68	21.404
		杉木			10	2 565	12.5	9.97	0.067 47	173.061
	对照 2	杉木	安曹下	200	10	3 600	11.7	8.63	0.052 41	188.676

3.3 主要研究方法

3.3.1 生物量测定

3.3.1.1 乔木层生物量和生物量增量测定

在各种森林内设 5 块或 3 块 20 m×20 m 标准地，进行每木检尺。分别按径阶各选标准木 1 ～ 2 株，用分层切割法测定地上部分各器官的生物量，采用全挖法测定粗根（>2 mm）生物量，采用土芯法测定细根（<2 mm）生物量，并分别建立各器官生物量与树高、胸径的相对生长方程，据此计算人工林乔木层不同器官的生物量（杨玉盛等，2003）。同时对各器官分别取样用于测定含水量和 C 含量。采用相对生长方程推算每年乔木层各器官的年生长量和 C 年积累量（即连年 C 积累量），并计算各年乔木层各器官的平均生长量和平均 C 积累量（杨玉盛等，2003）。

3.3.1.2　林下植被生物量和枯枝落叶层现存量测定

灌木层、草本层生物量和枯枝落叶层现存量采用样方收获法测定。即在每个标准地内设置 1 m×1 m 的小样方 5 个，对小样方内的灌木、草本和枯枝落叶分别收获，灌木进一步分为灌叶、灌枝和灌根，草本进一步分为草茎叶和草根，并分别取样测定含水率和 C 含量。

3.3.1.3　粗木质残体现存量调查

粗木质残体现存量采用样方收获法测定。即在每个标准地内设置 2 m×2 m 的小样方 5 个，分别收集小样方内直径 >2 cm 的落枝和其他木质残体，并取样测定含水率和 C 含量。

3.3.2　土壤取样及测定

在每种森林的每个标准地内，按 S 形布 5 点，按 0 ～ 10 cm，10 ～ 20 cm，20 ～ 40 cm，40 ～ 60 cm，60 ～ 80 cm，80 ～ 100 cm 分层取土样，相同层次混合、自然风干后过 2 mm 及 0.25 mm 筛待进一步分析。同时用环刀和小饭盒取原状土备用。另取新鲜土样用于测定土壤微生物生物量 C、N 和土壤可溶性有机 C 等。

3.3.2.1　土壤常规分析

采用重铬酸钾（$K_2Cr_2O_7$）容量法测定土壤样品有机 C 含量，环刀法测定土壤容重，烘干法测定含水量。

3.3.2.2　土壤轻组有机 C 测定

称过 2 mm 土壤筛的风干土样 25g 置于 100 ml 离心管中，加入 50 ml $ZnCl_2$ 溶液（密度 1.6 g/cm³），甩动离心管，使土壤与重液混合均匀，而后在震荡机上震荡 60 min。分散后的悬浮液在 3000 转速离心 10 min，如果悬浮液比较浑浊则加大离心转速或增加离心时间。混合物表面悬浮的 LF 轻轻倒出，通过滤纸过滤，在剩余的悬浮液中加入 25 ～ 30 ml $ZnCl_2$，重组残留物在离心管中再次悬浮，重复上述过程 2 ～ 3 次，直至没有可见的轻组物质，最后用至少 150 ～ 200ml 去离子水多次冲洗 LF 至重液被淋洗干净。滤纸上的轻组洗到预先称重的器皿中，在 65℃下烘干，获得 LF 干重。每个土样分离轻组时一般重复 3 次，但对于轻组含量特别低时，为获得足够多的轻组用于分析，增加重复次数。每个土壤样品的所有轻组样品合并起来用研钵磨碎过 150 μm 筛，用于 C 含量分析。

3.3.2.3 可溶性有机 C 的测定

准确称取 10g 过 2 mm 筛的土壤新鲜样品于 100 ml 离心管中，每份土样 3 次重复，同时称取 3 份土样用于测定土壤含水量。土样按土水比 1 ∶ 5 比例与水混合（50ml 去离子水），震荡 30 min 后，在离心机上 3000 转速离心 10 min，上清液倒入装有 0.45 μm 滤膜的过滤器中用循环水真空泵减压过滤（压力为 –0.09 MPa），滤液如未能立即测定，置于 4℃冰箱中保存，用 TOC 测定仪测定 DOC 浓度。如滤液浓度较高，则稀释后再测定 DOC 浓度。

3.3.2.4 微生物生物量 C 的测定

新鲜土壤样品的微生物生物量碳（MBC）采用氯仿熏蒸法（鲁如坤，2000）。即分别称取过筛后的新鲜土样（相当于干土 25.0g）3 份于 3 个 100 ml 烧杯，与装有 50 ml 氯仿和 50ml NaOH 溶液（0.5 mol/L）的烧杯一同置于真空干燥皿中，密封真空干燥皿，用真空泵通过顶部活塞抽空干燥皿中空气，直至干燥皿中氯仿沸腾 2 ～ 3 min，尔后旋转干燥皿顶部活塞密闭干燥皿。将干燥器置于黑暗中熏蒸 24 小时。熏蒸结束后，打开顶部活塞，移去氯仿，用真空泵反复抽气，直至土壤中没有氯仿气味为止。将土壤全部转移到 250 ml 三角瓶中，加入 100 ml K_2SO_4 溶液（0.5 mol/L）浸提，震荡 30 min，浸提液经过 0.45 μm 滤膜抽滤。称同样重量的新鲜土样 3 份，不进行熏蒸处理，完全按同上步骤进行。同时称取 3 份土样用于测定土壤含水量。K_2SO_4 浸提液在 4℃冰箱中保存或立即用 TOC 测定仪测定浸提液的 C 浓度。计算 MBC 含量，MBC 换算系数为 0.38（鲁如坤，2000）。

3.3.2.5 土壤黑碳测定方法

土壤黑碳（BC）分离和测定方法具体步骤如下：①称取过 0.25 mm 筛的烘干土样 5.0000 g 加入 25 rnl HF（10%）于 100 ml 塑料离心管中，置于震荡机上震荡 2 h。② 3000 转离心后去除上层液，再加入 25 rnl HF（10%），继续置于震荡机上振荡 2 h，这一过程重复进行 5 次。③第 5 次 HF 处理后，离心，去除上清液，加入 50 rnl 蒸馏水，将离心管置在漩涡混合仪上搅拌 1 min，然后离心，去除上清液，加入 50 rnl 蒸馏水，再将离心管置在漩涡混合仪上搅拌 1 min，这一过程重复 5 次。④第 5 次水洗后，离心，弃除上清液，将离心管置于 60℃恒温烘箱中烘 48 h，称重。⑤称取过 0.25 mm 筛 HF 处理的烘干土样 0.1500 g 于 100 ml 塑料离心管中，加入 l5 ml 0.1 mol/L$K_2Cr_2O_7$∶2 mol/L H_2SO_4，用超声波分散器中分散 30

min 后放入水浴锅中 55±1℃ 反应 12 h，再置于超声分散器中分散 30 min，继续放入水浴锅中反应 12 h，整个过程重复 5 次，氧化时间共 60 h。⑥反应完毕，离心，去除上清液，加入 50 ml 蒸馏水，将离心管置在漩涡混合仪上搅拌 1 min，然后离心，去除上清液，继续加入 50 ml 蒸馏水，再将离心管置在漩涡混合仪上搅拌 1 min，这一过程重复 5 次。第 5 次水洗后，离心，弃除上清液，将离心管置于 60℃ 恒温烘箱中烘 48 h，称重，离心管中的剩余物即为黑碳样品。

土壤有机碳和黑碳含量用元素分析仪（Vario Macro CHN，Elementar）测定，单位为 g C/kg 全土。

3.3.3　凋落物和细根归还量研究凋落物归还量

分别在每种森林内设立均匀布设 15 个面积为 0.5 m × 1 m 的尼龙网凋落物收集架，离地面高 25 cm。每月收集凋落物，并分为叶、枝（含树皮）、花、果、其他（碎屑、昆虫粪便、小动物尸体等）等组分，分别置 80℃ 下烘干至恒重，称重，据此换算为每公顷的凋落物量；并对各器官样品取样分析化学组成。

3.3.3.1　细根归还量

隔月用内径 6.8 cm 的土钻在各林分标准地的上、中、下部随机钻取土芯 10 个，每种林分共 30 个，深度为 1 m。按 0～10 cm、10～20 cm、20～30 cm、30～40 cm、40～50 cm、50～60 cm、60～70 cm、70～80 cm、80～90 cm 及 90～100 cm 分割土芯，用塑料袋装好后在 4℃ 下储存直至处理。在室内把土样放在土壤套筛上，用自来水浸泡、漂洗、过筛，拣出根系，用放大镜、剪刀、镊子等工具分别分出乔木根和林下植被根。同时根据目视分级，把乔木层直径 <2 mm 的细根进一步归为 1～2 mm、0.5～1 mm、<0.5 mm 三组（分组前先用游标卡尺准确计量直径分别为 2 mm、1 mm、0.5 mm 的细根制成 3 个径级标准样，再根据标准样进行目视分级），并根据根系外形、颜色、弹性、根皮与中柱分离的难易程度来区分活死根。将分级好的各样品在 80℃ 下烘干至恒重后称重，按以下公式计算细根生物量：

细根现存量 (t/hm^2) = 平均每根土芯根干重 (g) × (t/106g)/((π (6.8cm^2)^2 × (hm^2/108cm^2))

细根年净生产量、分解量和死亡量用改进的分室通量模型计算：

$$LFRt = LFTt - 1 + Pt - Mt$$

$$DFRt = DFTt - 1 + Mt - Dt$$

$$Dt = (DFRt - 1 + Mt) DRt$$

$$T = P/Y$$

式中，LFR、DFR、P、M、D、DR、T 和 Y 分别表示活细根生物量、死细根生物量、年净生产量、年死亡量、年分解量、分解速率、周转速率和平均活细根生物量，t 为时间间隔。

3.3.3.2 土壤呼吸及分室测定

在各研究试验地内随机预埋 10 ～ 15 个 PVC 圈（直径 20 cm，高度 7 cm）进行土壤总呼吸测定，PVC 圈埋入土壤 3 ～ 5 cm，埋下后便不再移动。埋设 PVC 圈的同时，齐地剪去地面植被，经过 1 天的平衡，埋设 PVC 圈对土壤呼吸的干扰基本可以消除。另分别设置 3 种处理（每种处理小区面积为 1 m × 1 m），即①去除枯枝落叶层＋保留根系；②保留枯枝落叶层＋切断根系；③去除枯枝落叶层＋切断根系。各处理重复 5 次。进行切断根系（挖壕沟）时，在小区四周挖掘 1m 深的壕沟后，用预制石棉瓦（1m × 1m）贴在壕沟周围后将土回填，以阻止根系向小区内生长。去除枯枝落叶层的小区先贴地面剪除地面植被，然后去掉枯枝落叶层（包括未分解、半分解和分解的枯枝落叶），尽量减少扰动地表土壤。所有小区定期清除地面植被。

1）土壤呼吸：无处理小区单位面积 CO_2 释放量。

2）枯枝落叶层呼吸：无处理小区单位面积 CO_2 释放量—（不挖壕沟＋去除枯枝落叶层）处理小区单位面积 CO_2 释放量。

3）无根土壤呼吸：（挖壕沟＋去除枯枝落叶层）处理小区单位面积 CO_2 释放量。

由于根系切断后仍会存活一段时间，且非正常死亡的根系亦会发生分解，一般挖壕沟后 CO_2 释放速率经历下降、突增后再下降到一个较稳定状态。据前期的研究，此阶段大概需要 3 个月，即挖壕沟后第 4 个月即可开始观测，此时测定的即非根际土呼吸。

4）根呼吸（包括根际土呼吸）：（不挖壕沟＋去除枯枝落叶层）处理小区单位面积 CO_2 释放量—（挖壕沟＋去除枯枝落叶层）处理小区单位面积 CO_2 释放量。

采用 LI-8100 于每月下旬选择一天进行测定各种处理呼吸速率的昼夜变化（每 2 h 一次），连续测定 1 年（2006 年 1 ～ 12 月）；5 cm 处土壤温度采用仪器配备的土壤温度探头测定，用时域反射仪（TDR-100）测定 12 cm 处的土壤含水量。

3.3.4 皆伐火烧对生态系统碳动态影响

对部分杉木林和栲树林进行采伐，采伐后带皮干材和粗枝（直径大约 1.5 cm 以上，作为薪材）运出林地，通过测定干材和粗枝生物量及 C、N 含量计算 C 和 N 迁移量。

分别在皆伐前，皆伐后 10 天、1 个月、2 个月和 3 个月在两个林分的标准地内采集 0 ～ 10 cm 土层的土壤样品，分析皆伐前后土壤中 C 和 N 含量。

3.3.4.1　火烧造成的碳储量损失

火烧前在各标准地内放置 5 个 40 cm × 40 cm × 40 cm（长 × 宽 × 高）铁皮做的样盘，并在盘内放置与标准地同等数量的采伐剩余物，其堆积紧实度尽量保持与采伐迹地一致。火烧后 5 天收集盘内剩余物，称重并取样分析 C、N 含量，计算采伐剩余物 C、N 火烧损失量。

分别在火烧前和火烧后 5 天、1 年、5 年，在两个林分的每个标准地内按 S 形布 5 点，分别取表层 0 ~ 10 cm 土壤，混匀，分析火烧前后土壤中 C、N 含量。

3.3.4.2　皆伐、火烧对土壤呼吸及各组分呼吸的影响

在拟皆伐和火烧的杉木林和栲树林及两对照（不采伐）林分内各建立 3 块 20 m × 20 m 标准地。随后，在拟皆伐林地和对照林地内的每个标准地中设置 3 种处理（每种处理小区面积为 1 m × 1 m），即①保留枯枝落叶层 + 保留根系；②保留枯枝落叶层 + 切断根系；③去除枯枝落叶层 + 切断根系。而在拟皆伐后采伐剩余物火烧的每个标准地内设置保留根系和切断根系 2 种处理。各处理重复 5 次，按随机区组排列。进行切断根系（挖壕沟）时，在小区四周挖掘 1m 深的壕沟后，用预制石棉瓦（1 m × 1 m）贴在壕沟周围后将土回填，以阻止根系向小区内生长。在皆伐和火烧处理 1 个月后，于每个月下旬每天观测对照地（不采伐地）、皆伐地和火烧地内各小区土壤呼吸，连续观测 5 ~ 7 天。

土壤呼吸测定采用密闭室碱吸收法。密闭室用马口铁皮（外涂白漆）自制，直径 20 cm，高 30cm，下端开口。测定时，将内盛有 20 ml 1mol/L 的 NaOH 溶液（视呼吸作用强度可适当提高 NaOH 浓度）的玻璃瓶（未封口，开口直径为 6 cm）放在离地面约 2 cm 的三脚支架上后，扣上密闭室。使密闭室开口一端嵌入土壤表层约 5 cm，并盖土砸实以防止漏气。放置 24h 后，取出玻璃瓶，迅速密封后带回实验室，用标准盐酸溶液滴定（Burton and Pregitzer，2003）。每次同时测定每个观测点附近地表（5 cm）处地温和地表（0 ~ 10 cm）处土壤含水量。

3.3.4.3　更新方式对土壤呼吸及分室的影响

2006 年 7 月，在火烧 + 人工栽杉更新（BR，下文同）、不火烧 + 自然更新（NR，下文同）和不火烧 + 人工栽杉更新（AR，下文同）分别各设三块标准地 10 m × 10 m 标准地。在每块标准地内选取地势相对平坦的 2 m × 2 m 的小区进行壕沟处理，每个壕沟长 1 m，宽 0.5 m，深 1 m，壕沟挖好后用石棉瓦紧贴小区四壁，以阻隔根系的生长，然后将挖除的土壤回填。一般认为挖完壕沟后，大约需要经过 3 ~ 6 个月后，壕沟里的根系才会分解殆尽。自 2006 年 7 月开始，采用 LI-8100（LI-COR Inc.，Lincoln，NE，USA）测定各种处理土壤呼吸的日动态变化和月动态变化。

3.4　杉木人工林碳计量技术

3.4.1　杉木林年龄序列生态系统碳库及碳源变化

3.4.1.1　杉木林年龄序列生态系统碳库

（1）乔木层生物量碳库

杉木各林分地上部分生物量碳库随着林龄和胸径的增大而增加，7a 林龄地上部分生物量碳库为 26.400 t/hm²，11a、16a、21a、28a、40a 和 88a 分别为 7a 的 1.36 倍、2.04 倍、2.57倍、2.62 倍、5.70 倍和 6.35 倍（表 3.3）。干生物量碳库及林分地上生物量碳库都随林龄的增加而增加，且干生物量碳库占林分乔木层总生物量碳库的比例从 36.45%（7a）增加至69.41%（88a），表明干生物量碳库占据着生物量碳库的主导地位，且随着林龄的增加愈发明显。皮生物量碳库占乔木层总生物量碳库的比例在 5.90% ～ 10.65%，虽不起主导作用，却也随林龄的增加而增加，相关系数达 0.9686，占乔木层总生物量碳库的比例也随林龄增加而增加，主要与林分树木胸径的增大有关。叶生物量碳库达郁闭后会由于林分密度"自疏"作用而保持基本稳定（Waring and Schlesinger，1985），因此 7a ～ 21a 叶生物量碳库大致一样，28a ～ 88a 受林分密度的限制，生物量碳库较前者低些。枝生物量碳库从 7a ～ 21a略有增加，28a ～ 88a 同样随林分密度变化而降低。叶、枝生物量碳库占乔木层总生物量碳库的比例都随林龄的增加而下降，叶生物量碳库从 23.76% 降至 1.81%，枝生物量碳库从 16.46% 降至 3.67%（表 3.3），主要与杉木树种的生态学特性有关。地下根生物量碳库随林龄的增加而增加，在生长期增长较快，占乔木层总生物量碳库的比例随林龄的增加而增加；进入成熟期后（28a），增长速度减缓（吴中伦，1984），占乔木层总生物量碳库的比例逐渐下降。

表 3.3　不同林龄杉木生物量碳库情况

林分类型		叶	枝	干	皮	地上小计	根	合计
7a 林龄杉木人工林	生物量碳库（t/hm²）	7.596	5.263	11.655	1.886	26.400	5.572	31.972
	比例（%）	23.76	16.46	36.45	5.90	82.57	17.430	100
11a 林龄杉木人工林	生物量碳库（t/hm²）	6.956	6.052	19.699	3.137	35.844	8.056	43.900
	比例（%）	15.85	13.79	44.86	7.15	81.65	18.35	100
16a 林龄杉木人工林	生物量碳库（t/hm²）	7.634	7.778	33.128	5.205	53.746	12.178	65.924
	比例（%）	11.58	11.80	50.25	7.90	81.53	18.47	100

林分类型		叶	枝	干	皮	地上小计	根	合计
21a 林龄杉木人工林	生物量碳库（t/hm²）	6.303	7.798	46.394	7.225	67.720	14.894	82.613
	比例（%）	7.63	9.44	56.15	8.75	81.97	18.03	100
28a 林龄杉木人工林	生物量碳库（t/hm²）	4.409	6.393	50.545	7.697	69.044	14.443	83.487
	比例（%）	5.28	7.66	60.54	9.22	82.70	17.300	100
40a 林龄杉木人工林	生物量碳库（t/hm²）	5.130	6.750	124.68	14.040	150.600	33.540	184.140
	比例（%）	2.79	3.67	67.71	7.62	81.79	18.21	100
88a 林龄杉木人工林	生物量碳库（t/hm²）	3.525	7.908	135.447	20.780	167.660	27.480	195.140
	比例（%）	1.81	4.050	69.410	10.65	85.92	14.08	100
35a 林龄楠木人工林	生物量碳库（t/hm²）	1.560	3.220	44.240	4.920	53.940	15.150	69.090
	比例（%）	2.26	4.660	64.040	7.110	78.070	21.930	100

35a 林龄楠木人工林生物量碳库（69.090 t/hm²）仅为杉木林（40a）（184.140 t/hm²）的 37.5%，杉木林各器官生物量碳库均大于楠木林，表现出杉木速生树种的特征。楠木林和杉木林根生物量碳库分别占 21.93% 和 18.21%，相比之下，楠木林将更多的生物量碳库分配到根系上，而杉木林生物量碳库则更多地分配到干和皮上。楠木林枝生物量碳库比例大于杉木林，是阔叶树种相对于针叶树种的典型特征（表 3.3）。

（2）林下植被层生物量碳库

幼林阶段（7a～11a），杉木林林下植被生物量碳库呈增加趋势，但从 11a 到 16a 林阶段，林下植被生物量碳库锐减，这主要是由于该阶段林分开始郁闭，不利于林下植被的生长。16a 之后，林下植被碳库又随林龄的增加而增加，主要是由于林分密度减小的关系。特别是老龄林（88a），林下植被生物量碳库高达 9.074 t/hm²，是 16 龄林（0.942 t/hm²）的 9.6 倍。但杉木人工林林下植被生物量碳库占总生态系统的比例均很小，仅占 0.68%～3.15%；林下植被地上部分生物量碳库占总生态系统的 46.17%～70.67%，变化幅度较大（表 3.4）。

表 3.4　不同林龄杉木生态系统碳库分配

林分类型		乔木层	林下植被			枯枝落叶层	粗木质残体	土壤（1m）	生态系统
			地上部分	地下部分	小计				
7a 林龄杉木人工林	生物量碳库（t/hm²）	31.972	0.941	0.555	1.497	1.807	0.283	80.02	115.579
	比例（%）	27.66	0.81	0.48	1.30	1.56	0.24	69.23	100

林分类型		乔木层	林下植被			枯枝落叶层	粗木质残体	土壤（1m）	生态系统
			地上部分	地下部分	小计				
11a林龄杉木人工林	生物量碳库（t/hm²）	43.900	1.660	0.690	2.349	2.873	0.096	52.880	102.098
	比例（%）	43.00	1.63	0.68	2.30	2.81	0.09	51.79	100
16a林龄杉木人工林	生物量碳库（t/hm²）	65.924	0.598	0.345	0.942	3.01	0.000	68.13	138.006
	比例（%）	47.77	0.43	0.25	0.68	2.18	0.00	49.37	100
21a林龄杉木人工林	生物量碳库（t/hm²）	82.613	0.662	0.728	1.389	3.232	0.125	77.68	165.039
	比例（%）	50.06	0.40	0.44	0.84	1.96	0.080	47.07	100
28a林龄杉木人工林	生物量碳库（t/hm²）	83.487	0.819	0.954	1.774	3.125	0.197	71.980	160.563
	比例（%）	52.00	0.51	0.59	1.10	1.95	0.12	44.83	100
40a林龄杉木人工林	生物量碳库（t/hm²）	184.14	1.512	0.800	2.313	4.050	1.380	72.66	264.543
	比例（%）	69.61	0.57	0.30	0.87	1.53	0.52	27.47	100
88a林龄杉木人工林	生物量碳库（t/hm²）	195.140	5.012	4.063	9.074	2.268	3.870	77.850	288.202
	比例（%）	67.71	1.74	1.41	3.15	0.79	1.34	27.01	100
35a林龄楠木人工林	生物量碳库（t/hm²）	69.090	0.627	0.563	1.190	3.660	1.810	85.320	161.070
	比例（%）	42.89	0.35	0.39	0.74	2.27	1.12	52.97	100

（3）死有机质碳库

枯枝落叶层碳库随着林龄的增加而增加，7a和40a分别为1.807 t/hm²和4.050 t/hm²，后者是前者的2.24倍。粗木质残体从16a至88a呈较递增趋势，特别是杉木林在进入成熟林龄后（40a和88a），粗木质残体有明显的增加，分别达1.380 t/hm²和3.870 t/hm²。

3.4.1.2 土壤碳库

（1）土壤有机碳库变化

杉木人工林各林分土壤有机碳库在52.88～80.02 t/hm²，7a土壤碳库为80.02 t/hm²，高于其他各林分，11a土壤碳库最低，为52.88 t/hm²。数据表明，林龄与土壤有机碳库之间没有线性相关关系。这与Peichl和Arain（2006）等的研究结果一致，且远低于我国森林土壤平均碳库（193.55 t/hm²）和世界平均碳库（189.00 t/hm²）。

（2）土壤DOC和MBC变化

不同林龄杉木人工林0～5cm土层微生物生物量碳表现为先上升（7a～16a）后下降（21a～40a）接着又上升（40a～88a）。造成杉木幼林微生物生物量较低的原因一方面可能是该阶段除灌、锄草、施化肥等人为干扰措施较强烈会造成土壤微生物量的减少（朱志建等，2006）；另一方面此时林分郁闭度低、水热条件差，也限制了微生物的生长（表3.5）。随着林分成熟，人工抚育强度的减弱和凋落物的增加，在16a和21a林龄杉木人工林表层土壤中微生物生物量数量增加，杉木人工林枯落物难矿化、不利于土壤养分积累的特点可能是导致21a～40a林龄杉木林微生物生物量下降的原因（姜培坤等，1999）。而老林阶段由于林窗重新打开而促进林下植被生长，为微生物生长提供了良好的环境，又导致了微生物的大量生长。

表 3.5　不同林分土壤可溶性有机碳（DOC）和土壤微生物生物量碳（MBC）分层分布

（单位：mg/kg）

土层		7a 林龄杉木林	11a 林龄杉木林	16a 林龄杉木林	21a 林龄杉木林	28a 林龄杉木林	40a 林龄杉木林	88a 林龄杉木林	常绿次生阔叶林
0～5cm	MBC	499.33	584.85	751.44	723.27	653.51	651.38	735.98	660.75
	DOC	65.83	62.46	22.81	22.02	77.10	121.58	20.62	46.72
5～20cm	MBC	479.21	490.47	665.07	548.15	627.67	623.05	517.17	599.36
	DOC	28.74	43.50	11.93	16.47	28.14	31.64	14.33	27.35
20～40cm	MBC	258.95	267.44	429.00	376.43	478.72	464.74	395.41	405.09
	DOC	23.42	31.29	4.81	4.35	8.34	5.62	5.89	9.39

不同林龄杉木人工林0～5cm土壤DOC含量随林龄的变化过程呈现出大致与微生物生物量碳含量相反的趋势，即在7a～11a较高，而在16a～21a则达最低值，在28a～40a上升至最高值，在40a～88a间下降至较低值。相关分析表明，不同年龄表层0～5cm土壤MBC与DOC含量间存在显著的负相关关系（$r=-0.55$，$P<0.05$），这种现象可能与微生物对土壤DOC的利用有关。当土壤MBC含量较高时，微生物对DOC的消耗较多，土壤DOC含量减少；而当MBC含量较低时，微生物对DOC的利用较少，DOC则在土壤中累积。

（3）生态系统碳库

杉木人工林年龄序列生态系统碳库总体上随林龄的增加而增加。土壤有机碳储量占生态系统碳储量随林龄的增加而下降。40a林龄杉木人工林生态系统碳储量远高于35a林龄楠木人工林（表3.4）。

3.4.2　杉木人工林年龄序列净生产力变化

3.4.2.1　凋落物量碳归还量变化

（1）凋落物的碳归还量

杉木人工林年龄序列中，7a的凋落物总量最小为1326.6 kg/hm²，随年龄增大而增加，到 40a 生凋落物总量达到最大为 5142.2 kg/hm²，88a 生凋落物总量有所下降，低于 16a 和 21a（表 3.6）。杉木人工林各林分中落枝量占凋落物总量的变化范围为 21.8%～25.6%，在各年龄杉木人工林分内未表现显著差异；凋落叶量占各自林分凋落物总量的比例随年龄增长不断下降，从 7a 的 68.2% 到 88a 的 44.6%；而其他枝和其他叶占凋落物总量的比例随年龄增长不断上升（表 3.6）。

常绿次生阔叶林凋落物总量 5939.8 kg/hm²，高于杉木年龄序列中各林分的凋落物总量，其落叶量占凋落物总量的 82.7%，而落枝量仅占 7.8%。与 88a 杉木人工林相比，常绿阔叶次生林的凋落物总量是其 1.78 倍，其中落叶量是其 3.30 倍，但常绿阔叶次生林落枝量小于 88a 杉木林（表 3.6）。

35a 林龄楠木人工林的凋落物总量为 7281.4kg/hm²，与 40a 林龄杉木人工林相比，落叶量是其 1.60 倍，落枝量相似，其他叶量是其 3.59 倍（表 3.6）。

表 3.6 林分凋落物数量及组成

林分类型		落叶	落枝	落花	落果	其他枝	其他叶	其他杂	总量
7a 林龄杉木人工林	数量（kg/hm²）	904.4	340	2.2	3.8	5.4	51.4	20	1 326.6
	组成（%）	68.2	25.6	0.2	0.3	0.4	3.9	1.5	100
16a 林龄杉木人工林	数量（kg/hm²）	2 496.6	925	31.2	387.6	12.8	150.6	47.8	4 050.6
	组成（%）	66.6	22.8	0.8	9.6	0.3	3.7	1.2	100
21a 林龄杉木人工林	数量（kg/hm²）	2 336.6	891	43.6	486	28.8	237	61	4 083.2
	组成（%）	57.2	21.8	1.1	11.9	0.7	5.8	1.5	100
40a 林龄杉木人工林	数量（kg/hm²）	2 842.8	1142	75.6	548.8	99.2	335.8	99.2	5 142.2
	组成（%）	55.3	22.2	1.5	10.7	1.9	6.5	1.9	100
88a 林龄杉木人工林	数量（kg/hm²）	1 488.8	773.2	82.6	279.2	154	458.4	99.6	3 335.8
	组成（%）	44.6	23.2	2.5	8.4	4.6	13.7	3.0	100
常绿次生阔叶林	数量（kg/hm²）	4 912.2	463	157.4	346.6	0	0	61.2	5 939.8
	组成（%）	82.7	7.8	2.6	5.8	0	0	1.0	100
35a 林龄楠木人工林	数量（kg/hm²）	4 542.8	1 007.3	67.4	141.5	35.9	1 204.8	165	7 281.4
	组成（%）	62.4	13.8	0.9	1.9	0.5	16.5	2.3	100

由于我国保存的老龄杉木人工林很少，虽然目前杉木人工林凋落物量已有一定研究，但已报道的杉木人工林年龄从未超过 60a。本研究中，在长达 88a 的年龄序列中，杉木人工

林凋落物量呈先上升，后下降的趋势，这与许多温带人工林研究所得出的结果相似。Ma 等（2002）对杉木林年龄序列（8a、14a 和 24a）研究表明，凋落物量随林龄增加而增加，这与本研究杉木人工林年龄序列中前 40a 相似。本研究杉木年龄序列凋落物量的变化模式可能是因为幼龄杉木生长旺盛，需要不断地从外界环境吸收养分和水分，较少有凋落物归还，随林木生长的加快，个体间的竞争加剧，由于自然稀疏的作用导致凋落物量的逐渐增加，到后期阶段，树木生长几乎停滞，新陈代谢下降，凋落物量又逐渐减少。

除 7a 林龄杉木人工林凋落量仅为 1326.6 kg/hm² ，88a 年龄序列中其余林分凋落物量落入于亚热带的杉木人工林凋落物量（1700～5500 kg/hm²）（冯宗伟等，1985；田大伦和赵坤，1989；吴志东等，1990；杨玉盛等，2003）和马尾松林凋落物量（2700～5700 kg/hm²）变化范围之间（温远光等，1989；吴志东等，1990；屠梦照等，1993），但低于三明莘口福建柏人工林的凋落物量（7291 kg/hm²）（杨玉盛等，2004）。

本研究常绿次生阔叶林的年凋落物量高于寒温带和暖温带森林的平均凋落物量（3.5～5.5 kg/hm²）（程伯容，1987；李景文等，1989；Keenan et al.，1995；Rapp et al.，1996；Caldentey et al.，2001；Kawadias et al.，2001），但低于热带雨林或季雨林（11.0 kg/hm²）（Vitousek，1984；屠梦照等，1993；Lisanework and Michelsen，1994；Bubb et al.，1998）的年平均凋落量，反映出一定地带性凋落物量的特点。与亚热带的天然常绿阔叶林相比，本研究常绿次生阔叶林年凋落物量低于福建三明莘口格氏栲天然林（11 008 kg/hm²）（杨玉盛等，2003）和鼎湖山常绿阔叶林（9056 kg/hm²）（屠梦照等，1993），但高于武夷山甜槠林（3896 kg/hm²）（林益明等，1999）、滇中常绿阔叶林（5500 kg/hm²）（林文耀等，1989）和广东黑石顶常绿阔叶林（4630 kg/hm²）（候庸等，1998）。

本研究中楠木人工林与亚热带阔叶林相比，其凋落量低于福建三明莘口格氏栲人工林（9538 kg/hm²）（杨玉盛等，2003），但高于三明莘口的木荚红豆人工林（5687 kg/hm²）（林瑞余等，2002）、广西格木人工林（6376 kg/hm²）和红荷木人工林（4338 kg/hm²）（吴志东等，1990）。

王凤友（1989）综述世界上大量有关凋落物研究指出，凋落叶量占凋落物总量的60%～80% 的结论。本研究中 7a、16a 以及楠木人工林的相关数值入该范围内，21a、40a、88a 杉木人工林凋落叶量占凋落物总量低于该范围，而常绿次生阔叶林（82.7%）则在此范围之上。本研究常绿次生阔叶林凋落叶量占凋落物总量的比例高于广东鼎湖山常绿阔叶林（65%）、广西老山常绿落叶阔叶林混交林（68.5%）（屠梦照等，1993；吴志东等，1990）、福建武夷山甜槠林（76.2%）（林益明等，1999）和三明莘口格氏栲天然林（49%）（杨玉盛等，2003）；楠木人工林凋落叶量占凋落物总量的比例（62.4%）低于福建三明莘口格氏栲人工林（72%）（杨玉盛等，2003）和木荚红豆人工林（66%）（林瑞余等，2002）、广西格木人工林（66%）和红荷木人工林（75.4%）（吴志东等，1990）等阔叶树人工林。本研究杉木人工林年龄序列中凋落叶量占其各自林分凋落物总量的比例低于马尾松人工林

（64.6% ～ 80.4%）（温远光等，1989；屠梦照等，1993），但高于或接近于其他杉木人工林（47% ～ 58%）（冯宗伟等，1985；田大伦和赵坤，1989；屠梦照等，1993；杨玉盛等，2003）。

本研究中杉木人工林年龄序列落枝占凋落物总量的比例落入已报道的亚热带杉木林的变化范围（18.5% ～ 26.1%）（屠梦照等，1993；杨玉盛等，2003；冯宗伟等，1985；田大伦和赵坤，1989）；常绿次生阔叶林落枝占凋落物总量的比例（7.8%）低于亚热带常绿阔叶林（20.6% ～ 23.0%）（屠梦照等，1993；温远光等，1989；吴志东等，1990）；楠木人工林落枝占凋落物总量的比例（13.8%）也低于亚热带阔叶树人工林（16.7% ～ 26.3%）（屠梦照等，1993；杨玉盛等，2003）（表3.7）。

表 3.7 林分凋落物碳归还量及组成

林分类型		落叶	落枝	落花	落果	其他枝	其他叶	其他杂	总量
7a 林龄杉木人工林	数量（kg/ hm²）	452.2	170	1.1	1.9	2.7	25.7	10	663.3
	组成（%）	68.2	25.5	0.2	0.3	0.4	3.9	1.5	100
16a 林龄杉木人工林	数量（kg/ hm²）	1 248.3	462.5	15.6	193.8	6.4	75.3	23.9	2 025.3
	组成（%）	66.6	22.8	0.8	9.6	0.3	3.7	1.2	100
21a 林龄杉木人工林	数量（kg/ hm²）	1 168.3	445.5	21.8	243	14.4	118.5	30.5	2 041.6
	组成（%）	57.2	21.8	1.1	11.9	0.7	5.8	1.5	100
40a 林龄杉木人工林	数量（kg/ hm²）	1 421.4	571	37.8	274.4	49.6	167.9	49.6	2 571.1
	组成（%）	55.3	22.2	1.5	10.7	1.9	6.5	1.9	100
88a 林龄杉木人工林	数量（kg/ hm²）	744.4	386.6	41.3	139.6	77	229.2	49.8	1 667.9
	组成（%）	44.6	23.2	2.5	8.4	4.6	13.7	3.0	100
常绿次生阔叶林	数量（kg/ hm²）	2 456.1	231.5	78.7	173.3	0	0	30.6	2 969.9
	组成（%）	82.7	7.8	2.6	5.8	0	0	1.0	100
35a 林龄楠木人工林	数量（kg/ hm²）	2 271.4	503.65	33.7	70.75	17.95	602.4	82.5	3 640.7
	组成（%）	62.4	13.8	0.9	1.9	0.5	16.5	2.3	100

（2）凋落物动态

本研究中杉木人工林年龄序列凋落物总量的月变化呈2 ～ 3峰模式，一般在2、5、8、11月份出现峰值（图3.1）。其中，7a林龄杉木林分在5月、8月出现两个主峰值，2月有个较小的峰值；16a和21a林龄杉木林分在2月出现主峰值，另外在11月出现了一个较小的峰值；40a 林龄杉木林分主峰值出现在 2 月，5 月峰值次之，11 月的峰值最小；88a 林龄杉木林分主峰值出现在 5 月，2 月的峰值次之，11 月峰值最小（图 3.1）。

常绿次生阔叶林凋落物总量的月变化呈单峰模式，在 4 月份出现峰值。楠木人工林凋落物总量的月变化呈双峰模式，主峰值出现在 4 月，8 月有个较小的峰值（图 3.1）。

杉木人工林年龄序列中落叶和落枝量的月变化模式均与其凋落物总量的相似，而常绿次生阔叶林和楠木人工林落叶量与其各自凋落物总量的月变化模式相似，但落枝量的月变化模式不同（图 3.1）。

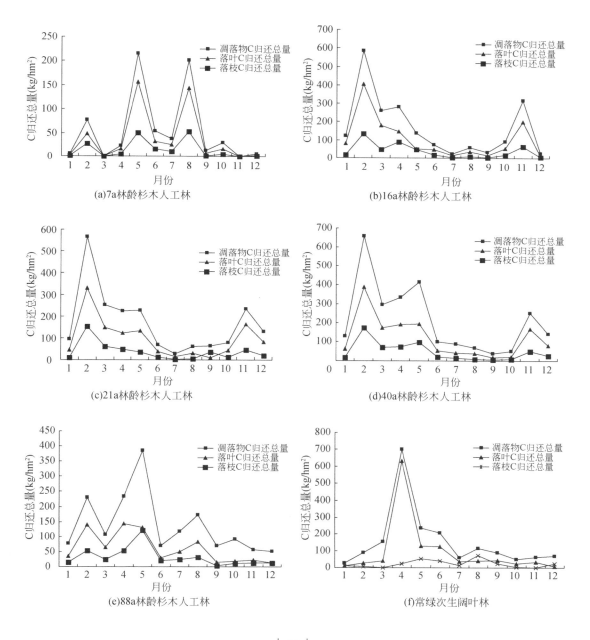

(a)7a林龄杉木人工林

(b)16a林龄杉木人工林

(c)21a林龄杉木人工林

(d)40a林龄杉木人工林

(e)88a林龄杉木人工林

(f)常绿次生阔叶林

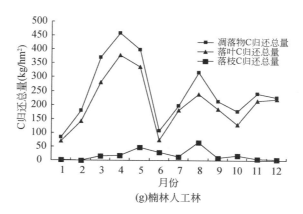

(g)楠林人工林

图 3.1　凋落物碳归还总量及组分的月变化

受树种生物学特性和气候因子的综合影响，不同林分及同一林分不同年份凋落物节律有一定规律，但亦表现一定差异性。大多数研究表明杉木人工林一年中出现 2 个峰值（4、5 月）和（11、12 月）（田大伦和赵坤，1989；梁宏温，1994）。本研究杉木人工林年龄序列中 16a、21a 林龄林分 2 个峰值出现 2 月、11 月；而 7a 林龄林分在 2 月、5 月、8 月，40a 林龄林分在 2 月、5 月、11 月，88a 林龄林分在 2 月、5 月、8 月各出现 3 个峰值。本研究中常绿次生阔叶林的凋落物量月变化呈单峰模式，高峰出现在 4 月份，楠木人工林除 4 月份出现凋落高峰外，在 8 月份出现了另一个凋落高峰。郭建芬等（2006）报道了杉木、观光木林在 8 月份也会出现一个凋落高峰，认为因高温干旱，林木通过大量落叶以减少蒸腾作用。

3.4.2.2　杉木林年龄序列细根分布和归还量变化

（1）细根分布

本研究杉木人工林年龄序列中，7a、16a 林龄林分细根 C 储量在土壤各层中最大值（占总根 C 储量的 32%）在 0 ~ 10 mm 层，21a 林龄林分细根 C 储量最大值（占总根 C 储量的 33%）在 20 ~ 40 mm 层，40a 林龄林分细根 C 储量最大值（占总根 C 储量的 33%）在 40 ~ 60 mm 层，而 88a 林龄林分细根 C 储量最大值（占总根 C 储量的 31%）在 0 ~ 10 mm 层（表 3.8 ~ 表 3.12）。常绿次生阔叶林和楠木人工林的细根 C 储量最大值（占总根 C 储量分别为 52% 和 50%）在 0 ~ 10 mm 层（表 3.13，表 3.14）。

表 3.8　7a 杉木人工林土壤中细根碳储量分层分布及所占比例

土层（cm）		活根 0 ~ 1 mm	活根 1 ~ 2 mm	死根 0 ~ 1 mm	死根 1 ~ 2 mm	杂根	活根	死根	活根 + 死根	层总根	层总根占总根比例
0 ~ 10	储量（t/hm²）	0.349	0.117	0.239	0.098	0.217	0.467	0.337	0.804	1.021	32%
	比例（%）	34	12	23	10	21	46	33	79	100	

土层（cm）		活根 0～1 mm	活根 1～2 mm	死根 0～1 mm	死根 1～2 mm	杂根	活根	死根	活根＋ 死根	层总根	层总根 占总根 比例
10～20	储量（t/hm²）	0.144	0.072	0.287	0.138	0.265	0.216	0.425	0.641	0.906	28%
	比例（%）	16	8	32	15	29	24	47	71	100	
20～40	储量（t/hm²）	0.243	0.127	0.220	0.155	0.168	0.370	0.375	0.745	0.913	28%
	比例（%）	27	14	24	17	18	41	41	82	100	
40～60	储量（t/hm²）	0.138	0.058	0.094	0.090	0.010	0.197	0.183	0.380	0.390	12%
	比例（%）	35	15	24	23	3	51	47	97	100	
总和	储量（t/hm²）	0.875	0.375	0.840	0.480	0.659	1.250	1.320	2.570	3.229	100%
	比例（%）	27	12	26	15	20	39	41	80	100	

表 3.9　16a 杉木人工林土壤中细根碳储量分层分布及所占比例

土层（cm）		活根 0～1 mm	活根 1～2 mm	死根 0～1 mm	死根 1～2 mm	杂根	活根	死根	活根＋ 死根	层总根	层总根 占总根 比例
0～10	储量（t/hm²）	0.270	0.110	0.207	0.164	0.448	0.379	0.372	0.751	1.199	33%
	比例（%）	23	9	17	14	37	32	31	63	100	
10～20	储量（t/hm²）	0.262	0.185	0.269	0.096	0.182	0.446	0.364	0.811	0.992	27%
	比例（%）	26	19	27	10	18	45	37	82	100	
20～40	储量（t/hm²）	0.293	0.224	0.257	0.070	0.084	0.517	0.327	0.844	0.928	25%
	比例（%）	32	24	28	8	9	56	35	91	100	
40～60	储量（t/hm²）	0.136	0.105	0.125	0.126	0.039	0.241	0.251	0.491	0.531	15%
	比例（%）	26	20	24	24	7	45	47	93	100	
总和	储量（t/hm²）	0.960	0.623	0.859	0.455	0.752	1.584	1.314	2.897	3.649	100%
	比例（%）	26	17	24	13	21	43	36	79	100	

表 3.10　21a 杉木人工林土壤中细根碳储量分层分布及所占比例

土层（cm）		活根 0～1 mm	活根 1～2 mm	死根 0～1 mm	死根 1～2 mm	杂根	活根	死根	活根＋ 死根	层总根	层总根 占总根 比例
0～10	储量（t/hm²）	0.225	0.066	0.041	0.059	0.319	0.290	0.100	0.390	0.709	23%
	比例（%）	32	90	6	8	45	41	14	55	100	
10～20	储量（t/hm²）	0.250	0.192	0.160	0.077	0.192	0.442	0.238	0.680	0.872	28%
	比例（%）	29	22	18	9	22	51	27	78	100	

土层（cm）		活根 0～1 mm	活根 1～2 mm	死根 0～1 mm	死根 1～2 mm	杂根	活根	死根	活根＋死根	层总根	层总根占总根比例
20～40	储量（t/hm²）	0.292	0.219	0.249	0.116	0.154	0.511	0.365	0.877	1.030	33%
	比例（%）	28	21	24	11	15	50	35	85	100	
40～60	储量（t/hm²）	0.095	0.073	0.180	0.082	0.054	0.168	0.262	0.430	0.484	16%
	比例（%）	20	15	37	17	11	35	54	89	100	
总和	储量（t/hm²）	0.862	0.549	0.630	0.334	0.719	1.411	0.965	2.376	3.095	100%
	比例（%）	28	18	20	11	23	46	31	77	100	

表 3.11 40a 杉木人工林土壤中细根碳储量分层分布及所占比例

土层（cm）		活根 0～1 mm	活根 1～2 mm	死根 0～1 mm	死根 1～2 mm	杂根	活根	死根	活根＋死根	层总根	层总根占总根比例
0～10	储量（t/hm²）	0.079	0.061	0.041	0.024	0.713	0.140	0.065	0.205	0.918	28%
	比例（%）	9	6	4	3	78	15	7	22	100	
10～20	储量（t/hm²）	0.141	0.057	0.160	0.053	0.300	0.198	0.213	0.411	0.700	21%
	比例（%）	20	8	22	8	42	28	30	58	100	
20～40	储量（t/hm²）	0.259	0.161	0.249	0.064	0.235	0.420	0.313	0.732	0.967	30%
	比例（%）	27	17	25	7	24	44	32	76	100	
40～60	储量（t/hm²）	0.198	0.158	0.180	0.037	0.116	0.356	0.217	0.573	0.689	31%
	比例（%）	29	23	26	5	17	52	31	83	100	
总和	储量（t/hm²）	0.676	0.436	0.630	0.178	1.364	1.113	0.808	1.921	3.274	100%
	比例（%）	21	13	19	5	42	34	24	58	100	

表 3.12 88a 杉木人工林土壤中细根碳储量分层分布及所占比例

土层（cm）		活根 0～1 mm	活根 1～2 mm	死根 0～1 mm	死根 1～2 mm	杂根	活根	死根	活根＋死根	层总根	层总根占总根比例
0～10	储量（t/hm²）	0.098	0.039	0.031	0.024	0.713	0.137	0.055	0.192	0.905	37%
	比例（%）	11	4	3	3	79	15	6	21	100	
10～20	储量（t/hm²）	0.104	0.067	0.149	0.053	0.3	0.172	0.202	0.374	0.674	28%
	比例（%）	15	10	22	8	45	25	30	55	100	
20～40	储量（t/hm²）	0.127	0.065	0.08	0.064	0.235	0.192	0.143	0.335	0.57	23%
	比例（%）	22	11	14	11	41	34	25	59	100	

土层（cm）		活根 0～1 mm	活根 1～2 mm	死根 0～1 mm	死根 1～2 mm	杂根	活根	死根	活根+死根	层总根	层总根占总根比例
40～60	储量（t/hm²）	0.052	0.044	0.034	0.037	0.116	0.096	0.071	0.167	0.283	12%
	比例（%）	18	16	12	13	41	34	25	59	100	
总和	储量（t/hm²）	0.381	0.216	0.294	0.178	1.364	0.597	0.472	1.069	2.432	100%
	比例（%）	16	9	12	7	56	25	19	44	100	

表 3.13 常绿次生阔叶林土壤中细根碳储量分层分布及所占比例

土层（cm）		活根 0～1 mm	活根 1～2 mm	死根 0～1 mm	死根 1～2 mm	杂根	活根	死根	活根+死根	层总根	层总根占总根比例
0～10	储量（t/hm²）	0.361	0.182	0.207	0.100	4.624	0.543	0.306	0.849	5.473	52%
	比例（%）	7	3	4	2	84	10	6	16	100	
10～20	储量（t/hm²）	0.153	0.104	0.144	0.105	1.731	0.257	0.249	0.506	2.236	21%
	比例（%）	7	5	6	5	77	12	11	23	100	
20～40	储量（t/hm²）	0.103	0.100	0.191	0.114	1.446	0.203	0.305	0.508	1.954	19%
	比例（%）	5	5	10	6	74	10	16	26	100	
40～60	储量（t/hm²）	0.051	0.037	0.086	0.031	0.609	0.088	0.117	0.205	0.813	8%
	比例（%）	6	5	11	4	74	11	15	26	100	
总和	储量（t/hm²）	0.668	0.423	0.628	0.350	8.409	1.090	0.977	2.067	10.476	100%
	比例（%）	6	4	6	3	81	10	9	19	100	

表 3.14 楠木人工林土壤中细根碳储量分层分布及所占比例

土层（cm）		活根 0～1 mm	活根 1～2 mm	死根 0～1 mm	死根 1～2 mm	杂根	活根	死根	活根+死根	层总根	层总根占总根比例
0～10	储量（t/hm²）	0.880	0.323	0.540	0.332	1.741	1.202	0.872	2.074	3.814	50%
	比例（%）	23	8	14	9	46	31	23	54	100	
10～20	储量（t/hm²）	0.266	0.217	0.303	0.191	0.646	0.483	0.494	0.977	1.622	21%
	比例（%）	16	13	19	12	40	29	31	60	100	
20～40	储量（t/hm²）	0.219	0.317	0.267	0.203	0.551	0.536	0.470	1.006	1.557	20%
	比例（%）	14	20	17	13	36	34	30	64	100	
40～60	储量（t/hm²）	0.100	0.124	0.096	0.060	0.273	0.224	0.156	0.380	0.653	9%
	比例（%）	15	19	15	9	42	34	24	58	100	
总和	储量（t/hm²）	1.464	0.980	1.207	0.785	3.210	2.445	1.992	4.437	7.647	100%
	比例（%）	19	13	16	10	42	32	26	58	100	

　　杂根（非目的树种细根）在各层总根 C 储量的比例在本研究杉木人工林年龄序列中，随土层加深，从 0 ～ 10 mm 层到 40 ～ 60 mm 层逐渐降低，而常绿次生阔叶林和楠木人工林的杂根所占比例则在各层中没有显著变化（$P<0.05$）；但活根 + 死根（目的树种细根）在各层总根 C 储量的比例随土层加深则逐渐上升，而常绿次生阔叶林和楠木人工林则变化不大（表 3.8 ～表 3.14）。

　　各林分中活根和死根对 C 储量的贡献率，除了 7a 林龄杉木林分活根小于死根外，其余林分皆表现为活根大于死根；不论活根和死根，皆表现为 0 ～ 1 mm 径级细根对 C 储量的贡献率大于 1 ～ 2 mm 径级细根（表 3.8 ～表 3.14）。

　　细根 C 储量的计算是由细根的生物量乘以一个常数值获得，因而生物量的分层分布可以看作 C 储量的分层分布。

　　本研究中的杉木人工林年龄序列中，细根 C 储量最大值从 7a、16a 的在土壤表层（0 ～ 10 mm），向 21a 的下移到 20 ～ 40 mm 层，40a 的下移到 40 ～ 60 mm 层，随年龄增大逐渐下移；但 88a 的最大值出现在 0 ～ 10 mm。这与前人的对生物量分层分布的研究结果一致（Jorgensen et al., 1980; Grier et al., 1981; Berish, 1982），可能是由于林木演替过程中，早期发育阶段树木生长旺盛，但由于这时表层土壤较为瘠薄，根系需要不断地向纵深发展以获取养分和水分，因此细根生物量最大值不断下移；但随林分发展，大量凋落物积累在土壤表层，同时由于这时树木处于成过熟龄阶段，生长变缓，根系趋向表层获取养分，因此生物量最大值又逐渐上移。本研究中常绿次生阔叶林和楠木人工林的细根在 0 ～ 10 mm 的 C 储量占总 C 储量的一半以上，这可能是由于树种本身的生长特性以及林地内土壤的养分条件有关。

　　杂根在杉木人工林年龄序列各林分中随土层加深不断减少可能是由于其林下植被层以蕨类、草本等浅根性植物为主，这类植物细根主要集聚在土壤表层，难以到达土壤深层。常绿次生阔叶林和楠木人工林的地被物以灌木、其他乔木为主，地被物的根系一样可以深入土壤底层，因此杂根所占比例在各层变化不大。

　　7a 杉木林分尚处于幼龄时期，林分土壤内还残存更新前树木留下的死根，因此其死根对 C 储量的贡献率大于活根，而随年龄增长，原有死根不断分解，死根对 C 储量的贡献率下降。0 ～ 1 mm 径级细根对 C 储量的贡献率大于 1 ～ 2 mm 径级细根，说明 0 ～ 1 mm 径级细根生产力大于 1 ～ 2 mm 径级细根，这与陈光水等（2004）对三明莘口杉木、福建柏的细根生物量研究结果一致，他们认为 < 0.5 mm 细根是细根生物量的主体。

　　（2）不同林分细根碳储量

　　不同林分的总细根 C 储量以常绿次生阔叶林最高（10.476 t/hm²），楠木人工林次之（7.647 t/hm²）。在杉木人工林年龄序列中，总细根 C 储量按大小排序为：16a（3.649 t/hm²）> 40a（3.274 t/hm²）> 7a（3.229 t/hm²）> 21a（3.095 t/hm²）> 88a（2.432 t/hm²）。

杂根对细根 C 储量的贡献率在杉木人工林年龄序列中，随林龄增大而增加，从 7a 的 20% 到 88a 的 56%，常绿次生阔叶林杂根的贡献率高达 81%，楠木人工林的为 42%（表 3.8～表 3.14）。

活根对细根 C 储量的贡献率在杉木人工林年龄序列中，随林龄增大先升后降，21a 最大（占该林分细根碳储量的 46%），88a 最小（占该林分碳储量的 25%）。常绿次生阔叶林活根对细根碳储量的贡献率仅占 10%，楠木人工林的则与 40a 林龄杉木人工林的贡献率差不多（占该林分细根碳储量的 32%）（表 3.8～表 3.14）。

死根对细根 C 储量的贡献率在杉木人工林年龄序列中，随林龄增大不断下降，从 7a 的占其林分细根 C 储量的 41% 到 88a 的 19%；常绿次生阔叶林死根 C 储量的贡献率仅为 9%，而楠木人工林的则为 26%（表 3.8～表 3.14）。

本研究中各林分 C 储量从常绿次生阔叶林的 10.476 t/hm^2 到 88a 林龄杉木人工林的 2.432 t/hm^2。如果换算回生物量大于陈光水等（2004）对三明莘口杉木、福建柏的细根生物量研究结果。本研究中常绿次生阔叶林和楠木人工林的 C 储量显著大于杉木人工林年龄序列，可能是由于阔叶树和针叶树不同的树种生物学特征及其树种组成比较复杂等原因造成的。杉木人工林年龄序列细根碳储量前 40a 变化不大，但 88a 林龄杉木人工林有个较大的下降，可能是由于这是杉木生长进入老龄期，生长停滞，根系生产力下降。

从杉木人工林年龄序列各林分到常绿次生阔叶林，杂根对 C 储量的贡献率不断上升，表明树木生长过程中不断有草本或其他树种侵入。杉木人工林年龄序列各林分中活根对 C 储量的贡献率随林龄增大先升后降，可能是由于树种前期生长不断加快，后期生长速度不断下降的结果；死根对 C 储量的贡献率不断下降的原因可能是更新前树种死根不断分解和随年龄增大根的寿命延长，这需要试验的进一步研究。

40a 林龄杉木人工林杂根、活根和死根对 C 储量的贡献率相当于 35a 生楠木人工林，表明杉木人工林和楠木人工林根系生长发育速度相当。

（3）细根年归还量

杉木人工林细根年归还量从 7a 到 21a 呈增加趋势，至 21a 达最大值（2.253 t C·hm^{-2}·a^{-1}），此后随林龄增加而下降，至 88a 生达最小值（0.792 tC·hm^{-2}·a^{-1}）。不同林龄细根年归还量在 0～1 mm 径级与 1～2 mm 径级细根间的分配比例均约维持在 4：1，表明 0～1 mm 径级是细根年归还量的主体。不同年龄的杉木人工林细根归还量远小于楠木人工林的，88a 生杉木林细根归还量亦小于邻近的常绿次生阔叶林（图 3.2）。

目前有关杉木人工林细根净生产力或年死亡量的研究仍然较少（廖利平等，1995；杨玉盛等，2002；陈光水等，2004），而杉木人工林细根净生产力随林龄的变化亦未见报道。目前已有的细根净生产力随林龄的变化趋势报道不一。本研究中细根净生产力和年死亡量随林龄变化呈现出先上升后下降的趋势，与 Idol 等（2000）报道印第安纳州南部山地温

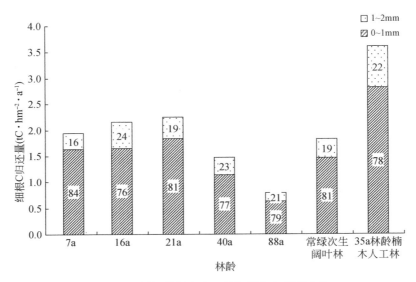

图 3.2　不同年龄杉木人工林细根年归还量变化

带落叶林年龄序列（4a、10a、29a、80a～100a）中随林龄增加细根生长迅速增加，但森林成熟时则下降；Messier 和 Puttonen（1995）报道针叶树细根生产量在树冠郁闭时达到最大值，而之后则下降等报道相似。然而，一些研究得出细根生产量随林龄增加而增加，如 Makknonen 和 Helmisaari（2001）报道欧洲赤松林在树冠郁闭前细根生产量随林龄而增加；Helmisaari 等（2002）报道芬兰欧洲赤松林年龄序列（15、35、100）中细根净生产力随林龄增加而增加；Law 和 Thornton（2003）报道西黄松林次生演替过程中，细根净生产力从幼龄林到老龄林呈增加趋势。另一些研究则得出细根生产量随林龄增加而下降，如 Klopatek（2002）报道花旗松林年龄序列（20a，40a 和老龄林）中细根生产力随林龄增加而下降；Finér 等（1997）报道细根生产量随林龄而下降但这种影响不显著。

本研究中，细根归还量与凋落物量不呈显著相关，这与 Nadelhoffer 和 Raich（1992）发现细根生产量总体上与地上凋落物量无显著相关（$n = 59$）的结果相似。但细根归还量与凋落物量的比例则呈明显的下降趋势，从 7a 的 2.47 下降到 88a 的 0.47，这些变化从一定程度上反映了根、叶间功能平衡所发生的变化。幼龄时林木需要大量的养分，因而需要把更多的净生产力分配到地下以支撑其林冠的快速生长；而林冠郁闭后，林冠的净生长变慢，林木所需求的养分减少，且林木通过本身的养分内转运即可满足大量的养分需求，因而分配到细根的净生产力降低（Helmisaari，1992a、b）。

本研究中，细根年死亡量占总枯落物归还量的 32%～73%，可见细根在生态系统碳平衡中起着十分重要的作用，如果忽略细根周转的贡献，所估算的 NEP 将严重低估。然而，由于无法同时直接测定细根生产和死亡过程，加上细根生物量空间和时间异质性较大，传统的连续土芯法在细根生产量或死亡量估计上仍存在较大误差（Majdi et al.，2005）。

为克服细根净生产力准确测定问题，本研究采用目前国际通用的微根管法（Bartz100）同步测定。

3.4.2.3 生物量碳增量变化

本研究中杉木人工林生物量碳增量随林龄变化呈先增加后下降趋势，在 21a 林龄时生物量碳增量达最大值（5.472 tC·hm^{-2}·a^{-1}），88a 林龄时生物量碳增量仅为 0.859 tC·hm^{-2}·a^{-1}。35a 林龄楠木人工林生物量碳增量（3.392 tC·hm^{-2}·a^{-1}）高于 40a 林龄杉木人工林（2.589 tC·hm^{-2}·a^{-1}）（图 3.3）。

杉木林的生物量增量随林龄变化呈现出先增加，后下降的趋势，这种模式与大多数人工林的研究结果相似。生物量增量的这种变化一般可以得到较好的预测（Ryan et al. 1997；Landsberg and Waring，1997）。本研究中生物量增量（特别是干材生物量增量）峰值出现在 16a ～ 21a 间，这与该时期正是杉木人工林处于材积生长高峰期相一致。

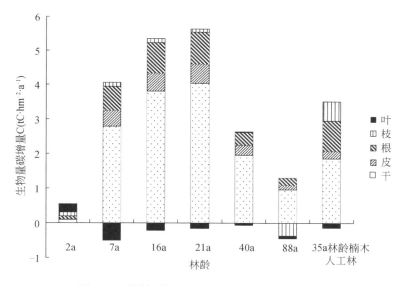

图 3.3　不同年龄杉木人工林生物量碳增量变化

3.4.2.4 林下植被净生产力变化

杉木人工林林下植被净生产力从 2a 至 16a 呈下降趋势，在 16a 达最小值（0.492 t C·hm^{-2}·a^{-1}）；此后随林龄呈增加趋势，至 88a 达最大值（3.381 tC·hm^{-2}·a^{-1}）。88a 杉木人工林的林下植被净生产力远高于邻近的常绿次生阔叶林，而 40a 林龄杉木人工林亦高于 35a 林龄楠木人工林（图 3.4）。

目前，有关林下植被净生产力尚缺乏有效的测定方法，一些研究者通过估计林下植被的平均寿命（周转期）来估算杉木人工林林下植被净生产力（冯宗炜等，1985；罗天祥和

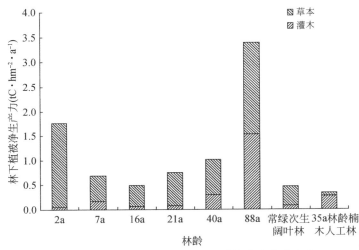

图 3.4　不同年龄杉木人工林林下植被净生产力变化

赵士洞，1997；杨玉盛等，1998）。显然，这种经验方法可能对林下植被净生产力的估计造成一定误差，从而影响到生态系统 NEP 的估计，特别是对林下植被生物量较高的老龄林和幼龄林的影响较大。本研究中，林下植被净生产力随林龄变化，呈现出先降低后增加的趋势，这与林下植被生物量的变化趋势相一致，与乔木层郁闭度的变化相关。林开敏等（2000）和刘磊等（2007）亦报道了杉木人工林林下植被生物量的这种变化趋势。

3.4.2.5　林分总净生产力变化

杉木人工林林分总净生产力在 21a 前随林龄增加而增加，至 21a 时达最大值（10.523 tC·hm^{-2}·a^{-1}），此后随林龄增加而下降，至 88a 时为 6.7 tC·hm^{-2}·a^{-1}。88a 林龄杉木人工林的净生产力高于邻近的常绿次生阔叶林，而 35a 林龄楠木人工林净生产力则高于 40a 林龄杉木人工林（图 3.5）。

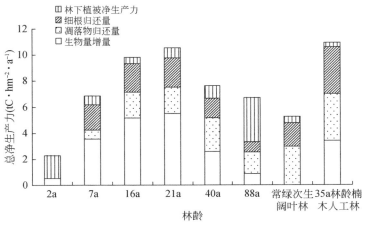

图 3.5　不同年龄杉木人工林总净生产力变化

3.4.2.6　杉木人工林年龄序列土壤呼吸及其分室动态

不同年龄序列杉木人工林土壤总呼吸随着土壤温度变化呈现出明显的季节变化（图3.6），其中冬季土壤呼吸值最小。全年中，2a林龄杉木人工林在6月与8月底出现两个明显的土壤呼吸峰值；相反，7a、16a和21a的土壤呼吸在7月底达到最大值，然后，土壤呼吸速率开始下降；而40a与88a两个成熟杉木人工林的土壤呼吸均在5月底就达到最大值。杉木人工林各年龄序列土壤呼吸速率在4月与6月由于降雨的影响，出现一个小幅度下降，特别是在林分郁密度低的7a与16a林龄杉木人工林中降幅较为明显，但在裸露的2a林龄杉木人工林中降雨促进了土壤呼吸速率的增加，在夏季后期（7月）由于高温与低含水量限制了土壤 CO_2 排放，在8月份又达到一峰值，之后开始下降。

楠木人工林与常绿次生阔叶林林分土壤总呼吸速率季节变化规律基本一致，表现为夏季＞春季＞秋季＞冬季。两林分均表现出明显的双峰变化模式，分别在5月底与8月底出现峰值，而在7月底由于高温与干旱，土壤呼吸速率呈明显下降趋势。

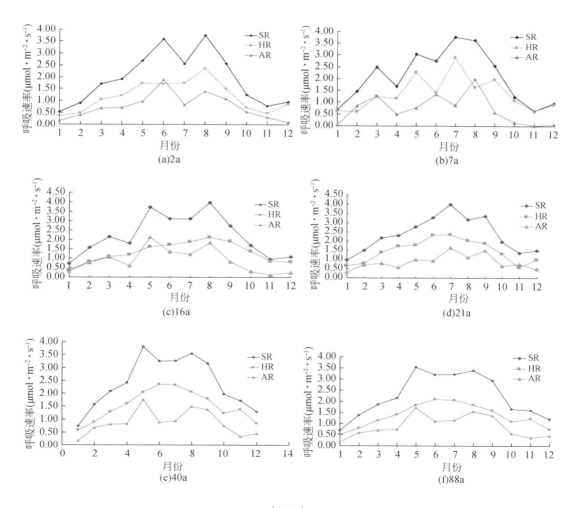

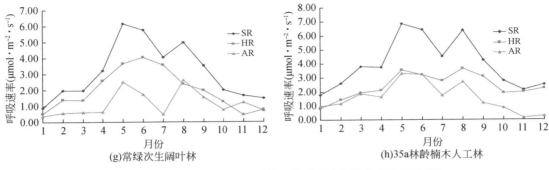

图 3.6　不同年龄序列杉木人工林土壤呼吸及各组分呼吸季节变化

注：SR 为土壤总呼吸；HR 为异养呼吸；AR 为自养呼吸

3.4.2.7　土壤呼吸与土壤温度及湿度的关系

不同年龄序列杉木人工林中，指数方程可以很好地拟合土壤呼吸与土壤温度间的关系。5 cm 处土壤温度可以很好地解释土壤呼吸的季节变化（$P < 0.0001$）。模型拟合表明土壤呼吸年变化受土壤温度的变化要大于土壤水分，所有年龄序列的杉木人工林中模型中温度的单因素模型的决定系数 r^2 均大于 0.94，其中 2a 林龄杉木人工林最高，而 35a 林龄楠木人工林与常绿次生阔叶林中决定系数稍小，土壤温度的年变化解释了大部分的呼吸速率年变化。而采用双因素模型来解释土壤呼吸速率变化时，决定系数 r^2 均降低，表明不同年龄序列杉木人工林的土壤呼吸速率主要受土壤温度的影响，双因素模型降低了对土壤呼吸速率季节变化的解释（表 3.15）。

不同生态系统的土壤呼吸因受底物有效性、植物根密度、土壤理化性质、土壤微生物种群等众多因子的影响而有所差异，一般认为针叶林土壤呼吸速率比阔叶林低 10 %。相同立地条件下（气候状况和土壤本底相同），森林植被对土壤呼吸有重要的影响，它可通过影响枯落物数量和质量、根呼吸速率、土壤状况及小气候条件等而影响土壤呼吸。虽然土壤温度可以很好地解释不同年龄序列杉木人工林根呼吸的变化（$p < 0.01$），且决定系数较高，但在 35a 林龄楠木人工林（$p > 0.05$）与常绿次生阔叶林（$p < 0.01$）中决定系数较小。

表 3.15　土壤呼吸与各分室呼吸速率（R）和土壤温度（T）指数模型参数

林分类型	$R(SR)=a \times ebT$			$R(HR)=a \times ebT$			$R(AR)=a \times ebT$		
	a	b	r^2	a	b	r^2	a	b	r^2
2a	0.232	0.090	0.897	0.190	0.077	0.792	0.051	0.111	0.790
7a	0.321	0.091	0.945	0.336	0.069	0.793	0.006	0.214	0.742
16a	0.414	0.082	0.943	0.307	0.071	0.893	0.088	0.108	0.696

林分类型	$R(SR)=a \times ebT$			$R(HR)=a \times ebT$			$R(AR)=a \times ebT$		
	a	b	r^2	a	b	r^2	a	b	r^2
21a	0.585	0.071	0.975	0.318	0.078	0.936	0.249	0.063	0.702
40a	0.431	0.084	0.935	0.329	0.076	0.915	0.098	0.105	0.768
88a	0.368	0.089	0.950	0.294	0.076	0.918	0.084	0.113	0.882
楠木林	0.5399	0.0871	0.8485	0.2142	0.1089	0.8496	0.3370	0.0556	0.2970
常绿次生阔叶林	0.9608	0.0698	0.7990	0.6845	0.0617	0.6974	0.1345	0.1138	0.4796

不同年龄序列杉木人工林分土壤呼吸的温度敏感性因子 Q10 值变化范围在 2.03 ～ 2.48（表 3.16），各林分 Q10 值大小顺序分别为：21a<16a<40a<35a 林龄楠木人工林 <88a<2a< 常绿次生阔叶林 <7a，而呼吸底物值 a 值的大小顺序分别为：2a<7a<88a<16a<40a<35a 林龄楠木人工林 <21a< 常绿次生阔叶林。

表 3.16　不同年龄序列土壤呼吸及各分室呼吸 Q10 值

林分类型	2a	7a	16a	21a	40a	88a	35a 楠木人工林	常绿次生阔叶林
总呼吸	2.46	2.48	2.27	2.03	2.32	2.44	2.39	2.42
异养呼吸	2.16	1.99	2.04	2.19	2.14	2.13	2.97	2.13
自养呼吸	3.03	8.53	2.93	1.88	2.85	3.10	1.74	3.85

3.4.2.8　土壤异养呼吸

在不同年龄序列杉木人工林中，土壤异养分呼吸速率在夏季达到峰值，但不同年龄的杉木人工林的变化趋势有些差异，7a 在 4 月与 6 月底出现两次明显的降低，在 7 月底到达峰值；而其他 4 个年龄序列杉木人工林在一年中的变化呈现出单峰变化模式，但 2a 与 16a 在 8 月底达到最大值，21a、40a 与 88a 的峰值出现在 6 月底。40a 的异养呼吸高于其他各年龄杉木人工林，但是各年龄序列之间的差异不显著（$P>0.05$）。采用土壤温度的单因素模型来解释不同年龄序列杉木人工林土壤异养呼吸的年变化时，5 cm 处土壤温度可以解释不同年龄序列杉木人工林呼吸年变化的 79.21% ～ 93.64%（$p<0.01$），其中 2a 的决定系数最低（$r^2=0.792$），不同年龄序列间土壤异养呼吸底物质量 a 在 7a 最大。同样的，不同年龄序列间杉木人工林土壤异养呼吸的 Q10 值均小于土壤呼吸的 Q10 值，呈现出波峰型变化，在 21a 年处达到最大值，而 7a 最小，其变化趋势与土壤总呼吸 Q10 值相反，随着年龄的增加而增加，但 2a 异养呼吸 Q10 值仅小于 21a。

35a 林龄楠木人工林土壤异养呼吸速率的高峰都集中在 5 月下旬至 7 月下旬间，这段时间林分的土壤呼吸量占全年呼吸量的 36.68% 和 46.99%。常绿次生阔叶林在 5 月和 8 月出现两个极大值，而最小值均出现在 1 月，变化范围在 0.82 ～ 3.66 mmol·m^{-2}·s^{-1}。阔叶林土壤异养呼吸速率要高于不同年龄的杉木人工林异养呼吸速率，且常绿次生阔叶林最高，这可能与土壤有机碳含量、凋落物数量和质量以及微生物的活性等差异有关。

3.4.2.9　自养呼吸

自养呼吸的计算是采用土壤总呼吸与异养呼吸间的差值来计算的。不同年龄序列杉木人工林样地中，由于 4 月与 6 月降雨量较大的影响，自养呼吸均呈现出下降变化；但 2a 在 6 月与 8 月底两次出现峰值，而 7a 和 21a 根呼吸速率分别在夏季 7 月底与 8 月达到峰值，而秋季最小；而其他 3 个年龄序列中，根呼吸速率在春季的 5 月底达到峰值，冬季最小。不同年龄序列杉木人工林的自养呼吸中，16a 自养呼吸速率明显要高于其他林分（$P<0.05$），其大小顺序分别为：16a>21a>88a>40a>7a>2a。

35a 林龄楠木人工林和常绿次生阔叶林根呼吸速率季节变化趋势均呈现出双峰曲线，随着温度的升高，根呼吸也随之增强，在 5 月下旬与 8 月下旬达到峰值。此时太阳辐射是一年中最强的时候，光合作用强度最高，分配给根的光合产物最多，使得根呼吸速率最大。Kuzyakov 和 Gavrichkova（2010）也发现光合作用是根呼吸的主要驱动因子。根呼吸随着温度的升高呈下降趋势，在 7 月中下旬又出现了一个低值。这可能是由于 7 月较高的土壤温度且降水少造成的，干旱胁迫而抑制了根呼吸。随着温度的降低，根呼吸也逐渐减弱。35a 楠木人工林与常绿次生阔叶林两个林分根呼吸年平均速率分别为 1.15 mmol·m^{-2}·s^{-1} 和 1.59 mmol·m^{-2}·s^{-1}，方差分析表明常绿次生阔叶林根呼吸速率显著地高于不同年龄序列杉木人工林（$P<0.01$），而 35a 林龄楠木人工林与各林分根呼吸速率差异不显著（$p>0.05$）。

土壤 5cm 处温度可以很好地解释不同年龄序列杉木人工林自养呼吸的年变化（$p<0.01$），决定系数 r^2 在 70% ～ 88%。全年中自养呼吸对总呼吸的贡献率都不一样。土壤呼吸各组成部分的模型结果表明，在生长季节里自养呼吸对总呼吸的贡献最大，16a 在 5 月底达到 56.68%。各林分自养呼吸的温度敏感性因子 Q10 值的大小顺序分别为：35a 林龄楠木人工林 <21a<40a<16a<88a< 常绿次生阔叶林 <7a，其中最小值为 21a 的 1.88，最大值为 7a 的 8.53。

3.4.2.10　土壤呼吸及各分室年通量

通过每月的土壤平均呼吸速率计算土壤呼吸的月 CO_2 释放量，月均值累加起来就是年 CO_2 释放量。2a、7a、16a、21a、40a、88a、35a 林龄楠木人工林和常绿次生阔叶林的土壤年释放量分别为 7.194、7.770、8.305、8.852、8.966、8.361、11.803 和 14.803tC·hm^{-2}·a^{-1}，年释放量最大的常绿次生阔叶林是最小值 2a 的 2.06 倍，是 88a 的 1.25 倍；相近年龄的楠木人工林年释放量是 40a 的 1.32 倍。随着林分年龄的增加，不同年龄序列杉木人工林异养呼吸年释放量分别为 4.351、5.145、4.927、5.577、5.721 和 5.088 tC·hm^{-2}·a^{-1}，最大值 40a 是最小值 2a 的 1.31 倍。不同年龄序列杉木人工林自养呼吸的年释放量大小顺序为：16a>21a>88a>40a>2a>7a（表 3.17）。

表 3.17　不同年龄序列土壤及各分室呼吸年通量

林分类型	2a	7a	16a	21a	40a	88a	35a 林龄楠木人工林	常绿次生阔叶林
总呼吸	7.194	7.770	8.305	8.852	8.966	8.361	11.805	14.803
异养呼吸	4.351	5.145	4.927	5.577	5.721	5.088	7.448	8.925
自养呼吸	2.843	2.625	3.378	3.275	3.245	3.273	4.357	5.878

3.4.2.11　小结

（1）土壤呼吸与年龄序列之间的关系

森林管理对土壤 C 平衡和储量的作用已引起了大量的关注，特别是样地年龄对土壤 CO_2 通量的影响（Irvine and Law，2002）。样地年龄对土壤呼吸的影响是不同的，而细根量和土壤 C 库质量共同影响着土壤呼吸。因此，不同的林分结构和年龄的土壤呼吸不同。

一般认为全球范围内，温带森林的土壤呼吸随林分年龄而减小，但在热带和亚热带地区呈增加趋势（Ewel et al.，1986），爱尔兰中部不同年龄序列的北美云杉（*Picea sitchensis*）（10a、15a、31a 和 47a）研究中，土壤呼吸随年龄增加而减小，10a 林分土壤呼吸显著高于 31a 和 47a，但老年林与其他年龄序列间没有显著差异（Saiz et al.，2006）。在花旗松（*Pseudotsuga menziesii*）人工林中，20 年生林地土壤呼吸速率明显地高于 40 年生林地，土壤呼吸速率大小顺序为：20a> 老龄林 >40a（Klopatek，2002）。俄勒冈州的西黄松（*Pinus ponderosa*）生态系统中，青年林土壤呼吸速率也要高于老龄林的土壤呼吸速率。相反，美国黄石公园黑松林中，成熟林（100～120a）土壤呼吸速率显著高于低密度（$P<0.01$）、中等密度（$P=0.01$）和高密度（$P=0.04$）的不同种植密度的 13 年生的黑松林，弗吉尼亚四个年龄序列的火炬松（*Pinus taeda*）中（1～25a），土壤呼吸随年龄增大而增大，且年龄序列与土壤呼吸速率间呈显著关系（Wiseman and Seiler，2004）；杏仁桉（*Eucalyptus regnans*）林中（24a、81a 和 277a），277a 林地土壤呼吸速率最大，三个年龄序列土壤呼吸速率大小分别为：277a>81a>24a（Danielle et al.，2007）。本研究中，不同的年龄序列杉木人工林土壤呼吸速率随着林分年龄的增加而增加，特别是在 7a、16a 和 21a 间差异最为明显。

在全球范围内，植物生产力与土壤呼吸间有着显著的正相关关系（Janssens et al.，2001），本研究中，不同年龄序列杉木人工林地位指数大小顺序为：40a>88a>16a>7a>21a，而土壤呼吸速率的大小顺序为：40a>21a>88a>16a>7a，可见林地生产力在样地年龄对土壤呼吸的影响上可能存在着一些干扰作用。此外，随着林分土壤养分的增加，土壤呼吸将减小，并且生产力增加。土壤养分的减少将限制着 C 吸存，而对样地间进行施肥可以缩短幼林从 C 源向 C 汇转变的时间（Maier and Kress，2000）。

本研究中不同年龄序列杉木人工林、楠木人工林与常绿次生阔叶林森林土壤呼吸年通量均落入热带、亚热带森林土壤呼吸年通量范围之内（$3.45 \sim 15.20$ tC·hm^{-2}·a^{-1}）。本研究中常绿次生阔叶林土壤呼吸年通量（14.803 tC·hm^{-2}·a^{-1}）大于福建三明格氏栲天然林土壤呼吸年通量（13.742 tC·hm^{-2}·a^{-1}）、尖峰岭热带山地雨林（9.0 tC·hm^{-2}·a^{-1}）、鼎湖山季风常绿阔叶林（11.5 tC·hm^{-2}·a^{-1}）、茂兰喀斯特森林（5.3 tC·hm^{-2}·a^{-1}）和青冈常绿阔叶林（6.6 tC·hm^{-2}·a^{-1}），这种差异除了与气候状况、植被组成、生产力和立地条件等有关外，还可能与土壤呼吸的不同测量方法存在着相关，且还可能与土壤呼吸年通量的推算模型差异有关。楠木人工林土壤呼吸年通量（11.805 tC·hm^{-2}·a^{-1}）要高于格氏栲人工林土壤呼吸年通量（9.439 tC·hm^{-2}·a^{-1}）。本研究不同年龄序列杉木人工林土壤呼吸年通量（$7.194 \sim 8.966$ tC·hm^{-2}·a^{-1}）要高于福建三明 36a 杉木人工林（4.543 tC·hm^{-2}·a^{-1}）与会同 10 a 杉木人工林（5.9 tC·hm^{-2}·a^{-1}），但小于千烟洲 14 a 杉木人工林的（9.3 tC·hm^{-2}·a^{-1}）。

（2）土壤呼吸与土壤温度及湿度的关系

本研究中土壤呼吸的季节变化规律与该区域其他相关研究结果基本相似。福建三明格氏栲天然林、格氏栲人工林和杉木人工林土壤呼吸速率季节变化呈单峰变化，最大值出现在春末或夏初（$5 \sim 6$ 月），最小值出现在 12 月至次年 1 月（杨玉盛，2005），福建南平杉木林土壤呼吸在 $6 \sim 8$ 月间达到峰值，1 月份出现最小值（杨玉盛和陈光水，2005）。

温度与土壤湿度是土壤呼吸两个主要的影响因子。当土壤体积含水量小于或等于 20% 时，土壤呼吸速率将受到土壤水分含量的限制。如本研究中，7 月的土壤体积含水量仅为 $12.22\% \sim 19.47\%$，除 7a 与 21a 林龄杉木人工林外，其他各林分的土壤呼吸速率均明显减小。干旱不仅可以抑制微生物种类和根活性，而且由于空气扩散下降而限制了氧的有效性，从而限制了根系的分解、维持与生长能力，因此低或者高的土壤水分含量均会限制着土壤呼吸（Rey et al.，2002），较长时间高强度降雨致使土壤水分达到饱和，土壤气体不易产生或产生后易溶于水中，而 CO_2 在水中的扩散常数很低（17.7×10^4cm/s），从而导致较低的 CO_2 释放速率（吴琴等，2005）。由于 4 月与 6 月两个月份的降雨量较大（>100mm），土壤呼吸速率呈减小趋势。

在不同年龄序列的杉木人工林中，土壤呼吸的变化趋势可以用土壤温度的指数回归模型很好地进行拟合，且决定系数均在 94% 以上。Mo 等报道土壤温度是呼吸的季节与年变化的主要控制因子，温度的作用表现在季节性 Q10 值与呼吸底物值上。在整年中，虽然温度是土壤呼吸速率主要的控制因子，但不同年龄序列杉木人工林间根系生理活动、微生物生物量和其他因子引起的生理活动造成的呼吸底物值之间较大的变异也可能是土壤呼吸速率差异的原因之一。Q10 值被看作是土壤呼吸的最主要参数，广泛应用于土壤呼吸温度敏感性的研究，不同的 Q10 值预示着不同的土壤 C 循环和 C 储量结果，是预测土壤 C 动态与储量一个重要的信息。Raich 和 Schlesinger（1992）报道了全球的 Q10 值平均值为 2.4，Lenton 和 Huntingford（2003）根据 Raith 的研究基础，总结了最近几年的野外观测数据，得出 Q10 值的变化范围在 1.3 ～ 5.6。本研究中不同年龄序列杉木人工林、楠木人工林和常绿次生阔叶林的 Q10 值（2.04 ～ 2.49）均落于此范围内。

（3）异养呼吸

土壤异养呼吸是森林生态系统碳库的主要损失途径，是森林生态系统碳平衡的重要分量之一，与净初级生产力一起决定森林碳汇大小（Schulze and Freibauer，2005）。森林生态系统在稳定状态下，异养呼吸占土壤呼吸的比例约为 50%，它的微小变化能显著减缓或加剧大气 CO_2 浓度升高。壕沟法中土壤 CO_2 的排放量与土壤总呼吸有着相同的季节变化，表明土壤温度对微生物呼吸也是很重要的。

Boone 等（1998）观察到 85a 温带混交林的根呼吸对温度的敏感性比全土大，而异养呼吸的温度敏感性要小于全土，其中根呼吸的 Q10 值是 4.6，异养呼吸是 2.5，全土为 3.5。本研究中，不同年龄序列杉木人工林异养呼吸的 Q10 值（1.99 ～ 2.19）均小于相应的土壤总呼吸 Q10 值（2.04 ～ 2.49），这表明微生物呼吸的温度敏感性较低。

不同年龄序列杉木人工林中，40a 林龄杉木人工林样地中异养呼吸的相对较高的主要原因，可能是由于各个年龄阶段有机质输入的积累作用，且 40a 林龄杉木人工林样地中凋落物层最厚，而凋落层是一个巨大的易分解的有机碳库，进而影响到土壤表层腐殖质层。同时，21a 林龄杉木人工林中由于表层微生物生物量较高，因此造成其有着较高的异养呼吸速率。各林分中，常绿次生阔叶林的异养呼吸最高，楠木人工林次之。

（4）自养呼吸

总呼吸与异养呼吸的差即为自养呼吸。根系活动明显影响着自养呼吸的季节变化，如西岸云杉的早期研究表明随着土壤温度的增加细根生产力也在增加，且这种关系受到土壤湿度的影响。很明显的，本研究中不同年龄杉木人工林根呼吸在 5 月份出现一个明显的增长期，可见，根呼吸大小不仅受到外界环境的影响，而且与植物自身的生物学特征有关。在根系呼吸最大的 8 月，也是土壤温度、湿度条件适宜根系生长代谢活动旺盛时期，同样的，根系呼吸也与树冠扩展生长时期相一致，也就是说叶增长期间高的代谢作用需求也可能对根呼吸的快速增长起着较大的作用（Kawamura et al.，2001）。相反，根呼吸速率在夏季温度较高时，由于水分缺乏而开始降低，如本研究中除 7a 外，均呈现出下降趋势。

随着杉木年龄的增加，速生期杉木人工林根呼吸最大（16a 与 21a），幼龄林最小（7a）。这可能主要与林分根活性有着直接关系。Ohmshi 等（2003）的研究结果表明，10 年生林分的根活性要高于土壤有机碳处于稳定状态的成熟林。不同年龄序列中自养呼吸的差异可以用细根生物量与平均自养呼吸间的关系来解释，细根生物量与呼吸之间可以用线性关系进行解释（Pregitzer et al.，2000）。但是，在本研究中根呼吸的线性关系却不好，这主要是因为成熟林中（40a 与 88a）细根生物量明显低于其他林分，但是根呼吸速率却要高于 7a 林龄杉木人工林，这可能与其粗根生物量高于其他林分，因此林木粗根产生大部分的根呼吸，从而引起 40a 与 88a 林龄杉木人工林有着较高的自养呼吸。

已有报道认为，根呼吸的温度敏感性要高于异养呼吸。7a 林龄杉木人工林中根呼吸的 Q_{10} 值最高，达到 8.53，这主要是由于其有着较高的细根生物量和根系分泌物。这与不同年龄序列的北美云杉（*Picea sitchensis*）林中 10a 林地有着最高的根呼吸 Q_{10} 值（5.6）研究结果相似。

（5）异养呼吸与自养呼吸对土壤呼吸的贡献

林木根系呼吸可占土壤呼吸的 10% ～ 90%（主要集中在 40% ～ 60%）。已有的报道中，法国山毛榉林的根呼吸相对贡献占到 60%，佛罗里达州 29a 湿地松的贡献率占到 62%，而 Rey 等（2002）报道的矮林中根呼吸的贡献却很小，仅占到 23%。此外，当森林生态系统的土壤有机碳处于动态平衡时，根呼吸对土壤呼吸的相对贡献率在 50% 左右。本研究中各林分自养呼吸对总呼吸的贡献率在 33.78% ～ 40.67%，落入此范围中，其中 16a 林龄杉木人工林的贡献率最高，而 7a 林龄杉木人工林最小。而且不同季节中，自养呼吸对总呼吸的贡献也不同，在春季根呼吸对总呼吸的贡献最大，16a 林龄杉木人工林根呼吸在 5 月份达到56%。这与同处中亚热带的格氏栲天然林与人工林、杉木人工林 3 种森林根系呼吸占土壤呼吸比例均在 5 月或 6 月最高相同，Edwards（1987）报道火炬松 5 月根系呼吸占土壤呼吸比例最大（78%），日本寒温带针叶林中根呼吸对总呼吸的贡献在则为 27% ～ 39%，五月份出现最高值 63% 的结果相似，而与 Lin 和 Ehleringer（1999）报道 1a 黄杉根系呼吸占土壤呼吸比例在 10 月份最高（30%），爱尔兰中部不同年龄序列的西加云杉（10a、15a、31a 和 47a）根呼吸贡献率在夏季中达到最大值，其中在 10a 林分中占到 64%。春季不同年龄序列杉木人工林根系呼吸占土壤呼吸比例最高，这与该期温度较高、降水量充沛、根系生物量最大且根系活动最为旺盛有关。

本研究不同年龄序列杉木人工林中，异养呼吸与自养呼吸对土壤呼吸的相对贡献率与年龄有着一定的关系。比较各组成部分的年通量发现，各年龄林分中异养呼吸占总呼吸的比例无显著差异（$p>0.05$），其贡献率均在 59% ～ 66%，异养呼吸贡献率大小顺序为：7a> 楠木人工林 >40a>21a>88a>2a> 常绿次生阔叶林 >16a，总体上随年龄的增加而减少，杉木人工林大于常绿次生阔叶林，这与常绿次生阔叶林林下植被丰富，表层细根生物量大有关。但不同年龄序列的西加云杉（10a ～ 47a）异养呼吸的贡献率随年龄的增加而增加，从10a 林地的 43.4% 到 47a 的 52.1%。同样的，在北方森林的黑松林中采用壕沟法分离土壤呼吸各组成部分的长期实验中，12a ～ 20a 的异养呼吸最高。

3.4.3　杉木人工林年龄序列碳平衡变化

杉木人工林在 2a 时 NEP 为负值，林地表现为净碳源；在 7a 后，NEP 为正值，表现为净碳汇；在 21a 时 NEP 达最大值（4.946 tC·hm^{-2}·a^{-1}），此后明显下降，在 40a 以后基本保持稳定。35a 林龄楠木人工林的 NEP 远高于 40a 林龄杉木人工林（图 3.7）。

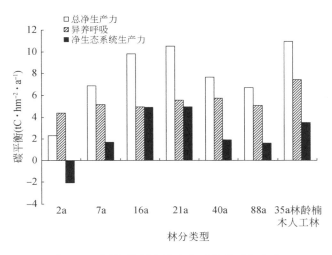

图 3.7　不同年龄杉木林生态系统碳平衡变化

本研究中杉木人工林 NEP 随林龄的变化，与 Odum（1969）的理论曲线较为相似，并与已有的温带森林的研究有一定相似之处。如 Bond-Lamberty 等（2004）对加拿大的 7 个黑云杉（*Picea mariana*）年龄序列研究表明，较年轻的林分为碳源，中龄林林分是比较强的碳汇，而老龄林则处于碳平衡状态。Grant 等（2007）对花旗松林分年龄序列研究表明，皆伐后 23a 林地均为碳源，而此后至 40a 则为碳汇。Clark 等（2004）对湿地松（*Pinus elliottii*）年龄序列（新近采伐迹地，10a，24a）的研究表明，采伐迹地为碳源，而 10a 和 24a 则均为碳汇。Gholz 和 Fisher（1982）利用碳平衡方法研究湿地松长达 35 年的年龄序列研究表明，伐后一年林地为碳源，而 3a 时则接近 0，11a 时碳汇达最大值。Rothstein 等（2004）对北美短叶松（*Pinus banksiana*）长达 72a 的年龄序列研究表明，该人工林仅在伐后 6 年内起到微弱的碳源作用，而此后则为碳汇作用，最大碳汇在 16a 生时。

本研究中皆伐后杉木人工林从碳源向碳汇转换的时间在 2a ～ 7a 间，落入已报道的温带和寒温带森林的范围内，如黑云杉林（12a，30a）（Litvak et al.，2002；Bond-Lamberty et al.，2004；Rapalee et al.，1998；Yarie and Billings，2002），花旗松林（23a）（Grant et al.，2007），湿地松（3a，5a）（Gholz and Fisher，1982；Thornton et al.，2002），北美短

叶松（6a）（Rothstein et al., 2004），冷杉（6a ～ 8a）（Fredeen et al., 2007）。方晰等（2002）研究表明，湖南会同第二代杉木林碳源向碳汇转换时间为10a ～ 11a 间，迟于本研究；但其研究生态系统碳平衡是不完整的，其中林分净生产力没有考虑细根净生产力和林下植被净生产力，土壤异养呼吸用土壤总呼吸替代有关。

虽然，很多研究表明老龄林一般处于碳平衡状态，即 NEP 约为 0 （Goulden et al., 1998）。但本研究中 88a 林龄杉木老龄人工林则仍表现为净碳汇，表明保存老龄杉木人工林对促进林地碳吸存有重要的作用。

3.4.4　杉木人工林碳计量技术路线

杉木林碳库计量技术的流程如图 3.8 所示。

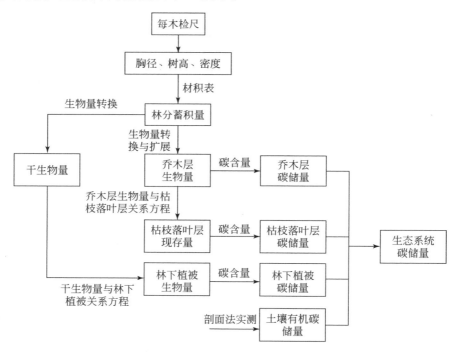

图 3.8　杉木人工林碳库计量技术流程图

林分蓄积量：通过设立标准地进行每木检尺，测定林木胸径、树高和密度，再根据各地的一元或二元材积表，计算林分蓄积量（V）。

生物量转换：采用树干生物量（BS）与林分蓄积量（V）关系方程：BS=0.341×V（R^2=0.969），n=61，P=0.000，把林分蓄积量转换为树干生物量。

生物量转换与扩展：采用杉木人工林乔木层生物量（B）与林分蓄积量（V）的关系方程：B=0.383×V+35.263（R^2=0.906，n=68，P=0.000），把林分蓄积量转化为乔木层生物量。

林下植被生物量计算：灌木层生物量 =0.019× 干生物量，R^2=0.634，n=39；草本层生物量 =0.017× 干生物量，R^2=0.741，n=39

枯枝落叶层现存量计算：枯枝落叶层现存量 =0.023× 乔木层生物量，R^2=0.744。

碳储量计算：乔木层生物量、林下植被生物量和枯枝落叶现存量分别乘以各自的平均碳含量（表 3.18），即可得各部分的碳储量。

表 3.18　杉木人工林各组分平均碳含量

组分	平均碳含量（%）	样本数
树干	52.9	22
树皮	53.4	21
树枝	50.4	22
树叶	52.3	22
根	50.3	21
灌木层	46.7	16
草本层	44.6	13
枯枝落叶层	49.0	8

土壤有机碳储量：通过实测确定。

生态系统碳储量：为乔木层、林下植被、枯枝落叶层碳储量和土壤有机碳储量之和。

3.4.5　杉木人工林碳汇计量技术的应用

杉木人工林碳汇计量技术流程如图 3.9 所示。

（1）乔木层生物量随林龄的变化确定

通过建立标准地进行每木检尺，计算平均胸径、平均树高、平均优势高，并确定林龄。如该地已编制地方经验收获表，则可首先计算立地指数，根据立地指数查经验收获表，获得该立地指数的杉木人工林林分蓄积量随林龄的变化，再根据生物量转化与扩展方程，获得乔木层生物量随林龄的变化。

如无地方经验收获表，则可根据本成果提供的全国不同地位级的杉木人工林乔木层生物量与林龄关系的经验方程。

不同地位级乔木层生物量（Bi 为 i 地位级的乔木层生物量）与林龄的关系如下：

$$B1=1/(1/352.643+0.117 \times 0.839^{age}), \quad R^2=0.895, \quad n=11$$

$$B2=1/(1/309.375+0.016 \times 0.923^{age}), \quad R^2=0.835, \quad n=26$$

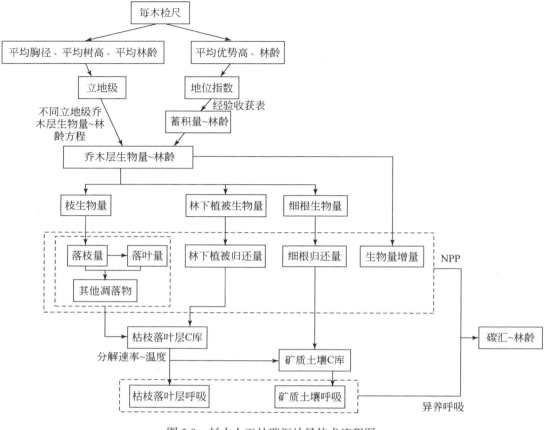

图3.9　杉木人工林碳汇计量技术流程图

$$B3=1/(1/290+0.030\times0.905age)，R^2=0.865，n=42$$

$$B4=1/(1/260+0.046\times0.898age)，R^2=0.788，n=22$$

$$B5=1/(1/220+0.049\times0.924age)，R^2=0.842，n=13$$

（2）枝、细根和林下植被生物量分配方程随林龄的变化确定

枝生物量按如下方程计算：

$$枝生物量=0.269\times乔木层生物量0.768，R^2=0.701，n=97；$$

细根生物量按如下方程计算：

$$细根生物量=0.314\times age\times exp(-0.038\times age)，R^2=0.614，n=12$$

林下植被生物量按如下计算：

$$灌木层生物量=0.019\times干生物量，R^2=0.634，n=39$$

$$草本层生物量=0.017\times干生物量，R^2=0.741，n=39$$

（3）凋落物量随林龄的变化确定

落枝量由如下方程计算：

$$落枝量 =0.064 \times 枝生物量，R^2=0.750，n=24；$$

落叶量由如下方程计算：

$$落叶量 =2.280 \times 落枝量，R^2=0.968，n=45；$$

其他组分凋落物方程如下：

其他组分凋落物量 =0.252×（落叶量 + 落枝量），$R^2=0.755$，$n=45$。

（4）林下植被归还量随林龄变化确定

$$林下植被周转量 = 灌木层生物量 /4+ 草本层生物量 /1.6$$

（5）细根归还量随林龄变化确定

$$根年归还量 = 细根生物量 \times 1.43$$

（6）生物量增量随林龄变化确定

利用乔木层生物量与林龄的关系方程，通过求前后两年生物量差即为生物量增量。

（7）枯枝落叶层分解系数和矿化系数的确定

凋落物分解系数（K）与年均气温（T）间呈如下关系：

$$K=0.013 \times \exp(0.201T)，R^2=0.568，n=21$$

枯枝落叶层的分解系数与矿化系数的比值约为 1.5 : 1，可根据分解系数求得矿化系数。

（8）枯枝落叶层随林龄的变化

$$t 年枯枝落叶层 C 库 =t–1 年枯枝落叶层 C 库 +t 年凋落物 C 归还量$$
$$+（t–1）年枯枝落叶层 C 储量 \times K$$

（9）矿质土壤有机 C 随林龄的变化

矿质土壤有机 C 矿化系数取平均值 0.05，则矿质土壤有机 C 的变化为：

$$t 年矿质土壤有机 C=（t–1）年矿质土壤有机 C+t 年细根归还量$$
$$+（t–1）年枯枝落叶层 C 储量$$
$$\times 1/3K–（t–1）年矿质土壤有机 C \times 0.05$$

（10）净生产力随林龄的变化

净生产力 = 凋落物 C 归还量 + 林下植被 C 归还量 + 细根 C 归还量 + 生物量 C 增量

（11）土壤异养呼吸随林龄的变化

土壤异养呼吸 = 枯枝落叶层呼吸 + 矿质土壤呼吸 =（t−1）年枯枝落叶层 C 储量

× 2/3K+（t−1）年矿质土壤有机 C × 0.05

（12）林分碳汇随林龄的变化

林分碳汇（净生态系统生产力）= 净生产力 − 土壤异养呼吸

3.5 杉木人工林碳汇经营技术

3.5.1 皆伐火烧对生态系统碳储量和土壤呼吸的影响

3.5.1.1 皆伐、火烧对杉木人工林与栲树林碳动态变化的研究

杉木是中国最重要的造林树种之一，它的经营历史超过 1000 年（杨玉盛等，1998）。特别是近二十年来，我国南方大量阔叶林被皆伐，随后种植杉木纯林。这种"刀割火种"的营林措施是我国南方传统的杉木栽培制度。然而，林木皆伐后采伐剩余物火烧造成有机质和 N 大量损失（Waldrop et al.，1987）；并且，因南方多雨、坡度陡、土壤抗蚀性低的原因，这些火烧迹地易发生水土流失，造成地力衰退（Yang et al.，2004）。基于人类干扰释放 CO_2 及森林 C 汇功能，有必要研究森林 C 和 N 储量及由于干扰（如皆伐）引起的变化。许多学者研究了皆伐引起的森林 C 和 N 储量变化，主要集中于温带和热带林（Sharrow and Ismail，2004），但对中国亚热带林的研究较少。本节将研究我国中亚热带杉木林和栲树林皆伐前 C 和 N 储量，并讨论皆伐后 C 和 N 的损失及对土壤 C、N 储量的影响。

（1）皆伐前生态系统 C 和 N 库

据相关研究，杉木林生态系统 C、N 储量分别为 238 t/hm^2 和 8405 kg/hm^2，栲树林的分别为 338 t/hm^2 和 10 223 kg/hm^2（表 3.19 和表 3.20）。两林分 C 和 N 储量差异大，但杉木林各组分 C、N 的分配与栲树林的类似。生态系统大部分 C 储存于乔木层（杉木林为 53%，栲树林为 62%），而土壤是大部分 N 储存库（杉木林为 92%，栲树林为 84%），杉木林和栲树林乔木层仅分别存储了 7% 和 14% 的 N。森林植被碳储量比例高反映了保护好森林对调节大气 CO_2 的重要意义，如果森林一旦被砍伐，意味着森林生态系统短期内将有 50% ～ 60% 以上的碳向大气释放，长时期内随着水土（包括有机质）流失、土壤有机质氧化分解，森林土壤中的碳也将会释放到大气中。本研究中杉木人工林乔木层 C 储量（127 t/hm^2）高于北亚热带苏南地区 27a 杉木人工林（63.87 t/hm^2）（方晰等，2002），与巴拿马柚木人工林（120 t/hm^2）的相似（Kraenzel et al.，2003），但低于美国中部低地热带林（146 t/hm^2）（Sanford and Cuevas，1996）和尖峰岭热带林（259 t/hm^2）（吴仲民等，1998）。栲

树人工林乔木层 C 储量（208 t/hm²）低于尖峰岭热带原始雨林（341 t/hm²）和亚热带 400a 阔叶林（245 t/hm²）（吴仲民等，1998），与亚洲热带季雨林（200 t/hm²）的相似（Houghton et al.，1998）。本研究中两林分乔木层 N 储量均落入已报道的亚热带各类森林的范围内。杉木人工林乔木层 N 储量高于芬兰欧洲云杉 [*Picea abies*（L.）H. Karst.]– 欧洲赤松（*Pinus sylvestris*）混交林（Finér et al.，2003），但略低于芬兰东部的欧洲赤松纯林（Helmisaari，1995）。与美国俄勒冈州西部花旗松（*Pseudotsuga menziesii*）人工林乔木层 N 储量相比（Sharrow and Ismail，2004），本研究中栲树人工林的 N 储量相对较高。此外，栲树人工林乔木层 C 和 N 储量均大于杉木人工林，这与前者累积的生物量更大有关。

杉木人工林乔木层总 C 库中的树干和皮占 79%，而栲树人工林树干和皮 C 储量占 55%。杉木人工林乔木层 N 大部分分配到树干和叶中，只有约 9% 分配到地下组分。而栲树人工林除树干和叶 N 储量分别占乔木层的 17% 外，枝的 N 储量也较大（占乔木层 N 的 46%）。栲树人工林乔木层地上部分 C 和 N 总储量分别比杉木人工林的高 67 t/hm² 和 729 kg/hm²。两林分不同径级根的 C 和 N 分配模式相似。根系 C 和 N 储量主要由粗根（直径 >2 cm）组成。栲树人工林根 C 和 N 总储量分别比杉木人工林的高 14 t/hm² 和 100 kg/hm²。从碳素在两林分不同器官中的分配可见，树干部分（包括树皮）碳储量所占比例高（> 50%）。因此森林被采伐利用时，木材部分制成家具或作建筑物，采伐剩余物中的枝、叶、根等保留在林地内，让其在自然状态下缓慢分解，可以减缓 CO_2 排放。若能够在采伐后及时完成更新过程，所造成的 CO_2 排放量不是很大。反之，若森林采伐后大量采伐剩余物进行火烧，将导致大量有机质在较短时间内迅速氧化分解，释放大量的 CO_2（方晰，1997）。

两林分灌木草本层和枯枝落叶层的 C、N 储量占生态系统 C、N 总储量的比例均很小，C 和 N 平均 2.5 % 和 1.6 %。虽然死地被物的 C、N 储量小，但它是土壤 – 植物系统 C、N 循环的联结库，对森林生态系统的 C、N 循环起到重要的作用。另外，许多研究表明不同森林类型枯枝落叶层现存量的变化对土壤 C 储量有很大的影响（方晰等，2002）。例如，大兴安岭落叶松林枯枝落叶层现存量为 42.8 t/hm²，其土壤（10 ～ 78 cm）C 储量达 347.4 t/hm²；下蜀次生栎林枯枝落叶层现存量只有 9.2 t/hm²，其土壤层 C 储量仅为 69.7 t/hm²（阮宏华等，1997）；热带山地雨林生态系统中枯枝落叶层现存量为 5.9 t/hm²，土壤层中的 C 储量为 107.7 t/hm²（李意德等，1998）；湖南会同速生阶段杉木人工林枯枝落叶层现存量只有 2.0 t·hm⁻²，其土壤 C 储量为 91.1 t·hm⁻²（方晰等，2002）。

林地土壤是 C 和 N 的重要储存库，并且主要来源于植物、动物、微生物残体和根系分泌物的土壤有机碳处于不断分解与形成的动态过程中，因此它是生态系统在特定条件下的动态平衡值，并随着土壤深度的不同而发生变化。本研究中土壤 C 和 N 含量均随土壤深度增加而减少（表 3.19，图 3.10）。前人研究也得出类似的结果，例如，Shmrrow 和 Ismail（2004）研究表明地上凋落物和细根向表层土壤归还大部分 C 和 N。Jobággy 和

Jackson（2000）研究指出，植物根系的分布直接影响土壤中有机碳的垂直分布，因为大量死根的腐解归还为土壤提供了丰富的碳源。另一方面，大量的地表凋落物也是表层土壤有机碳重要的碳源物质。40 cm 以下土层杉木人工林土壤有机 C 和全 N 含量与栲树人工林的相似，但 40 cm 以上各土层栲树人工林具有比杉木人工林更高的土壤 C 和 N 含量（表 3.21，图 3.10）。可见，0 ～ 40 cm 深度内土壤 C 和全 N 含量比 40 cm 土层深度以下受森林类型的影响更明显，这主要与森林凋落物和根系分布特征有关。

表 3.19　杉木人工林和栲树人工林不同组分 C 储量　　　　（单位：t/hm²）

组分		杉木林	栲树林
乔木层	树干	85 ± 14 a	101 ± 15 a
	树皮	15 ± 2 a	14 ± 3 a
	粗枝（>2 cm）	4 ± 1 a	41 ± 8 b
	细枝（<2 cm）	5 ± 1 a	13 ± 3 b
	树叶	3 ± 1 a	10 ± 2 b
	地上部分小计	112 ± 18 a	179 ± 30 b
	根 > 2 cm	13 ± 3 a	24 ± 4 b
	根 0.2 ～ 2 cm	2 ± 0.5 a	5 ± 1 b
	细根 <0.2 cm	0.3 ± 0.06 a	0.7 ± 0.1 b
	地下部分小计	15 ± 3 a	29 ± 5 b
	合计	127 ± 28 a	208 ± 36 b
灌木草本层	灌木	1 ± 0.2 a	4 ± 0.6 b
	草本	1 ± 0.1 a	3 ± 0.5 b
	合计	2 ± 0.3 a	7 ± 1 b
枯枝落叶层		2 ± 0.4 a	4 ± 1 b
土壤层	0 ～ 10 cm	23 ± 2 a	26 ± 3 b
	10 ～ 20 cm	16 ± 2 a	19 ± 2 b
	20 ～ 40 cm	25 ± 3 a	31 ± 3 b
	40 ～ 60 cm	18 ± 3 a	18 ± 2 a
	60 ～ 80 cm	14 ± 2 a	14 ± 2 a
	80 ～ 100 cm	11 ± 1 a	11 ± 1 a
	合计	107 ± 12 a	119 ± 14 b
总计		238 ± 42 a	338 ± 55 b

注：同一行中标有不同字母的数值表示存在显著性差异，$P < 0.05$

两林分土壤（0 ~ 100 cm）C 和全 N 总储量中约 60% 储于表层 0 ~ 40 cm 中。比较两林分不同土层土壤 C 和全 N 储量可见，栲树人工林在 40 cm 以上土层的 C 储量显著高于杉木林（表 3.19），但 0 ~ 100 cm 各土层全 N 储量均以栲树人工林的为高（表 3.20）。总体而言，杉木人工林 1m 深土壤 C 和全 N 总储量比栲树人工林的明显更低（$P < 0.05$）。根据我国亚热带类似区域针叶林和常绿阔叶林凋落物和细根的已有研究，我们认为本研究两林分土壤 C 和 N 储量的差异可能与凋落物数量和质量、凋落物 C 和 N 分解速率及根 C、N 浓度差异有关。杨玉盛等（2004 a，b）研究了亚热带格氏栲天然林、格氏栲和杉木人工林的年均凋落量，分别为 11 t/hm²、9.5 t/hm² 和 5.5 t/hm²，根年平均死亡量分别为 8.6 t/hm²、5.2 t/hm² 和 2.5 t/hm²。杨玉盛等（2004a）还发现格氏栲天然林和人工林凋落叶木质素含量低于杉木人工林。通过比较杉木与观光木细根分解速率表明，观光木细根 N 浓度更大，分解速率也更高（Yang et al.，2004c）。另外，阔叶树生物量更多地分配到根系中（特别是表层细根），这将固定更多的 C 和 N，且能将更多的根碎屑物转移到表土（Yang et al.，2004b）。

表 3.20　杉木人工林和栲树人工林不同组分 N 储量　　　　　　　（单位：kg/hm²）

组分		杉木林	栲树林
乔木层	树干	161 ± 15 a	241 ± 28 b
	树皮	90 ± 13 a	125 ± 14 a
	粗枝（>2 cm）	36 ± 6 a	372 ± 56 b
	细枝（<2 cm）	76 ± 12 a	263 ± 41 b
	树叶	146 ± 20 a	237 ± 36 b
	地上部分小计	509 ± 66 a	1238 ± 152 b
	根 > 2 cm	36 ± 4 a	101 ± 11 b
	根 0.2 ~ 2 cm	12 ± 2 a	42 ± 6 b
	细根 <0.2 cm	3 ± 0.4 a	8 ± 1 b
	地下部分小计	51 ± 6 a	151 ± 18 b
	合计	560 ± 89 a	1389 ± 207 b
灌木草本层	灌木	21 ± 3 a	64 ± 9 b
	草本	36 ± 5 a	66 ± 9 b
	合计	57 ± 8 a	130 ± 18 b
枯枝落叶层		35 ± 6 a	78 ± 13 b
土壤层	0 ~ 10 cm	1460 ± 172 a	1710 ± 213 b
	10 ~ 20 cm	1196 ± 148 a	1311 ± 162 b

续表

组分		杉木林	栲树林
土壤层	20 ～ 40 cm	2015 ± 234 a	2187 ± 258 b
	40 ～ 60 cm	1204 ± 136 a	1376 ± 169 b
	60 ～ 80 cm	1019 ± 116 a	1074 ± 125 a
	80 ～ 100 cm	859 ± 103 a	968 ± 117 b
	合计	7753 ± 973 a	8626 ± 1103 b
总计		8405 ± 932 a	10223 ± 1220 b

注：同一行中标有不同字母的数值表示存在显著性差异，$P < 0.05$

表 3.21　杉木人工林和栲树人工林土壤有机 C 和全 N 含量垂直分布

土层深度（cm）	杉木人工林		栲树人工林	
	有机 C（g/kg）	全 N（g/kg）	有机 C（g/kg）	全 N（g/kg）
0 ～ 10	20.8 ± 1.8	1.43 ± 0.23	27.9 ± 2.0	1.84 ± 0.21
10 ～ 20	16.4 ± 1.6	1.12 ± 0.21	18.2 ± 1.8	1.22 ± 0.19
20 ～ 40	10.2 ± 0.8	0.96 ± 0.16	13.5 ± 0.7	1.05 ± 0.19
40 ～ 60	6.9 ± 0.5	0.55 ± 0.20	6.9 ± 0.8	0.55 ± 0.16
60 ～ 80	4.9 ± 0.4	0.46 ± 0.14	5.0 ± 0.5	0.45 ± 0.14
80 ～ 100	4.0 ± 0.4	0.35 ± 0.12	3.9 ± 0.4	0.37 ± 0.13

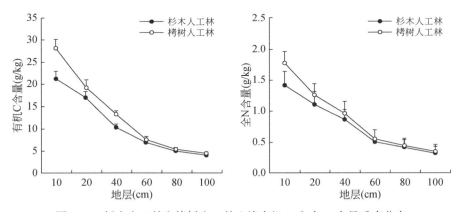

图 3.10　杉木人工林和栲树人工林土壤有机 C 和全 N 含量垂直分布

　　本研究中土壤层（0 ～ 100 cm）C 和 N 储量处于世界森林范围的中间水平（Post et al.，1982，1985；Grogan et al.，2000）。其中，杉木人工林和栲树人工林 0 ～ 100 cm 土壤 C 储量分别为 107 t/hm² 和 119 t/hm²，处于热带森林土壤 C 储量（97 ～ 187 t/hm²）的下

限（Jobággy and Jackson，2000），高于芬兰东部挪威云杉 – 冷杉混交林（52.8 t/hm²）和俄勒冈州西部花旗松人工林（91.9 t/hm²）（Shmrrow and Ismail，2004），但低于三明格氏栲天然林（123.9 t/hm²）（郭剑芬等，2006）。Post 等（1985）报道全球土壤 N 储量范围从荒漠的 2000 kg/hm² 到苔原的 20 000 kg/hm²，其中亚热带湿润地区土壤 N 储量为 16 000 kg/hm²。本研究中 0 ～ 100 cm 土壤 N 储量分别为 7753 kg/hm²（杉木人工林）和 8626 kg/hm²（栲树人工林），均显著高于荒漠土壤，但低于亚热带湿润区域和苔原区域土壤。

（2）皆伐引起的 C 和 N 迁移

我国南方林区传统采伐方法采用带皮干材作业。在火烧之前，大多数林区还把粗枝（直径约 1.5 cm 以上）运出作为薪炭材。因此，本研究中移出林地的养分元素包括带皮干材和粗枝。杉木人工林皆伐后干材中有 100 t/hm² C 和 251 kg/hm² N 移出林地（表 3.22），分别占生态系统 C 和 N 总储量的 42% 和 3%；栲树人工林皆伐移出林地的干材 C、N 储量分别为 115 t/hm² 和 366 kg/hm²，分别占其生态系统 C、N 储量的 34%、4%。杉木人工林和栲树人工林通过粗枝迁移的 C 量分别为 4 t/hm² 和 41 t/hm²，而 N 迁移量分别为 36 kg/hm² 和 372 kg/hm²。杉木人工林皆伐后地表枯枝落叶层（含采伐剩余物）C 和 N 量分别为 17 t/hm² 和 330 kg/hm²，栲树人工林为 35 t/hm² 和 615 kg/hm²。

表 3.22 杉木人工林和栲树人工林皆伐引起的 C 和 N 损失量

林分类型	组分	C（t/hm²）	N（kg/hm²）
杉木人工林	带皮干材	100 ± 15	251 ± 29
	粗枝（>2 cm）	4 ± 1	36 ± 4
	合计	104 ± 13	287 ± 33
栲树人工林	带皮干材	115 ± 17	366 ± 45
	粗枝（>2 cm）	41 ± 8	372 ± 46
	合计	156 ± 20	738 ± 86

本研究中，立地皆伐后干材运出明显减少了生态系统 C 库，但 N 储量损失较小，Finér 等（2003）的研究也得出类似的结论。其研究发现芬兰东部挪威云杉 – 欧洲赤松混交林皆伐后，干材 C 和 N 迁移量分别为 56.4 t/hm² 和 84.8 kg/hm²，相当于生态系统 C、N 总储量的 32%、3%。本研究中干材 C 迁移量与黑假山毛榉（*Nothofagus solandri*）林的相似，远高于美国缅因州豪兰森林（Howland Forest）（14.9 t/hm²），但低于新西兰的青冈林。本研究中林分干材 N 迁移量大于 St. Helena 和 Tyler 样地火炬松（*Pinus taeda*）林（分别为 63.1 kg/hm² 和 58.5 kg/hm²），与阿巴拉契亚山脉南部阔叶林的相当（Mann et al.，1988）。例如，位于 Coweeta Hydrologic Laboratory 的阔叶林皆伐后 N 迁移量达 280 kg/hm²（Swank，1984）。

皆伐作为人类对森林经营利用的活动，改变了原始林已建立的平衡状态，加速了有机质的氧化和分解，林地温度变幅大，湿度降低，微生物活动的数量和质量受到了限制，直接影响到土壤中 C、N 储量（Harmon et al.，1990）。同时，皆伐中的机械运材工具运材破坏了林地覆盖层的地被物，表土疏松，遇降雨即造成表层土有机 C 和 N 的直接流失。从表 3.23 得出，两种林分皆伐后，土壤有机 C 和 N 损失均较大。杉木人工林和栲树人工林皆伐后 10 天土壤（0～10 cm）有机 C 储量损失率分别为 11% 和 13%，皆伐 1 个月后为 13% 和 20%，皆伐 2 个月后为 19% 和 26%，皆伐 3 个月后为 26% 和 32%，从表 3.23 中可见，皆伐对栲树人工林表层土壤有机 C 的影响比对杉木人工林的大。而皆伐后 3 个月，杉木人工林和栲树人工林土壤（0～10 cm）全 N 储量分别损失 12% 和 11%，两种林分土壤全 N 损失率相当。

表 3.23　皆伐前后林地土壤（0～10 cm）有机 C 和全 N 含量及储量

林分类型	取样时间	有机 C		全 N	
		含量（g/kg）	储量（t/hm²）	含量（g/kg）	储量（t/hm²）
杉木人工林	皆伐前	29.7 ± 2.5	32.6 ± 2.9	1.52 ± 0.17	1.7 ± 0.3
	皆伐后 10 天	24.9 ± 2.0	29.1 ± 3.0	—	—
	皆伐后 1 个月	23.4 ± 1.8	28.2 ± 2.3	—	—
	皆伐后 2 个月	22.6 ± 1.9	26.3 ± 2.2	—	—
	皆伐后 3 个月	22.4 ± 1.8	24.1 ± 2.1	1.20 ± 0.15	1.5 ± 0.2
栲树人工林	皆伐前	41.2 ± 3.3	38.7 ± 3.5	2.15 ± 0.29	1.9 ± 0.3
	皆伐后 10 天	34.2 ± 2.7	33.6 ± 2.9	—	—
	皆伐后 1 个月	30.7 ± 2.5	30.9 ± 2.5	—	—
	皆伐后 2 个月	28.8 ± 2.3	28.5 ± 2.3	—	—
	皆伐后 3 个月	26.9 ± 2.1	26.3 ± 1.9	1.76 ± 0.25	1.7 ± 0.2

据报道，热带、温带和寒带森林采伐后林地土壤 C 储量分别下降 35%、50% 和 15%（徐德应，1994）。热带山地雨林原始林皆伐后，其采伐迹地（山地黄壤）的土壤层（0～100 cm）有机 C 储量从 104.70 t/hm² 减少到 98.14 t/hm²（皆伐后 4 年测定），损失率为 6.27%，再次皆伐后土壤有机 C 储量下降到 95.48 t/hm²（皆伐后 4 年测定）（吴仲民等，1997）。

37a 辐射松（*Pinus radiata*）人工林采伐后土壤 C 储量也明显减少，且 4 年后仍低于伐前水平（Smethurst and Namibar，1990）。St. Helena 和 Tyler 样地火炬松林采伐后 9 个月 0 ～ 15 cm 土层土壤 C 储量分别为 24.6 t/hm² 和 16.1 t/hm²，与采伐前相比分别降低了 25% 和 35%（Carter et al.，2002）。湖南会同杉木林中心产区，杉木林采伐后一年林地土壤（0 ～ 60 cm）中的 C 储量损失率为 35%，2 年后为 45%，3 年后为 44%（方晰等，2004）。由此可见，森林采伐后会导致林地土壤有机 C 的大量流失。

有关皆伐对土壤全 N 的影响结果相关研究结论并不一致。本研究中皆伐后 3 个月土壤全 N 量降低，这可能由于皆伐后失去林冠覆盖，地表温度升高，促进微生物的分解转化。Carter 等（2002）也发现 St. Helena 和 Tyler 样地火炬松林采伐后 9 个月土壤（0 ～ 15 cm）N 储量分别下降 25% 和 52%，采伐后 1 年土壤全 N 量平均下降 361 kg/hm² 和 381 kg/hm²（Carter et al.，2002），其认为与土壤 N 矿化或淋溶损失有关。但 Knoepp 和 Swank（1997）发现采伐后第一年土壤（0 ～ 10 cm）N 增加 1000 kg·hm⁻²。骆士寿等（2000）报道了海南岛霸王岭热带山地雨林采伐后 5 个月林地土壤全 N 增加，其原因是采伐残留下大量的树枝和树叶及根系死亡，加大了养分归还；另外，采伐减少地上植物部分 N 素消耗量，致使土壤 N 储存。

（3）小结

皆伐前杉木人工林 C、N 总储量分别为 238 t/hm² 和 8405 kg/hm²，栲树人工林的分别为 338 t/hm² 和 10 223 kg/hm²。杉木人工林 C、N 总储量显著低于栲人工树林，这与树种组成、林分生物量等差异有关。但两林分 C、N 储量在不同器官和不同层中的分配格局相似。在两林分碳总储量中，乔木层分别占 53%（杉木人工林）和 62%（栲树人工林），而在乔木层碳总储量中，干器官则分别占 67%（杉木人工林）和 49%（栲树人工林）。与碳元素不同，生态系统大部分氮储存于土壤层。杉木人工林和栲树人工林 N 总储量中，土壤层分别占 92% 和 84%，而乔木层仅分别占 7% 和 14%。

两林分土壤有机 C 和全 N 含量均随深度增加而减少。0 ～ 40 cm 深度内栲树人工林土壤有机 C 和 N 含量高于杉木人工林，这与不同林分凋落物和根系分布特征差异有关。类似的，栲树人工林 1m 土层土壤有机 C 和 N 总储量也显著高于杉木人工林，体现了两林分具有不同的凋落物和枯死细根 C、N 归还量。

皆伐后随着干材和粗枝移出林地，杉木人工林和栲树人工林 C 总储量分别降低 44% 和 46%，而 N 总储量分别降低 3% 和 7%，并且土壤有机 C 和 N 储量也发生了变化。皆伐后 3 个月，杉木人工林和栲树人工林土壤有机 C 储量分别损失 26% 和 32%，土壤全 N 分别损失 12% 和 11%。由于对皆伐后土壤有机 C、N 动态的研究时间短（3 个月），需做进一步研究，并与更多的类似林分进行比较，以评价皆伐对森林生产力的长期影响。

3.5.1.2 杉木人工林和栲树人工林采伐剩余物火烧后土壤 C 库和 N 库的变化

皆伐后采伐剩余物火烧会造成土壤 C 和 N 大量损失及重新分布。因土壤 C 和 N 与土壤肥力密切相关，长期以来经营措施引起的 C 和 N 变化一直受到人们关注（Johnson and Curtis，2001）。近几年来，人类活动增加了土壤 CO_2 释放，如何减少干扰影响，增强土壤 C 汇功能成为研究热点。但目前我国有关皆伐火烧对土壤 C 库和 N 库影响的研究较少。本节着重研究采伐剩余物火烧造成的土壤 C 和 N 储量的变化。

（1）火烧对表层土壤 C 和 N 的影响

如表 3.24 和图 3.11 所示，火烧后两林分表层土壤有机 C 和全 N 储量明显降低。火烧后 5 天杉木人工林和栲树人工林表层土壤有机 C 储量分别降低 4.0 t/hm² 和 7.4 t/hm²，分别占火烧前的 17% 和 28%；全 N 储量分别降低 294.6kg/hm² 和 430.2 kg/hm²，分别占火烧前的 20% 和 25%。与火烧前相比，杉木人工林和栲树人工林火烧后 1 年表层土壤有机 C 储量分别降低 3.2 t/hm² 和 7.2 t/hm²，所占比例分别为 14% 和 27%，而全 N 分别降低 237.2 kg/hm² 和 353.5 kg/hm²，所占比例分别为 16% 和 21%，这与报道的美国内陆西黄松和花旗松林火烧引起表层土壤 C 和 N 储量分别减少 10% 和 20% 的结果类似。火烧后 5 年，杉木人工林表层土壤有机 C 和全 N 储量分别为 19.5 t/hm² 和 1161.5 kg/hm²，占火烧前的 85% 和 77%，而栲树人工林表层土壤有机 C 和全 N 储量分别为 18.9 t/hm² 和 1240.2 kg/hm²，只占火烧前的 72% 和 73%。可见火烧后栲树人工林表层土壤有机 C 和全 N 储量的损失程度明显大于杉木人工林，这与两林分火烧强度差异有关。杨玉盛（1998）调查发现栲树人工林和杉木人工林火烧前采伐剩余物数量分别为 42.57 t/hm² 和 29.91 t/hm²；而且火烧前采伐剩余物已曝晒数天，含水量低，增加了火烧强度。此外，火烧前栲树人工林表层土壤 C 和 N 储量显著高于杉木人工林，这也是栲树人工林土壤 C 和 N 损失量比杉木人工林更大的原因之一。

表 3.24 两种林分火烧前后表层土壤（0～10 cm）有机 C 和全 N 储量

取样时间	杉木人工林		栲树人工林	
	有机 C（t/hm²）	全 N（kg/hm²）	有机 C（t/hm²）	全 N（kg/hm²）
火烧前	22.9 ± 2.2 a	1502.6 ± 200.3 a	26.2 ± 2.5 A	1692.5 ± 191.2 A
火烧后 5 天	18.9 ± 2.1 b	1208.0 ± 124.4 b	18.8 ± 1.9 B	1262.3 ± 138.8 B
火烧后 1 年	19.7 ± 1.8 b	1265.4 ± 133.6 b	19.0 ± 1.6 B	1339.0 ± 140.1 B
火烧后 5 年	19.5 ± 1.7 b	1161.5 ± 134.5 b	18.9 ± 1.6 B	1240.2 ± 138.5 B

注：同一列中火烧前与火烧后各数值间标有不同字母表示存在显著性差异，$P < 0.05$

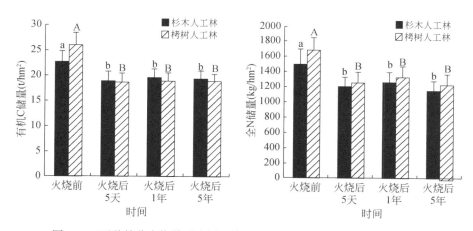

图 3.11　两种林分火烧前后表层土壤（0 ～ 10 cm）有机 C 和全 N 储量

火烧对表层土壤 C 和 N 影响较大（Johnson and Curtis，2001）。本研究中，采伐剩余物火烧造成的表层土壤 C 和 N 损失量与热带森林的相当（Johnson and Curtis，2001；Giardina and Ryan，2000）。例如，澳大利亚辐射松立地火烧后 1 年土壤 C 损失量达 2.4 t/hm²，占火烧前的 20%（Turner and Lambert，2000）；Mendham 等（2003）发现澳大利亚西南部 Red Earth 和 Grey Sand 立地火烧后 N 挥发分别为 350 kg/hm² 和 200 kg/hm²，损失率分别为 23% 和 15%。本研究中，两林分土壤 C 和 N 损失量比北方寒带林的大得多。例如，哥伦比亚西北部云杉林火烧后 1 年土壤（0 ～ 15 cm）C 和 N 储量仅分别损失 8% 和 5%，火烧后 5 年已恢复到火烧前水平（Kranabetter and Macadam，2007）。

因可燃物数量和含水量、火烧强度和持续时间及土壤类型的差异，不同立地土壤有机 C 和全 N 损失量也有所不同。Wan 等（2015）对陆地不同森林火烧后土壤 N 储量的研究表明，火烧后土壤 N 储量平均损失量为 43 kg/hm²，只占火烧前的 3%。类似的，美国亚利桑那州丛林火烧后表层土壤（0 ～ 10 cm）N 损失量（65 kg/hm²）也仅占表层土壤 N 总量的 5%（DeBano et al.，1998）。Dyrness 等（1989）发现美国阿拉斯加州内陆野火发生后一周，0 ～ 5 cm 土层土壤 C 储量变化从 +16% 到 –18%，与火烧强度有关。北美短叶松林火烧后 10 年，0 ～ 5 cm 和 5 ～ 10 cm 土层土壤全 N 储量甚至已高于火烧前水平（Lynhmm et al.，1998）。

本研究中，两林分火烧后表层土壤有机 C 和全 N 储量恢复缓慢，直至火烧后 5 年土壤有机 C 和全 N 储量仍低于火烧前水平（表 3.24，图 3.11）。分析其原因，一方面可能由于火烧后幼林郁闭度较低，光照强，土壤温度高，土壤有机 C 和全 N 矿化仍较强；另一方面幼林地水土流失也可能减缓土壤有机 C 和 N 的累积，特别是我国南方山地火烧后水、土、肥流失较为严重。Yang 等（2003）报道，采伐剩余物火烧后 1 年，杉木人工林和栲树人工林伴随水土流失损失的土壤 N 分别为 28.4 kg/hm² 和 58.5 kg/hm²。但随着植被不断恢复，郁闭度增加，凋落物数量和细根生物量增大，通过凋落物分解和细根周转补充到土壤中的 C

和 N 也随之增加。已有研究表明皆伐火烧后 10 ～ 15 年细根生物量才达到最大（Kimmins，1987）。从表 3.24 和图 3.11 还可看出栲树林土壤 C、N 的恢复速率低于杉木林的，这与两林分火烧过程及火烧后土壤状况的差异有关。

（2）皆伐火烧对土壤呼吸的影响

土壤呼吸包括自养呼吸和异养呼吸，在全球 C 循环中起重要作用（Schlesinger and Andrews，2000）。一些研究报道了土壤环境因素如土壤温度和湿度、土壤质地、pH、全 C 和全 N 对土壤呼吸的影响（Dilustro et al.，2005；Gough and Seiler，2004）。此外，森林经营活动如皆伐和火烧也明显改变了土壤环境，从而影响了土壤呼吸速率（Schlesinger and Andrews，2000）。因土壤呼吸由一系列地下过程组成，如根、SOM、土壤微生物的作用过程，它已被广泛用于评价干扰或经营活动对土壤 C 库及森林生态系统功能的影响。

不少学者已研究了火烧对土壤 C 和 N 储量及土壤性质的影响，但对土壤呼吸的影响研究较少。本节着重调查杉木人工林和栲树人工林皆伐、火烧对土壤呼吸和土壤微环境的影响。具体研究目标是：①描述林分皆伐和火烧处理下土壤呼吸的季节动态；②探讨土壤呼吸与土壤温度、湿度间的相关性；③评价皆伐和火烧对土壤环境和土壤呼吸影响的程度。

（3）小结

杉木人工林和栲树人工林火烧后 5 天，表层土壤 C 和 N 储量均明显降低；随后维持在较低水平，直至火烧后 5 年，表层土壤 C 和 N 储量仍未恢复到火烧前水平。林地火烧后，土壤中 C 和 N 储量下降可能是由于火烧后，林地上的动植物残体、凋落物及土壤中的 C 以 CO_2 的形式直接向大气排放，林地动植物残体及土壤中的有机质经高温破坏后极易分解，造成 N 挥发或淋溶损失。另外，火烧后土体急剧膨胀，造成土体破碎，林地表面相对裸露、疏松，且亚热带针叶林（如杉木林）和常绿阔叶林主要分布在雨量充沛且集中的山地丘陵区，立地通常是在 20 ～ 40 度的陡坡上，降雨冲刷从而造成土壤有机 C 和全 N 的大量流失。

本研究中，栲树人工林火烧后表层土壤有机 C 和全 N 的损失量和损失率均明显大于杉木人工林，这与两林分火烧前土壤有机 C 和全 N 储量及火烧强度差异有关。而且火烧后栲树人工林土壤 C 和 N 恢复速率低于杉木人工林，可见我国南方林区把大面积常绿阔叶林砍伐后采用火烧方法清理采伐迹地将对土壤 C 和 N 储量造成很大的影响，因此需对这一传统的清理方式进行认真思考。

3.5.1.3 土壤温、湿度及土壤呼吸的季节变化

如表 3.25 和图 3.12 所示，杉木人工林与栲树人工林皆伐地、火烧地土壤温度的季节动态与对照地相似，最大值出现在 7 月，这与气温变化模式基本一致。2002 年和 2003 年夏、秋季两林分皆伐地和火烧地土壤温度都高于对照地，但全年皆伐和火烧地土壤含水量均低于对照地。与皆伐地相比，火烧地土壤含水量较低（表 3.26，图 3.12）。

表 3.25　杉木人工林和栲树人工林皆伐、火烧及对照地土壤（0～10 cm）温度动态

（单位：℃）

年份	月份	杉木人工林			栲树人工林		
		对照	皆伐	火烧	对照	皆伐	火烧
2001	10	18.6 ± 0.8	18.7 ± 1.0	18.8 ± 1.5	18.9 ± 0.9	18.8 ± 1.1	18.7 ± 1.5
	11	13.5 ± 0.9	13.4 ± 1.1	13.3 ± 1.6	13.8 ± 0.8	13.5 ± 1.3	13.3 ± 1.5
	12	11.2 ± 0.9	10.8 ± 1.2	10.3 ± 1.2	11.5 ± 0.9	10.9 ± 1.2	10.4 ± 1.2
2002	1	9.5 ± 0.8	9.0 ± 1.0	8.6 ± 0.8	9.7 ± 0.8	9.3 ± 1.0	8.8 ± 0.8
	2	11.5 ± 1.2	10.9 ± 1.3	10.3 ± 1.4	11.7 ± 1.1	11.2 ± 1.2	10.6 ± 1.4
	3	16.0 ± 1.3	15.1 ± 1.4	14.2 ± 1.5	16.2 ± 1.4	15.4 ± 1.3	14.5 ± 1.5
	4	18.9 ± 1.7	18.8 ± 1.7	18.7 ± 2.0	19.2 ± 1.7	18.6 ± 1.7	18.0 ± 1.9
	5	22.1 ± 1.5	22.6 ± 1.6	23.2 ± 2.2	22.4 ± 1.6	23.5 ± 1.6	24.7 ± 2.3
	6	23.6 ± 1.6	25.0 ± 2.7	26.5 ± 2.6	23.9 ± 1.6	25.1 ± 2.7	26.4 ± 2.6
	7	24.8 ± 1.2	26.3 ± 3.3	27.9 ± 2.3	25.1 ± 1.6	26.4 ± 3.2	27.7 ± 2.1
	8	24.3 ± 1.8	25.8 ± 3.1	27.3 ± 2.1	24.6 ± 1.7	25.9 ± 2.9	27.2 ± 2.0
	9	20.6 ± 1.2	21.9 ± 2.1	23.1 ± 2.2	20.9 ± 1.2	22.0 ± 2.1	23.1 ± 2.2
	10	17.5 ± 1.3	18.1 ± 1.9	18.8 ± 1.6	17.7 ± 1.4	18.6 ± 1.8	19.6 ± 1.7
	11	13.7 ± 0.9	13.9 ± 1.2	14.1 ± 1.5	14.0 ± 1.0	13.3 ± 1.1	12.6 ± 1.4
	12	12.0 ± 0.5	11.6 ± 1.1	11.1 ± 1.0	12.3 ± 0.6	11.7 ± 1.0	11.1 ± 1.1
2003	1	9.5 ± 0.6	9.1 ± 1.3	8.6 ± 1.0	9.7 ± 0.7	9.3 ± 1.2	8.9 ± 1.3
	2	12.3 ± 1.2	11.7 ± 1.2	11.1 ± 1.3	12.6 ± 1.2	11.9 ± 1.2	11.4 ± 1.3
	3	14.0 ± 1.2	13.3 ± 1.8	12.6 ± 1.8	14.2 ± 1.3	13.5 ± 1.7	12.9 ± 1.7
	4	18.3 ± 1.2	18.8 ± 1.2	19.6 ± 1.2	18.6 ± 1.2	19.3 ± 1.2	20.0 ± 1.2
	5	21.2 ± 1.3	22.7 ± 1.9	24.3 ± 1.5	21.4 ± 1.3	22.5 ± 1.8	23.7 ± 1.5
	6	22.0 ± 1.5	23.3 ± 2.6	24.7 ± 2.3	22.3 ± 1.5	23.5 ± 2.6	24.7 ± 2.3
	7	26.8 ± 1.7	28.5 ± 3.1	30.2 ± 2.4	27.1 ± 1.6	28.5 ± 3.1	30.1 ± 2.4
	8	26.3 ± 1.6	28.0 ± 2.9	29.7 ± 2.3	26.6 ± 1.6	28.0 ± 2.6	29.5 ± 2.5
	9	22.7 ± 1.2	23.8 ± 1.5	24.9 ± 1.6	23.0 ± 1.4	23.9 ± 1.5	24.8 ± 1.6
	10	20.0 ± 1.6	19.7 ± 1.7	19.5 ± 1.7	20.3 ± 1.5	20.2 ± 1.7	20.1 ± 1.7
	11	15.5 ± 1.2	14.9 ± 1.2	14.3 ± 1.2	15.8 ± 1.2	15.0 ± 1.2	14.2 ± 1.2
	12	11.7 ± 1.0	11.3 ± 1.2	10.8 ± 1.1	12.0 ± 1.0	11.4 ± 1.1	10.8 ± 1.1

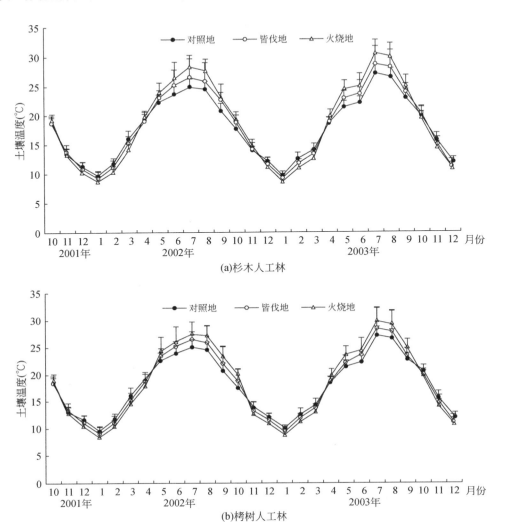

图 3.12 2001 年 10 月～ 2003 年 12 月杉木人工林和栲树人工林皆伐、火烧及对照地土壤（0 ～ 10 cm）温度动态

表 3.26 杉木人工林和栲树人工林皆伐地、火烧地及对照地土壤（0 ～ 10 cm）含水量动态

（单位：%）

年份	月份	杉木人工林			栲树人工林		
		对照地	皆伐地	火烧地	对照地	皆伐地	火烧地
2001	10	22.3 ± 1.3	19.9 ± 1.1	17.8 ± 1.0	22.1 ± 1.3	19.9 ± 1.2	18.0 ± 1.2
	11	23.5 ± 1.5	21.3 ± 1.7	19.4 ± 1.8	23.5 ± 1.5	21.5 ± 1.8	19.8 ± 1.9
	12	23.9 ± 1.4	22.5 ± 2.3	21.1 ± 2.2	24.2 ± 1.6	22.9 ± 2.5	21.6 ± 2.2
2002	1	26.6 ± 2.3	25.2 ± 2.8	23.8 ± 2.1	27.8 ± 2.3	26.2 ± 3.0	24.7 ± 2.5
	2	25.5 ± 2.1	24.2 ± 1.6	23.0 ± 1.8	26.5 ± 2.1	25.0 ± 1.8	23.7 ± 1.9

年份	月份	杉木人工林			栲树人工林		
		对照地	皆伐地	火烧地	对照地	皆伐地	火烧地
2002	3	30.3 ± 2.6	28.9 ± 2.4	27.6 ± 2.2	30.4 ± 2.6	28.9 ± 2.4	27.5 ± 2.5
	4	32.8 ± 2.7	29.7 ± 2.6	26.8 ± 2.3	34.6 ± 2.5	32.1 ± 2.7	29.8 ± 2.9
	5	37.5 ± 2.8	32.9 ± 2.4	29.0 ± 3.1	40.1 ± 2.8	34.3 ± 2.4	29.4 ± 3.0
	6	37.3 ± 2.3	31.7 ± 2.2	26.9 ± 2.3	37.9 ± 2.1	32.4 ± 2.8	27.7 ± 2.5
	7	32.6 ± 2.1	27.7 ± 1.9	23.4 ± 2.0	33.7 ± 1.9	28.8 ± 1.8	24.7 ± 1.9
	8	31.3 ± 2.3	29.1 ± 2.1	24.7 ± 1.8	33.6 ± 2.0	30.4 ± 2.3	26.0 ± 2.5
	9	29.9 ± 2.1	25.5 ± 1.9	21.7 ± 1.8	30.8 ± 2.1	26.3 ± 1.9	22.6 ± 1.8
	10	28.8 ± 1.6	25.0 ± 1.7	21.7 ± 1.5	30.8 ± 1.6	26.4 ± 1.8	22.6 ± 1.6
	11	29.2 ± 1.4	25.9 ± 1.5	23.0 ± 1.7	33.1 ± 2.1	31.3 ± 2.7	29.7 ± 1.9
	12	29.6 ± 1.2	27.7 ± 1.1	25.9 ± 1.1	35.8 ± 2.8	33.9 ± 2.8	32.1 ± 2.9
2003	1	28.5 ± 1.9	26.9 ± 1.8	25.4 ± 1.8	29.6 ± 1.9	27.9 ± 1.8	26.2 ± 2.0
	2	23.3 ± 1.5	22.2 ± 1.4	21.0 ± 1.5	25.1 ± 1.5	23.8 ± 1.4	22.5 ± 1.5
	3	28.3 ± 2.0	27.0 ± 1.9	25.7 ± 1.8	27.3 ± 2.0	25.9 ± 2.0	24.5 ± 1.8
	4	29.6 ± 1.5	25.6 ± 1.5	22.5 ± 1.6	32.4 ± 1.5	28.0 ± 1.5	24.3 ± 1.6
	5	34.8 ± 2.0	29.2 ± 1.8	24.5 ± 2.2	37.0 ± 2.0	31.7 ± 1.8	27.1 ± 2.2
	6	35.3 ± 2.7	30.0 ± 2.6	25.5 ± 2.7	38.4 ± 2.7	32.9 ± 2.7	28.2 ± 2.6
	7	23.5 ± 1.9	19.9 ± 1.4	16.9 ± 1.6	24.7 ± 1.9	22.8 ± 1.4	19.5 ± 1.6
	8	14.6 ± 1.9	12.3 ± 1.8	10.5 ± 1.8	19.0 ± 1.9	16.2 ± 1.8	13.9 ± 1.8
	9	14.0 ± 1.4	12.1 ± 1.3	10.4 ± 1.2	15.7 ± 1.4	13.6 ± 1.3	11.8 ± 1.2
	10	13.5 ± 1.3	12.3 ± 1.3	11.3 ± 1.2	13.9 ± 1.3	12.6 ± 1.3	11.4 ± 1.2
	11	25.3 ± 2.5	23.7 ± 2.4	22.2 ± 2.2	25.5 ± 2.5	24.2 ± 2.4	23.0 ± 2.2
	12	17.9 ± 1.6	16.8 ± 1.9	15.8 ± 1.2	18.7 ± 1.6	17.7 ± 1.9	16.6 ± 1.6

皆伐地、火烧地与对照地的土壤呼吸季节变化规律基本一致，最大值出现在春末或夏初（5月或7月）而在冬季最低（表3.27，图3.13），这与Gordon等（1987）的研究结果相似（Keith et al.，1997）。与我国同地带的其他研究相比，土壤呼吸的季节变化规律基本相似。例如，福建三明格氏栲天然林、格氏栲人工林和杉木人工林土壤呼吸速率季节变化均呈单峰曲线，最大值出现在春末或夏初（5月至6月间），最小值出现在12月至次年1月间（杨玉盛等，2005）。浙江省青冈常绿阔叶林土壤呼吸速率在7月至8月份最高，

12月至次年1月最低（黄承才等，1999）。江西泰和千烟洲生态试验站的杉木林土壤呼吸速率在7月最高，1月最低（周志田等，2002）。鼎湖山季风常绿阔叶林、针阔叶混交林和马尾松林的土壤呼吸季节变化同样也在7月最高，12月至次年2月最低（易志刚等，2003）。杨玉盛等（2005）认为，土壤呼吸的季节变化与土壤温度和湿度动态、根系生长及土壤微生物活动强弱有关。生长季期间，气温、降水量逐渐上升，适宜微生物活动，使得微生物对土壤有机质的分解作用加强，同时根系旺盛生长，生物量增大，因而CO_2释放量随之增加；而冬季气温低、降水少、微生物活动减弱，CO_2释放量相应减少。

表3.27　杉木人工林和栲树人工林皆伐地、火烧地及对照地土壤呼吸动态

（单位：$mg\ CO_2\ m^{-2} \cdot h^{-1}$）

年份	月份	杉木人工林			栲树人工林		
		对照地	皆伐地	火烧地	对照地	皆伐地	火烧地
2001	10	138.2 ± 15.0	164.9 ± 16.1	177.2 ± 18.8	527.9 ± 61.9	609.7 ± 60.2	549.6 ± 61.4
	11	107.7 ± 18.4	147.1 ± 22.5	148.1 ± 16.8	392.2 ± 50.2	472.7 ± 59.8	474.4 ± 56.2
	12	91.4 ± 22.5	133.2 ± 19.1	125.3 ± 15.3	323.6 ± 56.9	453.1 ± 47.4	435.0 ± 41.5
2002	1	86.1 ± 21.9	125.0 ± 18.1	124.5 ± 18.7	361.7 ± 46.4	403.1 ± 49.4	352.1 ± 45.8
	2	106.3 ± 26.2	135.3 ± 22.0	123.9 ± 12.9	384.2 ± 50.4	409.6 ± 47.9	387.2 ± 49.7
	3	172.5 ± 33.1	176.1 ± 32.4	128.4 ± 20.0	552.6 ± 91.8	444.6 ± 64.9	445.6 ± 54.2
	4	215.6 ± 31.1	179.2 ± 38.4	149.9 ± 26.9	649.9 ± 111.1	511.1 ± 81.4	386.8 ± 62.3
	5	326.4 ± 35.9	193.7 ± 41.9	150.0 ± 27.8	831.4 ± 99.5	576.9 ± 75.6	415.4 ± 44.6
	6	367.9 ± 39.5	211.7 ± 45.4	140.8 ± 20.1	859.6 ± 125.9	491.9 ± 61.9	427.3 ± 51.5
	7	338.7 ± 37.2	183.0 ± 32.0	132.0 ± 22.8	841.5 ± 90.4	449.1 ± 64.7	359.3 ± 43.8
	8	307.7 ± 35.9	155.4 ± 26.6	112.5 ± 21.1	741.0 ± 97.1	418.8 ± 57.0	334.9 ± 37.6
	9	224.0 ± 31.5	109.3 ± 21.2	84.2 ± 12.4	691.0 ± 67.0	323.9 ± 36.1	259.1 ± 40.8
	10	169.4 ± 25.4	88.0 ± 19.3	64.7 ± 9.9	560.3 ± 63.0	272.0 ± 40.9	190.4 ± 36.9
	11	125.5 ± 20.1	70.3 ± 10.9	45.9 ± 8.6	541.3 ± 63.1	250.5 ± 33.5	175.4 ± 29.9
	12	115.9 ± 19.9	62.2 ± 12.3	42.6 ± 9.2	476.5 ± 43.4	214.0 ± 33.0	149.9 ± 33.4
2003	1	99.9 ± 18.1	60.5 ± 14.6	38.0 ± 7.3	379.3 ± 50.9	209.6 ± 22.4	136.6 ± 30.1
	2	101.1 ± 13.6	51.8 ± 11.9	34.6 ± 8.2	387.1 ± 49.5	191.3 ± 29.6	114.8 ± 25.4
	3	138.2 ± 22.9	76.5 ± 13.1	46.5 ± 10.3	438.0 ± 62.7	235.8 ± 38.1	141.5 ± 36.8
	4	184.1 ± 25.0	83.1 ± 17.6	48.1 ± 16.6	600.5 ± 77.5	260.7 ± 52.4	156.5 ± 39.4
	5	274.3 ± 37.9	115.4 ± 22.5	67.9 ± 20.7	749.3 ± 91.8	311.8 ± 65.0	187.1 ± 45.2
	6	277.8 ± 30.0	135.5 ± 25.8	87.9 ± 18.8	726.7 ± 118.5	337.5 ± 63.3	202.6 ± 40.6

续表

年份	月份	杉木人工林			栲树人工林		
		对照地	皆伐地	火烧地	对照地	皆伐地	火烧地
2003	7	250.9 ± 22.4	111.8 ± 19.3	68.1 ± 13.4	786.4 ± 79.8	246.9 ± 55.2	148.1 ± 35.1
	8	162.0 ± 21.3	95.6 ± 15.9	55.7 ± 14.0	689.7 ± 71.3	225.6 ± 56.8	135.4 ± 36.1
	9	127.6 ± 12.5	67.2 ± 13.2	38.2 ± 12.2	463.3 ± 65.5	171.5 ± 37.4	102.9 ± 20.4
	10	108.2 ± 15.8	59.4 ± 10.3	35.4 ± 13.2	379.0 ± 48.2	151.7 ± 27.2	91.0 ± 26.7
	11	134.3 ± 16.1	64.6 ± 12.5	36.9 ± 8.7	451.1 ± 38.4	165.3 ± 25.8	93.2 ± 29.5
	12	78.8 ± 15.3	53.9 ± 10.5	28.6 ± 7.3	312.9 ± 45.7	132.2 ± 32.1	79.3 ± 27.9

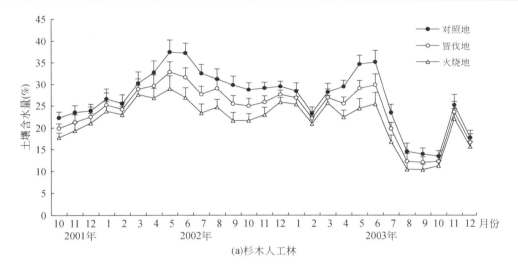

(a)杉木人工林

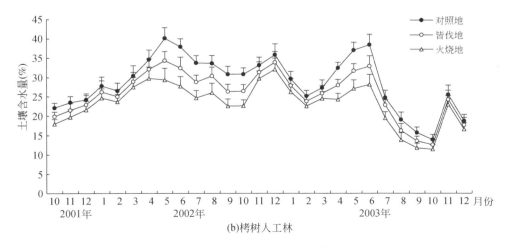

(b)栲树人工林

图 3.13　2001 年 10 月～2003 年 12 月杉木人工林和栲树人工林皆伐、火烧及对照地土壤（0～10 cm）含水量动态

本研究中，杉木人工林和栲树人工林对照地土壤呼吸速率最高值分别为 368mg CO_2 $m^{-2} \cdot h^{-1}$ 和 860 mg CO_2 $m^{-2} \cdot h^{-1}$，与易志刚等（2003）和蒋延玲等（2005）报道的亚热带针叶、阔叶林相当（表 3.27，图 3.14）。相同立地条件下（气候状况和土壤本底相同），森林植被对土壤呼吸具有重要的影响（Raich and Tufekcioglu，2000）。本研究中，杉木人工林对照地土壤呼吸速率约比栲树人工林的低 68%，这与两林分凋落物数量和质量、土壤有机质周转速率差异有关。杨玉盛（1998）研究发现常绿阔叶林（如格氏栲）具有比针叶林（如杉木人工林）更高的凋落物和枯死细根 C 归还量和质量，从而有利于土壤微生物数量和活性的提高（杨玉盛，1998）。Raich 和 Tufekcioglu（2000）在全球模式上通过分析土壤呼吸速率变化后指出，生长在相同条件下的针叶林土壤呼吸速率比阔叶林低 10% 左右。

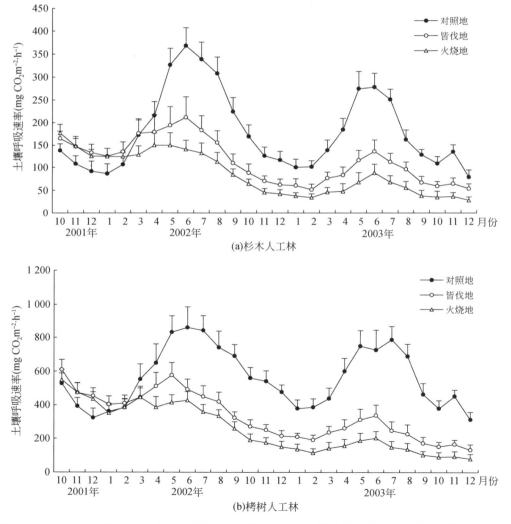

图 3.14　2001 年 10 月～2003 年 12 月杉木人工林和栲树人工林皆伐、火烧及对照地土壤呼吸动态

除两林分间土壤呼吸速率差异显著外，每种林分皆伐和火烧处理下土壤呼吸速率也有所不同（表3.28，图3.15）。杉木人工林和栲树人工林皆伐、火烧后的前3～4个月，皆伐地和火烧地土壤呼吸速率均高于对照地，但2002年4月～2003年12月，皆伐地和火烧地的土壤呼吸速率反而低于对照地。表3.28和图3.15显示，2001年12月后杉木人工林和栲树人工林皆伐地土壤呼吸速率均高于火烧地。

将整个研究时期（2001年10月～2003年12月）分成2001年10～12月、2002全年、2003全年三个阶段，并分别计算各阶段的平均土壤呼吸速率。从表3.28和图3.15中可见，2001年10～12月杉木人工林皆伐地和火烧地平均土壤呼吸速率均显著高于对照地（$P < 0.05$），其中皆伐地、火烧地和对照地平均土壤呼吸速率分别为145.1CO_2 m^{-2}·h^{-1}、144.8CO_2 m^{-2}·h^{-1}和107.3 mg CO_2 m^{-2}·h^{-1}；虽然栲树林皆伐地和火烧地2001年10～12月的平均土壤呼吸速率（492.3CO_2 m^{-2}·h^{-1}和473.7 mg CO_2 m^{-2}·h^{-1}）也高于对照地（391.9 mg CO_2 m^{-2}·h^{-1}），但它们的差异不显著。与第一阶段不同的是，两林分皆伐地和火烧地在2002年和2003年的平均土壤呼吸速率都显著低于对照地（表3.28和图3.15）。整个研究时期每种林分皆伐或火烧后土壤温度与对照的均无显著差异（$P > 0.05$）。2002年和2003年不同营林措施处理下土壤平均温度顺序为火烧地＞皆伐地＞对照地，但土壤平均含水量的顺序为对照地＞皆伐地＞火烧地（表3.28和图3.15）。

表3.28　2001年10～12月、2002年和2003年杉木人工林和栲树人工林皆伐地、火烧地及对照地平均土壤呼吸速率、土壤温度和土壤含水量

因子	时间	杉木林			栲树林		
		对照地	皆伐地	火烧地	对照地	皆伐地	火烧地
土壤呼吸速率（mg CO_2 m^{-2}·h^{-1}）	2001年10～12月	107.3 ± 12.4 a	145.1 ± 20.0 b	144.8 ± 22.8 b	391.9 ± 44.2 a	492.3 ± 61.9 a	473.7 ± 69.2 a
	2002年	213.0 ± 13.5 a	140.8 ± 20.0 b	108.3 ± 25.1 b	624.2 ± 43.5 a	397.1 ± 52.4 b	323.6 ± 58.6 b
	2003年	161.4 ± 10.4 a	81.3 ± 12.9 b	48.8 ± 15.3 c	530.3 ± 40.9 a	220.0 ± 50.8 b	132.4 ± 56.1 b
土壤温度（℃）	2001年10～12月	13.6 ± 1.0 a	13.4 ± 1.3 a	13.2 ± 1.5 a	13.9 ± 1.2 a	13.5 ± 1.6 a	13.2 ± 1.8 a
	2002年	17.9 ± 1.2 a	18.2 ± 1.6 a	18.6 ± 1.6 a	18.1 ± 1.1 a	18.4 ± 1.4 a	18.7 ± 1.7 a
	2003年	18.3 ± 1.1 a	18.7 ± 1.4 a	19.2 ± 1.5 a	18.6 ± 1.3 a	18.9 ± 1.5 a	19.2 ± 1.6 a
土壤含水量（%）	2001年10～12月	23.4 ± 1.2 a	21.5 ± 2.4 a	19.7 ± 2.5 a	23.5 ± 1.2 a	21.7 ± 2.0 a	20.1 ± 2.2 a
	2002年	30.9 ± 1.2 a	27.8 ± 2.6 ab	24.8 ± 2.3 b	32.9 ± 1.3 a	29.7 ± 1.8 ab	26.7 ± 2.0 b
	2003年	24.0 ± 1.5 a	21.5 ± 2.0 ab	19.3 ± 2.2 b	25.6 ± 1.5 a	23.1 ± 1.6 ab	20.7 ± 1.8 b

注：同一行中每种林分不同处理之间标有不同字母的数值表示存在显著性差异，$P<0.05$

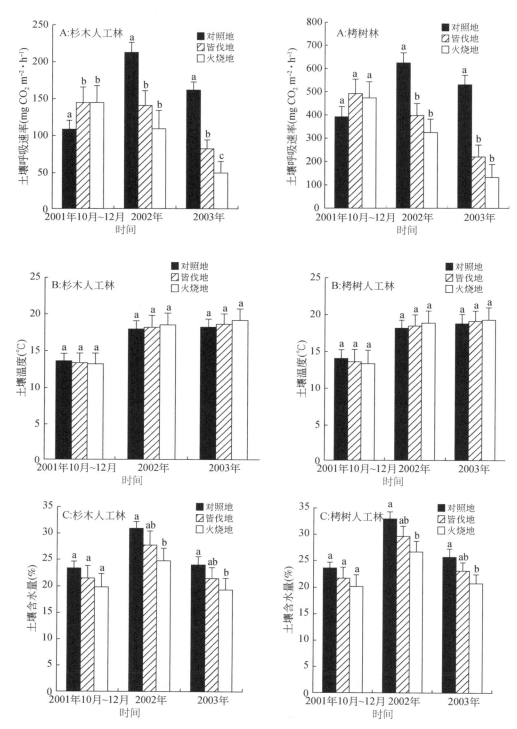

图 3.15　2001 年 10 ～ 12 月、2002 年和 2003 年杉木人工林和栲树人工林皆伐地、火烧地及对照地平均土壤呼吸速率（A）、土壤温度（B）和土壤含水量（C）

皆伐后采伐剩余物保留、迁移或火烧不同程度地影响土壤微环境、底物有效性和微生物活性，从而影响了土壤呼吸速率。本研究中，两林分皆伐和火烧后的前 3 ～ 4 个月土壤呼吸速率高于对照地（不采伐）。其他研究者也得出类似的结果。例如，Startsev 等（1998）发现山地针叶林皆伐后采伐剩余物保留于采伐迹地土壤呼吸速率明显增加；佛罗里达湿地松林皆伐后不进行火烧，枯枝落叶层呼吸增加 1 倍（Ewel et al.，1987）；红枫 – 白杨混交林皆伐后前 3 个月（Edwards and Ross-Todd，1983）、云杉林皆伐后前 6 个月（Lytle & Cronan，1998）土壤呼吸亦高于对照地。本研究中，皆伐地初始土壤呼吸速率增大可能是由于采伐后死细根分解产生 CO_2。Fahey 和 Arthur（1994）发现美国新罕布什尔州北部阔叶林采伐后 2 个月内大部分细根死亡。同时因皆伐给林地增加了大量新鲜采伐剩余物，为土壤微生物活动提供大量 C 源，从而导致伐后枯枝落叶层和矿质土壤层呼吸大幅度增加（Rustad et al.，2000）。类似的，火烧迹地也有大量死根。Castellanos（1998）对墨西哥热带林的研究表明，采伐剩余物火烧后表层 2 cm 土壤中的活细根（直径 < 1 mm）数量减少 55%。另外，火烧后土壤温度升高，但不造成土壤水分过度蒸发情况下有助于提高微生物活性，增加有机质分解。

本研究中，2002 年和 2003 年两林分皆伐地和火烧地的平均土壤呼吸速率明显降低，且低于对照地（表 3.28），这与皆伐或火烧迹地根系呼吸和凋落物输入消失有关，特别是可占土壤呼吸 50% 的根系呼吸明显受火烧的影响（Hanson et al.，2000）。因此火烧后根系呼吸的恢复是影响杉木林和栲树林土壤呼吸速率大小的主要因素。Nakane 等（1986）报道采伐后土壤呼吸下降大部分由于根系呼吸减少。另外，本研究两林分皆伐火烧后土壤呼吸下降也可能由于干扰造成微生物群落减少（Zak et al.，1994；Gallardo and Schlesinger，1994）。Schilling 等（1999）发现低洼地阔叶林皆伐造成土壤微生物生物量减少。Bååth 等（1995）对芬兰东部挪威云杉 - 冷杉混交林及 Pietikainen 和 Fritze（1995）对芬兰挪威云杉林的研究也得出林分皆伐后土壤微生物数量减少的结论。最后，因采伐迹地火烧使土壤温度升高、土壤湿度降低，从而改变了微生物活性，抑制根的生长，这也将导致土壤呼吸速率的下降（Lundgren，1982）。

有关皆伐对土壤呼吸的长期影响目前报道不一。例如，Weber（1990）报道安大略省东部白杨林皆伐后 2 年内土壤呼吸下降；Gordon 等（1987）报道白云杉（*Picea glauca*）林采伐后 3 ～ 4 年土壤 CO_2 释放量仍显著高于未伐地；Edmonds 等（2000）报道皆伐对长期土壤呼吸无显著影响。但大多研究表明采伐剩余物火烧后土壤呼吸速率降低（Sawamoto et al.，2000；Reinke et al.，1981）。本研究时间持续 2 年多，由于根系呼吸消失，皆伐地和火烧地缺乏枯落物补充，土壤呼吸远低于对照地；但另一方面，由于皆伐和火烧后土壤呼吸中异养呼吸占很大比例，这导致土壤 C 库的不断损失，对林地的 C 库维护和提高是不利的。

许多研究表明土壤微环境影响土壤呼吸速率，且不同经营措施影响下土壤微环境也将发生变化（Dilustro et al., 2005；Raich and Schlesinger, 1992；Fang and Moncrieff, 2001）。本研究中，火烧地土壤湿度明显较低，这与土壤灼烧有关。另外，林分皆伐和火烧后失去植被覆盖、地表裸露、太阳辐射增强、土壤水分蒸发增强也会影响土壤湿度（Ma et al., 2004；Chen et al., 2000；Zheng et al., 2000）。本研究两林分皆伐地和火烧地 2002 年与

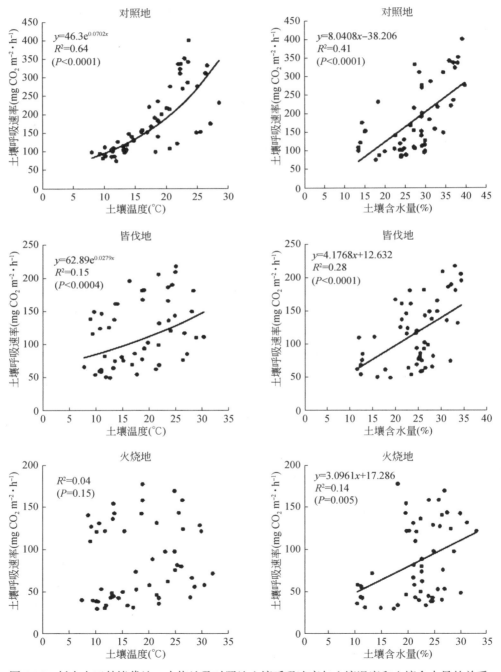

图 3.16　杉木人工林皆伐地、火烧地及对照地土壤呼吸速率与土壤温度和土壤含水量的关系

2003 年 4 月至 9 月的土壤湿度明显低于对照地，这可能抑制土壤呼吸，与 Weber（1990）对白杨林采伐后土壤湿度降低影响土壤呼吸的研究结果相似。

　　土壤呼吸对土壤温度的反应常用不同类型的方程表达，如指数方程、Arrhenius 方程（Lloyd and Taylor，1994）或线性方程（Rochette et al.，1992）。这些模型都成功地应用于特定条件下土壤呼吸的模拟。本研究中，两种林分对照地土壤呼吸速率与土壤温度（0 ～ 10 cm）均呈显著的指数相关（$R^2 > 0.60$）（图 3.16 和图 3.17）。大量研究也表明土壤温度可解释大部分森林土壤呼吸的变化。例如，Ewel 等（1987）发现土壤温度解释了湿地松人工林土壤呼吸变化的 75% ～ 89%。对于德国的挪威云杉林，土壤温度可解释土壤呼吸变化的 62% ～ 93%（Buchmann，2000），说明土壤温度是影响土壤呼吸的重要因素。但本研究中，两林分火烧地及栲树人工林皆伐地中土壤呼吸与土壤温度间的相关性不显著，这可能由于细根损伤或林木皆伐火烧造成的土壤干扰。类似的，Dulohery 等（1996）通过指数回归发现土壤温度可解释未受干扰林地土壤呼吸变化的 85%，但随着干扰程度增大，土壤呼吸的温度敏感性降低（$R^2 = 0.54 ～ 0.64$）。Arneth 等（1998）研究表明，辐射松人工林皆伐后土

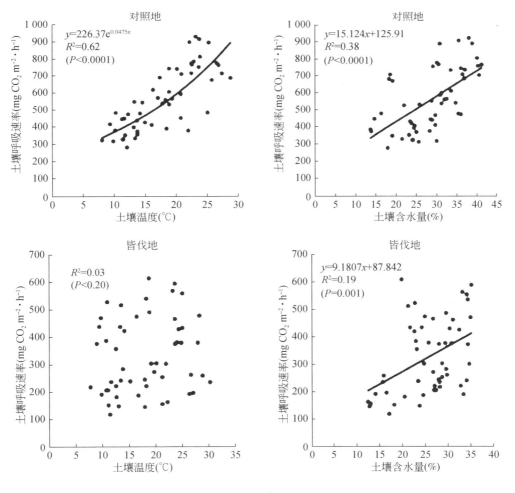

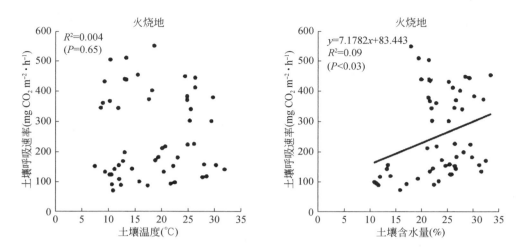

图 3.17 栲树人工林皆伐地、火烧地及对照地土壤呼吸速率与土壤温度和含水量的关系

壤呼吸与土壤温度间不具有指数关系，而且两者间线性关系也很弱（R^2=0.07）。

土壤湿度对土壤呼吸的影响复杂，因为它影响了根和微生物的呼吸活性及 CO_2 在土壤中的传输。当土壤含水量低（干土）或高（湿土）时，它对土壤呼吸的影响才显著，而当土壤湿度介于干、湿土之间时，影响不明显（Fang and Moncrieff，2001）。本研究回归分析表明，皆伐地、火烧地和对照地的土壤呼吸与土壤含水量都呈显著的线性相关（$P<0.05$），但相关系数较低。采用土壤呼吸速率与土壤温度和土壤湿度的双因素关系模型（R=aebTWc）拟合时结果明显优于仅考虑土壤温度或土壤湿度的单因素关系模型，表明土壤呼吸在某种程度上共同受土壤温度和湿度的控制。例如，本研究中杉木人工林和栲树人工林对照地中，双因素模型可分别解释土壤呼吸变化的 98% 和 91%，这与土壤温度和湿度共同解释栎树林土壤呼吸的 91% 和桉树林的 97% 的研究结果相似（Rey et al.，2002；Irvine and Law，2002），但单因素指数模型和线性模型只分别解释杉木人工林对照地土壤呼吸变化的 64% 和 41% 及栲树人工林对照地的 62% 和 38%（表 3.29）。与对照地相比，两林分皆伐地和火烧地双因素模型的相关系数均有所降低。土壤温度和湿度共同仅解释了杉木人工林皆伐地和火烧地土壤呼吸变化的 46% 和 21%，栲树人工林皆伐地和火烧地土壤呼吸变化的 24% 和 11%（表 3.29），这与皆伐地和火烧地土壤呼吸还受到采伐剩余物与新近死亡根系的短期迅速分解及根系呼吸消失等的影响有关。

本研究中，利用双因素模型计算 Q10 值（即温度每升高 10℃土壤呼吸速率的变化比率）。杉木人工林和栲树人工林对照地土壤呼吸的 Q10 值（分别为 2.08 和 1.57）明显低于温带地区的硬木混交林（Q10 =3.4 ～ 5.6）和山毛榉林（Q10 = 4.2）（Davidson et al.，1998），而与中亚热带的几种森林土壤呼吸速率的 Q10 值（1.75 ～ 2.55）比较接近（黄承才等，1999）。这说明就土壤呼吸对温度升高的响应敏感性而言，在年均温度较高的亚热带地区要低于在年均温度较低的温带地区。而本研究中，两林分皆伐地和火烧地土壤呼吸的 Q10 值（1.08～1.35）又低于对照地（1.57～2.08）（表 3.30），且低于已报道的土壤呼吸 Q10 范围（1.3～5.6）（Raich and Schlesinger，1992），表明皆伐和火烧后土壤呼吸对温度的敏感性降低。双因素回归分析也显示皆伐地、火烧地土壤温度和湿度与土壤呼吸的相关性较弱（R^2=0.11～0.46）。可见，影响皆伐地、火烧地土壤呼吸的因素十分复杂，除土壤温度、湿度外，其他生物因素如植被类型、基质数量和质量、土壤微生物组成等，也较大程度地影响皆伐火烧后的土壤呼吸。例如，Rustad 和 Fernandez（1998）认为，基质的数量与质量可以调控土壤呼吸对温度的响应，在温暖环境下，如果为微生物生命活动提供能量的基质有限，微生物群落组成就会发生变化，或者对土壤呼吸有关的生理和生态功能进行相应的调整，从而减少土壤呼吸量。火烧后地表过高的温度可能会引起植物根系和土壤微生物中一部分与有氧呼吸有关的酶失活或死亡，从而降低土壤呼吸的温度敏感性（Fang and Moncrieff，2001）。

表 3.29　土壤呼吸速率（SR）与土壤温度（T）和湿度（W）不同关系模型参数

林分类型	处理类型	SR = aebT	SR = cW + d	SR = aebTWc				
		R^2	R^2	a	b	c	R^2	Q10
杉木林	对照地	0.64**	0.41**	1.515	0.073	1.030	0.98**	2.08
	皆伐地	0.15**	0.28**	4.323	0.030	0.854	0.46**	1.35
	火烧地	0.04	0.14**	4.40	0.019	0.845	0.21*	1.21
栲树林	对照地	0.62**	0.38**	31.821	0.045	0.607	0.91**	1.57
	皆伐地	0.03	0.19**	25.879	0.014	0.699	0.24**	1.15
	火烧地	0.004	0.09*	26.687	0.008	0.665	0.11*	1.08

* 相关关系显著（P<0.05），** 相关关系极显著（P<0.01）

3.5.1.4　土壤呼吸年通量

由表 3.30 可知，2001 年 10～12 月杉木人工林对照地、皆伐地和火烧地土壤呼吸通量分别为 0.68 t C/hm²、0.89 t C/hm² 和 0.90 t C/hm²，栲树林的分别为 2.50 t C/hm²、3.08 t C/hm² 和 2.93 t C/hm²；两林分皆伐地和火烧地这 3 个月的土壤呼吸通量都大于对照地。但在 2002 年和 2003 年，两林分皆伐地和火烧地的土壤呼吸年通量却明显低于对照地，这除了主要与皆伐火烧后土壤微环境改变有关外，亦可能与营林干扰引起根系生物量、易分解有机物质数量、微生物活性减少等有一定关系。

表 3.30　杉木人工林和栲树人工林皆伐地、火烧地及对照地土壤呼吸通量　（单位：t C/hm²）

处理类型	杉木人工林			栲树人工林		
	2001 年 10 ～ 12 月	2002 年	2003 年	2001 年 10 ～ 12 月	2002 年	2003 年
对照地	0.68 ± 0.06 Aa	5.10 ± 0.48 Aa	3.86 ± 0.36 Aa	2.50 ± 0.23 Ba	14.95 ± 1.46 Ba	12.69 ± 1.12 Ba
皆伐地	0.89 ± 0.10 Ab	3.36 ± 0.36 Ab	1.95 ± 0.20 Ab	3.08 ± 0.34 Ba	9.49 ± 1.02 Bb	5.26 ± 0.53 Bb
火烧地	0.90 ± 0.11 Ab	2.58 ± 0.28 Ac	1.17 ± 0.13 Ac	2.93 ± 0.32 Ba	7.72 ± 0.85 Bb	3.16 ± 0.36 Bc

注：同一行中两林分相同时期间标有不同大写字母的数值表示存在显著性差异，$P < 0.05$. 同一列中不同处理间标有不同小写字母的数值表示存在显著性差异

　　对杉木人工林和栲树人工林不同处理下 2002 年的土壤呼吸通量与 2003 年的进行比较发现，2003 年两林分对照地、皆伐地和火烧地的土壤呼吸通量均低于 2002 年，这主要与年间气候变化有关。2002 年的降水量（1864.6mm）和年均气温（20.9℃）与该地 30 年平均降水量（1605.9mm）和平均气温（19.4℃）相近，而 2003 年降水量（1002.3mm）远低于多年平均降水量，年均气温（21.2℃）亦明显高于多年平均气温，特别是在当年 6 ～ 10 月降水量极少，气温明显高于多年平均和 2002 年。因而，2003 年是极端干旱的年份，抑制了土壤呼吸。从表 3.30 还可看出，在 2001 年 10 ～ 12 月、2002 年和 2003 年栲树人工林对照地、皆伐地和火烧地的土壤呼吸通量均显著高于杉木人工林（$P < 0.05$），但其是否不利于大气 CO_2 吸存，还有待于对栲树人工林和杉木人工林生态系统的 C 平衡分析。

　　本研究中，两林分对照地 2002 年和 2003 年的土壤呼吸通量均落入热带、亚热带森林土壤呼吸年通量范围之内（$3.45 \sim 15.20$ t C·hm⁻²·a⁻¹）（Raich and Potter，1995）。栲树人工林对照地的土壤呼吸年通量（2002 年和 2003 年分别为 14.95 和 12.69 t C·hm⁻²·a⁻¹）高于尖峰岭热带山地雨林（9.0 t C·hm⁻²·a⁻¹）（骆士寿等，2001）、鼎湖山季风常绿阔叶林（11.5 t C·hm⁻²·a⁻¹）和针阔混交林（10.4 t C·hm⁻²·a⁻¹）（易志刚等，2003）及青冈常绿阔叶林（6.6 t C·hm⁻²·a⁻¹）（黄承才等，1999）。这种差异除了与气候状况、植被组成、生产力和立地条件等有关外，还可能与土壤呼吸年通量的推算模型差异有关（骆士寿等，2001；易志刚等，2003；黄承才等，1999）。本研究中，杉木人工林不同处理下土壤呼吸年通量均小于湖南会同 10a 杉木人工林（5.9 t C·hm⁻²·a⁻¹）（方晰等，1997）和千烟洲 14a 杉木人工林（9.3 t C·hm⁻²·a⁻¹）（周志田等，2002），也明显低于 Raich 和 Schlesinger（1992）对温带针叶林的研究结果（6.81 ± 0.95 t C·hm⁻²·a⁻¹），这可能与不同立地土壤状况差异有关。

3.5.1.5　小结

　　林分皆伐或火烧明显影响土壤呼吸速率。在杉木人工林和栲树人工林皆伐和火烧处理后的前 3 ～ 4 个月，土壤呼吸速率均增加，这可能由于皆伐地与火烧迹地死细根分解产生 CO_2 有关。同时，皆伐给林地增加了大量采伐剩余物，为土壤微生物活动提供大量碳源，从而导致伐后土壤呼吸增强；而火烧地土壤温度升高，也增加了有机质分解。但 2002 年和 2003 年皆伐地和火烧地土壤呼吸速率低于对照地的，这与林地干扰后根系生物量和凋落物数量减少、土壤生境条件变化等有关。

　　土壤呼吸速率与土壤温度、湿度的双因素模型拟合结果优于仅考虑土壤温度或土壤湿度的单因素关系模型。双因素模型可分别解释杉木人工林和栲树人工林对照地土壤呼吸变化的 98% 和 91%，但在皆伐地和火烧地中拟合效果明显降低。土壤温度和湿度共同仅解释了杉木人工林皆伐地和火烧地土壤呼吸变化的 46% 和 21%，栲树人工林皆伐地和火烧地土壤呼吸变化的 24% 和 11%。可见，在皆伐地和火烧地中除土壤温度、湿度外，其他因素如基质数量和质量、土壤微生物组成等，也较大程度地影响了土壤呼吸。

　　栲树人工林对照地、皆伐地和火烧地的土壤呼吸通量均显著高于杉木人工林（$P < 0.05$），这与不同林分的根呼吸速率、土壤状况等差异有关。虽然栲树人工林土壤呼吸年通量比杉木人工林的高，但其是否不利于大气 CO_2 吸存，还有待于对栲树人工林和杉木人工林生态系统的 C 平衡分析。

3.5.2　皆伐火烧对土壤各组分呼吸的影响

　　土壤呼吸中的自养呼吸和异养呼吸各自所占比例与植被类型、立地和季节有关（Hanson et al.，2000）。研究不同生态系统各组分呼吸对土壤呼吸的贡献有助于更好地理解陆地生态系统 C 循环；但由于林木根系呼吸包含在土壤呼吸中，分离林木根系呼吸和微生物呼吸存在较大技术困难（Hanson et al.，2000）。目前常采用间接方法如根清除（Thierron and Laudelout，1996）、挖壕沟（Edward，1998）和林隙分析（Nakane et al.，1996）区分自养呼吸和异养呼吸。

　　在过去的几十年里学界对土壤呼吸及其影响因素进行了大量研究（Raich and Tufekcioglu，2000；Davidson et al.，1998），但有关营林活动（特别是皆伐、火烧等）对森林土壤各组分呼吸动态的影响研究较少，且主要集中在温带森林（Lytle and Cronan，1998；Edwards and Ross-Todd，1987；Fahey et al.，1988）。

　　前几节已研究了杉木人工林和栲树人工林土壤碳储量及皆伐火烧对土壤总呼吸的影响，但由于根系、枯枝落叶层和矿质土壤对营林措施具有不同的响应，本节重点研究林分皆伐和火烧处理对土壤各组分呼吸的影响，试图为科学评价营林措施对森林碳吸存的影响提供基础数据。

3.5.2.1 皆伐、火烧处理下土壤各组分呼吸的季节动态

本研究于2001年9月中旬对拟采伐地杉木人工林和栲树人工林进行皆伐和火烧处理。两林分皆伐和火烧后的前3个月（2001年10月至12月）根系呼吸速率均高于对照地，这与皆伐火烧后新近死亡细根分解有关；此后迅速降低甚至消失（杉木人工林和栲树人工林中分别为2002年5月和7月）（表3.31，图3.18）。皆伐地枯枝落叶层（含采伐剩余物）呼吸速率分别在伐后的前18个月（2001年10月～2003年3月）（杉木人工林）和前14个月（2001年10月～2002年11月）（栲树人工林）高于对照地，且分别在2002年的7月（杉木人工林）和5月（栲树人工林）差异最大（表3.32，图3.19）。杉木人工林和栲树人工林分别在火烧后的前8个月（2001年10月～2002年5月）和前11个月（2001年10月～2002年8月）的矿质土壤呼吸速率高于对照地和皆伐地；而两林分皆伐地矿质土壤呼吸速率在伐后前5～6个月（2001年10月～2002年2～3月）高于对照地（表3.33，图3.20）。从2003年4月～12月两林分皆伐地枯枝落叶层呼吸速率和矿质土壤呼吸速率及火烧地矿质土壤呼吸速率均低于对照地（表3.31和图3.19，表3.32和图3.20）。除皆伐地和火烧地根系呼吸外，两林分土壤各组分呼吸的季节变化模式与土壤总呼吸类似。2002年和2003年土壤各组分呼吸速率最大值出现在春末或夏初。2002年土壤各组分呼吸速率大于2003年。

表 3.31 杉木人工林和栲树人工林皆伐地、火烧地及对照地根系呼吸（$mg\ CO_2\ m^{-2} \cdot h^{-1}$）动态

年份	月份	杉木人工林			栲树人工林		
		对照地	皆伐地	火烧地	对照地	皆伐地	火烧地
2001	10	33.1 ± 5.5	36.1 ± 6.6	44.6 ± 8.9	229.0 ± 15.5	246.3 ± 18.6	254.7 ± 20.9
	11	23.0 ± 6.5	32.4 ± 13.1	44.0 ± 10.5	160.0 ± 18.5	184.2 ± 20.1	205.8 ± 22.5
	12	16.6 ± 6.1	27.0 ± 13.5	36.2 ± 8.2	128.5 ± 19.1	179.9 ± 19.5	189.2 ± 18.2
2002	1	19.2 ± 8.5	18.4 ± 13.8	19.9 ± 6.9	143.0 ± 22.5	116.8 ± 18.8	118.6 ± 16.9
	2	23.1 ± 10.9	11.8 ± 9.8	11.9 ± 5.5	155.1 ± 36.9	101.4 ± 20.8	96.1 ± 15.5
	3	54.0 ± 15.4	14.2 ± 10.1	6.7 ± 3.4	243.4 ± 38.4	107.0 ± 20.1	96.6 ± 13.4
	4	78.7 ± 22.4	7.5 ± 5.9		300.1 ± 45.4	74.6 ± 18.9	54.2 ± 10.6
	5	153.6 ± 27.9			405.6 ± 50.9	34.1 ± 15.6	21.6 ± 11.0
	6	166.8 ± 29.4			423.8 ± 59.4	9.0 ± 5.0	
	7	147.4 ± 20.9			414.7 ± 55.9		
	8	130.5 ± 18.6			363.5 ± 42.6		

续表

年份	月份	杉木人工林			栲树人工林		
		对照地	皆伐地	火烧地	对照地	皆伐地	火烧地
2002	9	82.6 ± 18.1			322.1 ± 38.1		
	10	53.1 ± 16.3			250.1 ± 35.3		
	11	31.5 ± 12.9			232.4 ± 32.9		
	12	34.6 ± 10.3			202.2 ± 30.3		
2003	1	20.9 ± 7.6			151.8 ± 24.6		
	2	21.6 ± 11.9			156.9 ± 29.9		
	3	34.8 ± 16.1			183.5 ± 26.1		
	4	60.6 ± 22.6			272.6 ± 35.6		
	5	116.1 ± 28.5			358.2 ± 46.5		
	6	111.5 ± 25.8			352.7 ± 45.8		
	7	99.1 ± 22.3			381.9 ± 50.3		
	8	35.8 ± 15.9			323.6 ± 48.9		
	9	28.5 ± 14.2			202.3 ± 34.2		
	10	21.5 ± 10.3			156.6 ± 25.3		
	11	45.5 ± 12.5			197.4 ± 22.5		
	12	11.4 ± 7.5			120.3 ± 17.5		

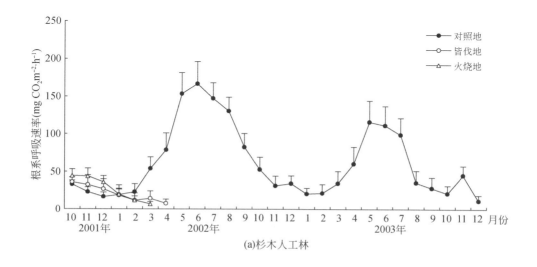

(a) 杉木人工林

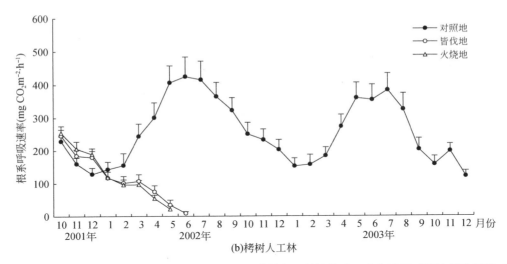

图 3.18 2001 年 10 月～ 2003 年 12 月杉木人工林和栲树人工林皆伐地、火烧地及对照地根系呼吸（mg $CO_2 \, m^{-2} \cdot h^{-1}$）

表 3.32 杉木人工林和栲树人工林皆伐地与对照地枯枝落叶层呼吸（$mg \, CO_2 \, m^{-2} \cdot h^{-1}$）动态

年份	月份	杉木人工林		栲树人工林	
		对照地	皆伐地	对照地	皆伐地
2001	10	23.0 ± 2.6	28.9 ± 3.5	70.0 ± 8.6	93.6 ± 8.5
	11	13.7 ± 3.1	26.6 ± 4.5	52.8 ± 9.1	76.8 ± 9.5
	12	10.2 ± 3.5	25.0 ± 5.1	43.8 ± 10.5	67.2 ± 9.1
2002	1	10.8 ± 3.8	33.9 ± 3.5	50.5 ± 8.8	82.2 ± 8.5
	2	12.9 ± 4.8	33.5 ± 5.9	52.9 ± 12.8	91.5 ± 10.9
	3	22.4 ± 6.1	49.7 ± 5.4	78.3 ± 11.1	101.5 ± 13.4
	4	35.2 ± 8.1	65.5 ± 7.4	93.6 ± 15.1	135.7 ± 16.4
	5	49.2 ± 6.9	72.9 ± 9.9	121.8 ± 16.9	175.5 ± 20.9
	6	56.1 ± 7.5	78.8 ± 8.4	124.2 ± 18.5	148.6 ± 21.4
	7	59.4 ± 8.2	82.1 ± 10.9	119.2 ± 17.2	143.8 ± 16.9
	8	50.7 ± 6.9	60.3 ± 5.6	104.7 ± 16.9	133.7 ± 15.6
	9	33.9 ± 7.5	44.5 ± 8.1	97.0 ± 12.5	109.6 ± 11.1
	10	24.6 ± 5.4	34.2 ± 6.3	79.1 ± 9.4	86.7 ± 12.3
	11	15.8 ± 6.1	23.0 ± 6.9	77.8 ± 6.1	83.9 ± 6.9
	12	15.4 ± 5.5	18.6 ± 4.3	69.6 ± 8.5	64.6 ± 7.3

年份	月份	杉木人工林		栲树人工林	
		对照地	皆伐地	对照地	皆伐地
2003	1	11.6 ± 4.1	17.7 ± 3.6	53.4 ± 6.1	63.2 ± 9.6
	2	12.6 ± 7.6	18.4 ± 11.9	53.0 ± 7.6	59.5 ± 11.9
	3	17.4 ± 8.9	22.8 ± 8.1	60.7 ± 8.9	59.2 ± 15.1
	4	27.0 ± 5.0	25.6 ± 7.6	85.5 ± 5.0	63.3 ± 7.6
	5	41.7 ± 7.9	32.3 ± 8.5	108.5 ± 19.9	76.7 ± 16.5
	6	45.7 ± 12.0	38.8 ± 10.8	105.7 ± 15.0	81.8 ± 13.8
	7	41.4 ± 10.4	30.6 ± 10.3	105.1 ± 18.4	63.3 ± 10.3
	8	28.4 ± 8.3	22.9 ± 5.9	88.0 ± 11.3	51.6 ± 8.9
	9	19.1 ± 7.5	12.2 ± 4.2	57.3 ± 15.5	34.2 ± 11.2
	10	15.3 ± 5.8	10.6 ± 5.3	45.8 ± 10.8	28.4 ± 9.3
	11	17.9 ± 3.1	10.3 ± 2.5	52.1 ± 8.1	30.3 ± 8.5
	12	8.1 ± 3.3	7.3 ± 3.5	40.2 ± 5.3	24.6 ± 6.5

皆伐地枯枝落叶层呼吸速率在伐后第一年高于对照地，这与 Hendrickson 等（1985）对针阔混交林的研究结果不同。明显地，枯枝落叶层呼吸速率与枯枝落叶层受干扰程度、采伐强度及其对土壤微环境和有机质输入量的影响有关。皆伐后采伐剩余物有机 C 增加和土壤温度升高促进了枯枝落叶层有机质的分解。Ewel 等（1987）对湿地松林及 Striegl 和 Wickland（1998）对北美短叶松林皆伐后枯枝落叶层呼吸的研究也得出因皆伐后地表温度升高使得枯枝落叶层呼吸速率增加的结论。

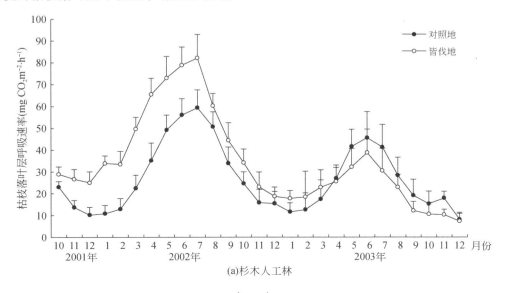

(a)杉木人工林

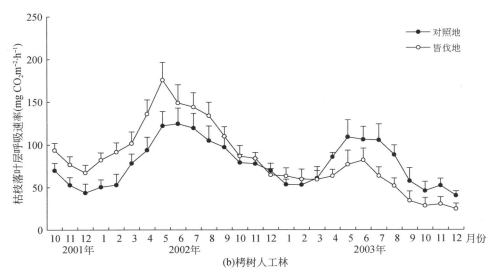

图 3.19 2001 年 10 月～2003 年 12 月杉木人工林和栲树人工林皆伐地与对照地枯枝落叶层呼吸速率动态

皆伐和火烧后随着根生物量减少，根系呼吸逐渐降低。本研究中，杉木人工林和栲树人工林分别在伐后第 7 个月和第 9 个月以及火烧后的第 6 个月和第 8 个月根系呼吸接近于零，这与 Edwards 和 Ross-Todd（1987）、Fahey 等（1988）及 Ewel 等（1987）的研究得出林分皆伐火烧后 5～8 个月根系呼吸近于零的结果相似，而与 Weber（1990）发现未成熟的白杨林采伐对根系呼吸无显著影响的研究结果不同。皆伐和火烧后 1 年，皆伐地和火烧地矿质土壤呼吸低于对照地（表 3.33，图 3.20），这可能由于采伐剩余物经分解已近耗尽，又缺乏枯落物补充林地，土壤微生物活性降低（Striegl and Wickland，1998）。许多研究也发现类似现象。例如，Ahlgren 和 Ahlgren（1965）发现北美短叶松林火烧后第二年土壤微生物活性明显低于未火烧林地；芬兰北部挪威云杉林皆伐和火烧两种措施均降低微生物生物量 C 含量（Pietikäinen and Fritze，1995）。

表 3.33 杉木人工林和栲树人工林皆伐地、火烧地及对照地矿质土壤呼吸动态

（单位：mg CO_2 m^{-2} · h^{-1}）

年份	月份	杉木人工林			栲树人工林		
		对照地	皆伐地	火烧地	对照地	皆伐地	火烧地
2001	10	82.1 ± 7.3	99.9 ± 10.1	132.6 ± 8.8	228.9 ± 18.3	269.7 ± 26.1	294.9 ± 22.8
	11	71.0 ± 8.4	88.0 ± 10.5	104.2 ± 10.8	179.3 ± 14.4	211.7 ± 20.5	268.6 ± 20.8
	12	64.6 ± 10.5	81.3 ± 11.1	89.1 ± 10.3	151.3 ± 12.5	206 ± 23.1	245.8 ± 25.3
2002	1	56.1 ± 11.9	72.7 ± 13.1	104.7 ± 13.7	168.3 ± 18.9	204.1 ± 18.1	233.6 ± 19.7
	2	70.3 ± 12.2	90.0 ± 15.0	112.0 ± 12.9	176.2 ± 21.2	216.7 ± 25.0	291.1 ± 33.9

年份	月份	杉木人工林			栲树人工林		
		对照地	皆伐地	火烧地	对照地	皆伐地	火烧地
2002	3	96.1 ± 14.1	112.2 ± 12.4	125.0 ± 14.0	230.9 ± 24.1	236.1 ± 32.4	348.6 ± 34.0
	4	101.8 ± 11.1	106.2 ± 13.4	149.9 ± 20.9	256.2 ± 26.1	300.8 ± 35.4	332.7 ± 30.9
	5	123.6 ± 15.9	120.8 ± 14.9	150.0 ± 22.8	304.0 ± 25.9	367.3 ± 40.9	393.7 ± 36.8
	6	145.0 ± 18.5	132.9 ± 15.4	140.8 ± 18.1	311.6 ± 35.5	338.8 ± 36.4	427.4 ± 42.1
	7	131.9 ± 17.2	100.9 ± 13.0	132.0 ± 22.8	307.7 ± 30.2	305.3 ± 33.0	359.3 ± 38.8
	8	126.6 ± 15.9	95.1 ± 10.6	112.5 ± 21.1	272.7 ± 28.9	285.0 ± 28.6	335.0 ± 31.1
	9	107.5 ± 11.5	64.9 ± 8.1	84.2 ± 12.4	272.0 ± 33.5	214.3 ± 32.1	259.1 ± 32.4
	10	91.7 ± 15.4	53.7 ± 9.3	64.7 ± 9.9	231.1 ± 24.4	185.3 ± 29.3	190.4 ± 25.9
	11	78.1 ± 10.1	47.3 ± 10.9	45.9 ± 8.6	231.1 ± 20.1	166.6 ± 20.9	175.4 ± 18.6
	12	65.9 ± 8.9	43.6 ± 8.3	42.6 ± 9.2	204.7 ± 12.9	149.4 ± 22.3	149.8 ± 19.2
2003	1	67.5 ± 8.1	42.8 ± 9.6	38.0 ± 7.3	174.1 ± 18.1	146.4 ± 21.6	136.6 ± 17.3
	2	67.0 ± 7.6	33.5 ± 11.9	34.6 ± 8.2	177.3 ± 22.6	131.9 ± 16.9	114.8 ± 18.2
	3	86.0 ± 10.9	53.7 ± 13.1	46.5 ± 10.3	193.8 ± 25.9	176.7 ± 18.1	141.5 ± 22.3
	4	96.5 ± 15.0	57.6 ± 17.6	48.1 ± 16.6	242.4 ± 35.0	197.4 ± 20.6	156.4 ± 26.6
	5	116.6 ± 17.9	83.1 ± 10.5	67.9 ± 10.7	282.6 ± 37.9	235.1 ± 25.5	187.1 ± 33.7
	6	120.6 ± 20.0	96.6 ± 12.8	87.9 ± 18.8	268.3 ± 25.0	255.7 ± 32.8	202.5 ± 36.8
	7	110.4 ± 20.4	81.3 ± 10.3	68.1 ± 13.4	299.4 ± 40.4	183.6 ± 35.3	148.1 ± 23.4
	8	97.8 ± 15.3	72.7 ± 15.9	55.7 ± 14.0	278.1 ± 35.3	174.1 ± 25.9	135.4 ± 24.0
	9	80.1 ± 12.5	55.0 ± 10.2	38.2 ± 12.2	203.8 ± 19.5	137.3 ± 22.2	102.9 ± 22.2
	10	71.4 ± 10.8	48.9 ± 10.3	35.4 ± 8.2	176.6 ± 17.8	123.2 ± 24.3	91.0 ± 18.2
	11	70.9 ± 6.1	54.4 ± 12.5	36.9 ± 7.7	201.5 ± 26.1	135.0 ± 15.5	93.2 ± 17.7
	12	59.3 ± 5.3	46.6 ± 6.5	28.6 ± 7.3	152.5 ± 20.3	107.6 ± 16.5	79.3 ± 15.3

3.5.2.2 土壤温、湿度对各组分呼吸的影响

指数回归分析表明两林分皆伐地和火烧地土壤各组分呼吸与土壤温度间的相关性较弱；但对照地的土壤各组分呼吸与土壤温度的相关性显著。仅土壤温度即可分别解释杉木人工林对照地根系呼吸、枯枝落叶层呼吸和矿质土壤呼吸变化的 56%、72% 和 66% 及栲树人工林对照地各组分呼吸的 66%、50% 和 59%（表 3.34）。

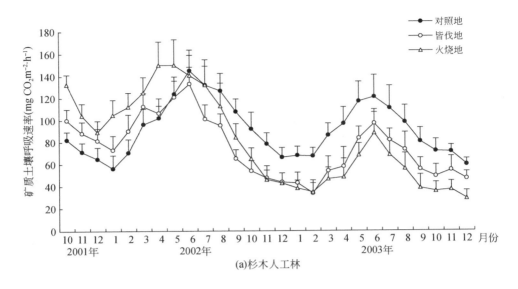

(a)杉木人工林

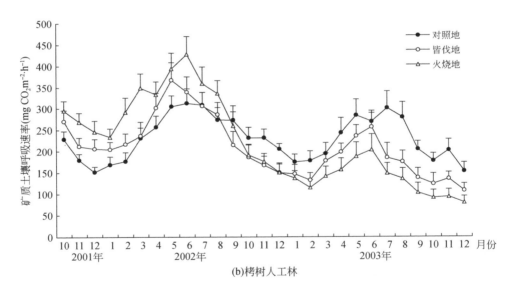

(b)栲树人工林

图3.20　2001年10月～2003年12月杉木人工林和栲树人工林皆伐地、
火烧地及对照地矿质土壤呼吸动态

　　Edwards（1975）研究了土壤湿度变化对落叶混交林枯枝落叶层呼吸和矿质土壤呼吸的影响。他发现干旱时期土壤湿度对土壤各组分呼吸的影响最大。例如，本研究中，2003年的降水量（1002.3 mm）远低于该地域30年平均降水量，且年均气温（21.2℃）高于30年平均气温，是该地极端干旱年份；其中，2003年的6～10月总降水量仅为170.8 mm，与多年平均降水量和2002年同期降水量（分别为693.8 mm和1080.3 mm）相差巨大。杉木人工林和栲树人工林对照地2003年6～10月土壤各组分呼吸速率均比2002年同期土壤各组分呼吸速率低，表明该时段土壤各组分呼吸主要受土壤湿度的影响。另外，本研究中，皆伐地和火烧地土壤各组分呼吸与土壤湿度的相关性高于土壤温度，但对照地却相反（表3.34），这表明皆伐和火烧后由于土壤温度较高，而土壤含水量降低，土壤水分成为土壤各组分呼吸重要的限制因子。采用双因素模型（$R = aebTWc$）对土壤各组分呼吸进行拟合显示，土壤温度和湿度共同解释了杉木人工林和栲树人工林对照地各组分呼吸速率变化的 $88\% \sim 98\%$ 和 $84\% \sim 94\%$（表3.34），这与 Burton 和 Pregitzer（2003）报道的土壤温度和土壤水分有效性共同解释了赤松（*Pinus resinosa*）和糖槭（*Acer sacchmrum*）人工林内根系呼吸速率变化的 76% 和 71% 的结果相似。双因素模型明显优于仅考虑土壤温度或土壤湿度的单因素模型，特别在亚热带 $7 \sim 9$ 月气温高、降水量少（表3.35，图3.21），此阶段土壤含水量一般处在一年中较低水平，使用单因素模型推算土壤呼吸年通量结果的可靠性将较难得到保证。

本研究中，土壤各组分呼吸对温度的敏感性不同。采用双因素模型计算的杉木人工林对照地根系呼吸、枯枝落叶层呼吸和矿质土壤呼吸 Q_{10} 值分别为 3.0、2.5 和 1.5；栲树人工林土壤各组分呼吸相应的 Q_{10} 值分别为 1.8、1.6 和 1.4（表3.35）。本研究中，根系呼吸 Q_{10} 值略大于枯枝落叶层和矿质土壤呼吸的，这与美国 Massachusetts 的哈佛森林（Harvard Forest）中 85a 温带混交林根系呼吸 Q_{10} 值（4.6）高于矿质土壤（2.5）的结果相似（Boone et al.，1998）。根系（含根际）呼吸对温度的高敏感性可能与温度升高根系分泌物数量增加而促进根际微生物呼吸有关（Boone et al.，1998）。本研究中，根系呼吸的 Q_{10} 值（表3.36）落入已报道的根系呼吸 Q_{10} 范围（$1.5 \sim 3$）（Pregitzer et al.，2000），栲树人工林对照地根系呼吸 Q_{10} 值与美国加利福尼亚北部西黄松（*Pinus ponderosa*）林根系呼吸 Q_{10} 值（1.8）相同（Xu & Qi，2001）。

表 3.34　土壤各组分呼吸速率（R）与土壤温度（T）和湿度（W）不同关系模型参数

林分类型	各组分呼吸	处理地类型	R = aebT	R = cW + d	R = aebTWc				
			R^2	R^2	a	b	c	R^2	Q10
杉木人工林	RR	对照地	0.56^{**}	0.48^{*}	0.012	0.110	1.924	0.98^{**}	3.0
		皆伐地	0.08	0.47^{*}					
		火烧地	0.13	0.49^{*}					
	RL	对照地	0.72^{**}	0.33^{*}	0.147	0.093	1.041	0.96^{**}	2.5
		皆伐地	0.17	0.42^{*}	0.078	0.050	1.599	0.68^{**}	1.6
		火烧地							
	RSOM	对照地	0.66^{**}	0.27^{*}	8.667	0.044	0.473	0.88^{**}	1.5
		皆伐地	0.21	0.22	5.865	0.030	0.629	0.43^{*}	1.3
		火烧地	0.08	0.21	2.073	0.028	1.011	0.36^{*}	1.3

林分类型	各组分呼吸	处理地类型	R = aebT	R = cW + d	R = aebTWc				
			R^2	R^2	a	b	c	R^2	Q10
栲树人工林	RR	对照地	0.66**	0.36*	7.640	0.057	0.724	0.94**	1.8
		皆伐地	0.53**	0.61**					
		火烧地	0.48*	0.59**					
	RL	对照地	0.50*	0.50*	2.377	0.044	0.797	0.92**	1.6
		皆伐地	0.08	0.41*	0.984	0.030	1.184	0.56**	1.3
		火烧地							
	RSOM	对照地	0.59**	0.33*	31.924	0.032	0.413	0.84**	1.4
		皆伐地	0.20	0.33*	10.698	0.028	0.755	0.58**	1.3
		火烧地	0.05	0.20*	6.564	0.027	0.950	0.36*	1.3

注：RR 为根系呼吸，RL 为枯枝落叶层呼吸，* 相关关系显著（$P<0.05$），** 相关关系极显著（$P<0.01$）

表 3.35　试验地 2001 年、2002 年和 2003 年月平均降水量和月均气温的变化

月份	月均降水量（mm）			月均气温（℃）		
	2001 年	2002 年	2003 年	2001 年	2002 年	2003 年
1	121.4	99.0	77.6	11.4	10.9	9.5
2	123.5	44.5	62.0	12.5	12.7	13.1
3	133	182.9	99.6	16.1	18.2	15.5
4	298.7	170.0	272.4	18.2	21.7	21.4
5	269.9	113.2	230.2	23.5	25.5	24.7
6	276.7	490.9	89.8	25.9	27.6	26.1
7	161.2	98.3	3.0	28	30.0	32.8
8	225.6	220.1	47.4	27.1	29.3	31.6
9	132.8	75.5	26.9	25.3	25.4	27.9
10	0.9	195.5	3.7	21.9	21.3	22.9
11	40.6	66.9	85.5	14.9	15.7	17.5
12	56.2	107.8	4.2	11.7	12.9	11.1

　　因根生物量、凋落物数量和质量、土壤化学性质和微环境随营林活动而变化，影响土壤呼吸的主要因素也不同（Carter and Foster，2004；Zheng et al.，2000）。如同 3.4 节所讨论的，本研究中两林分皆伐地和火烧地土壤各组分呼吸与土壤温、湿度的相关性

也较弱（表 3.35）。这可能由于干扰前后自养呼吸和异养呼吸占土壤呼吸的比例发生改变。已有研究表明根系呼吸和微生物呼吸对干扰引起的土壤微环境（如土壤温度和湿度）变化的响应不同（Boone et al., 1998），因此干扰后各组分呼吸所占比例的变化将影响环境因子解释土壤呼吸变化的能力。

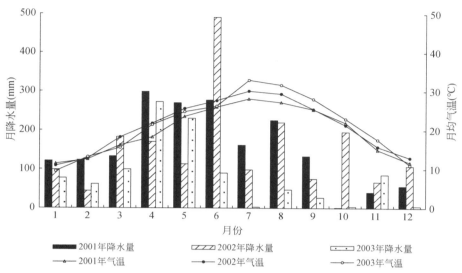

图 3.21　试验地 2001 年、2002 年和 2003 年月平均降水量和月均气温的变化

3.5.2.3　土壤各组分呼吸年通量及其对土壤总呼吸的贡献

杉木人工林对照地年平均根系呼吸、枯枝落叶层呼吸和矿质土壤呼吸通量分别为 158 g C·m^{-2}·a^{-1}、67g C·m^{-2}·a^{-1} 和 223 g C·m^{-2}·a^{-1}；栲树人工林对照地的分别为 630g C·m^{-2}·a^{-1}、192g C·m^{-2}·a^{-1} 和 560 g C·m^{-2}·a^{-1}（表 3.36）。2002 年两林分皆伐地枯枝落叶层呼吸通量大于对照地，而火烧地矿质土壤呼吸通量比对照地和皆伐地的高。2003 年两林分皆伐地枯枝落叶层呼吸和矿质土壤呼吸通量及火烧地矿质土壤呼吸通量均低于对照地。2003 年杉木人工林和栲树人工林对照地土壤各组分呼吸通量均低于 2002 年，其中杉木人工林根系呼吸、枯枝落叶层呼吸和矿质土壤呼吸通量的年间变化量分别为 74 g C·m^{-2}·a^{-1}、20 g C·m^{-2}·a^{-1} 和 30 g C·m^{-2}·a^{-1}，栲树人工林的分别为 120 g C·m^{-2}·a^{-1}、42 g C·m^{-2}·a^{-1} 和 63 g C·m^{-2}·a^{-1}。而两林分皆伐地和火烧地 2003 年的土壤异养呼吸通量亦低于 2002 年，这除了与 2003 年干旱有关外，也可能与皆伐火烧地采伐剩余物或土壤有机碳不断分解消耗，枯枝落叶层呼吸或矿质土壤呼吸速率不断下降有关（表 3.32 和图 3.19，表 3.33 和图 3.20）。

本研究中，栲树人工林根系呼吸年通量高于杉木人工林，这与不同森林树种组成及根系（特别是细根）生物量、物质组成差异有关。与栲树人工林相比，首先，杉木人工林的根系生物量较低（特别是细根生物量）；其次，杉木人工林根系平均 N 含量较低导致比根呼吸（特别是维持呼吸）较低（一般根呼吸速率随根组织 N 浓度的升高而增加）（Boone

表 3.36 杉木人工林和栲树人工林皆伐地、火烧地及对照地土壤呼吸及各组分呼吸年通量 （单位：g C·m⁻²·a⁻¹）

林分分类型	处理地类型	RR			RL			RSOM			土壤呼吸		
		2002年	2003年	平均	2002年	2003年	平均	2002年	2003年	平均	2002年	2003年	平均
杉木人工林	对照地	195（87）Aa	121（56）A	158（72）A	77（19）Aa	57（14）Aa	67（15）Aa	238（77）Aa	208（65）Aa	223（69）Aa	510（48）Aa	386（36）Aa	448（45）Aa
	皆伐地	10（4）Ab			119（31）Aa	50（13）Aa	85（21）Aa	207（74）Aa	145（50）Aa	176（62）Aa	336（36）Ab	195（20）Ab	266（36）Ab
	火烧地	8（3）Ab						252（95）Aa	117（43）Aa	185（70）Aa	258（28）Ac	117（13）Ac	188（27）Ac
栲树人工林	对照地	690（300）Ba	570（273）B	630（289）B	213（49）Ba	171（43）Ba	192（46）Ba	591（195）Ba	528（174）Ba	560（184）Ba	1495（146）Ba	1269（112）Ba	1382（135）Ba
	皆伐地	87（38）Bb			270（69）Ba	127（36）Ba	199（51）Ba	592（207）Ba	399（139）Ba	496（178）Ba	949（102）Bb	526（53）Bb	738（85）Bb
	火烧地	76（35）Bb						696（264）Ba	316（117）Ba	506（192）Ba	772（85）Bb	316（36）Bc	544（68）Bc

注：括号内数值为标准差。同一列中两种林分分类型相同处理同标有不同大写字母的数值表示存在显著性差异，$P < 0.05$，且同一列中每种林分分类型不同处理间标有不同小写字母的数值表示在显著性差异。RR 为根系呼吸，RL 为枝枯落叶层呼吸，RSOM 为矿质土壤呼吸。

et al., 1998；Ryan et al., 1996）；再次，杉木人工林根系净生产力亦较低而导致根系生长呼吸较低，从而导致杉木人工林根系呼吸低于栲树人工林，这与 Burton 等（2002）报道裸子植物比被子植物有较低的根呼吸速率的结果一致。本研究中，栲树人工林土壤异养呼吸年通量亦高于杉木人工林，这主要与呼吸底物数量和质量有关（马红亮等，2003）。已有研究表明常绿阔叶林具有更高的凋落物和枯死细根碳归还量和质量、更高的土壤有机碳储量和质量（非保护性有机碳含量较高）（杨玉盛等，2004；郭剑芬等，2004），从而有利于促进土壤微生物数量和活性的提高，进而促进了土壤异养呼吸。

不同文献报道的自养呼吸和异养呼吸占土壤呼吸的比例各不相同，这与测定方法及森林与土壤类型差异有关（Hanson et al., 2000）。一般林木根系呼吸可占土壤呼吸的 10%～90%（主要集中在 40%～60%）（杨玉盛等，2004）。本研究中，杉木人工林和栲树人工林对照地根系呼吸占土壤呼吸比例分别为 35% 和 46%（表 3.37），亦落入此范围内。但观测期内皆伐地和火烧地根系呼吸对土壤呼吸贡献远低于红枫 – 白杨混交林皆伐地（63%～77%）（Edwards and Ross-Todd，1983）和北部云杉林的皆伐地（33%）（Lytle and Cronan，1998），这可能与不同树种伐后根系的存活能力差异有关。本研究中，杉木人工林和栲树人工林对照地的土壤异养呼吸占土壤呼吸的比例均落入热带和温带森林生态系统范围（30%～83%）（Bowden et al., 1993）。两林分皆伐和火烧后土壤呼吸以矿质土壤呼吸为主，它所占比例超过 60%，高于栎树林（55%）（Rey et al., 2002）；且两林分皆伐地枯枝落叶层呼吸占土壤呼吸的比例均远高于尖峰岭热带森林（9.9% 和 1.7%～2.8%）（骆士寿等，2001；吴仲民等，1998）。

本研究中，皆伐地和火烧地根系呼吸占土壤呼吸的比例远小于异养呼吸所占的比例，这与皆伐和火烧后 NPP 降低有关。Nakane 等（1996）研究也发现皆伐后根系呼吸占土壤呼吸的比例减小了 30%，认为主要是由于皆伐后初级生产量减少引起根生物量和活性的降低。另一方面，皆伐后林地增加了大量采伐剩余物，为土壤微生物活动提供食物和能量来源，从而增加了异养呼吸。Buchmann（2000）和 Kelting 等（1998）研究得出采伐后微生物呼吸对土壤呼吸的贡献大于根系呼吸。此外，皆伐或火烧可使立地土壤温度升高、土壤湿度降低，从而也影响了枯枝落叶层和土壤有机质的分解。总之，皆伐和火烧有可能促进异养呼吸，但根系呼吸可能受到底物有效性的限制而减小。

表 3.37　杉木人工林和栲树人工林皆伐地、火烧地及对照地土壤各组分呼吸占土壤总呼吸的比例

林分类型	处理地类型	RR（%）			RL（%）			RSOM（%）		
		2002 年	2003 年	平均	2002 年	2003 年	平均	2002 年	2003 年	平均
杉木人工林	对照地	38（16）	31（14）	35（15）	15（3）	15（4）	15（4）	47（16）	54（16）	50（15）
	皆伐地	3（2）			35（10）	26（7）	32（8）	62（24）	74（26）	66（22）
	火烧地	3（2）						98（36）	100（38）	98（35）

续表

林分类型	处理地类型	RR（%）			RL（%）			RSOM（%）		
		2002 年	2003 年	平均	2002 年	2003 年	平均	2002 年	2003 年	平均
栲树人工林	对照地	46（20）	45（21）	46（21）	14（4）	13（3）	14（3）	40（13）	42（14）	41（13）
	皆伐地	9（4）			28（8）	24（6）	27（7）	62（22）	76（27）	67（24）
	火烧地	10（6）						90（32）	100（37）	93（36）

注：括号内数值为标准差。RR 为根系呼吸；RL 为枯枝落叶层呼吸；RSOM 为矿质土壤呼吸

3.5.2.4 根系呼吸及土壤呼吸测定方法的影响

林木根系呼吸的精确测定在森林生态系统 C 预算中具有重要作用。由于国内外有关根系呼吸研究均相对薄弱，精确实用的测定方法则仍在探索之中。目前，挖壕沟法是根系呼吸测定的传统方法（Hanson et al.，2000）。

由于挖壕沟后林木根系可能仍会存活一段时间及新死根系的分解，新设置的无根小区并未能完全排除根系呼吸，而可能影响测定结果。在预试验中发现，挖壕沟后无根小区的根系呼吸（含分解）基本在 3 ~ 4 月内消失；本研究课题组前期工作亦表明，杉木人工林皆伐后根系呼吸在伐后 3 月内迅速消失。这与 Edmonds 等（2000）、Fahey 等（1988）和 Ewel 等（1987）的研究结果相似。由于本研究中无根小区设置（挖壕沟法）在测定前 4 个月进行，因而基本可做到排除存活根系呼吸和新死根系分解的影响。另外，由于本研究中对无根小区定期清除地面植被，因而亦基本排除了新长根系的影响。但由于无根小区在排除根系的同时亦排除了根际土壤呼吸和细根枯落物呼吸，由扣除法（不挖壕沟小区 CO_2 释放量减去挖壕沟小区 CO_2 释放量）所得的根系呼吸并非全是根系自养呼吸，而实际上亦包含了根际土呼吸和细根枯落物呼吸，从而可能使测定的根系呼吸结果偏高。另外，由于挖壕沟对原立地干扰较大，土壤温度、湿度等变化亦有可能影响测定结果（Hanson et al.，2000）。

在土壤呼吸的测定方法中碱吸收法（alkali absorption method）和动态密闭气室法（dynamic closed chamber method）较为常用，尤其是碱吸收法的费用较低、简单易行，而且可以同时对多个地点的土壤呼吸进行比较测定，因此得到广泛使用（杨玉盛等，2005）。但由于碱吸收法测定的结果精度较低，目前已逐渐被精度更高的动态密闭气室法所替代。

在土壤呼吸速率较高的情况下，碱吸收法低估了土壤 CO_2 的释放，因为密闭室内 CO_2 扩散速度比碱液吸收 CO_2 的速度快，致使密闭室内 CO_2 浓度积累，造成气室的 CO_2 浓度高于土壤的 CO_2 浓度，从而抑制了土壤 CO_2 释放。同时，由于碱液吸收 CO_2 后，表层吸收饱和，饱和的溶液向未饱和的下层溶液扩散的速率较慢，使得其对 CO_2 的吸收速率随着时

间的增加而降低。而在土壤呼吸速率较低的情况下，密闭室内的碱液对 CO_2 吸收的速率快于土壤排放 CO_2 的速率，造成密闭室内的 CO_2 浓度低于土壤中的 CO_2 浓度，从而加速了土壤 CO_2 的释放，造成结果偏高。另外，碱吸收法可能引起误差的因素是气室经过 24 h 的密闭，使气室内的温度与湿度发生改变，而且布置密闭气室时对土壤的扰动也将影响土壤呼吸速率。

虽然碱吸收法不能精确地估计 CO_2 的释放量，但考虑到本研究需进行野外大批量观测，而且不涉及碳平衡问题，故只采用碱吸收法测定土壤呼吸。但由于土壤呼吸受温度、湿度影响大，且碱吸收法和动态密闭气室法测定的结果差异较大，因此，在今后的研究中将采用这两种方法对测定结果进行对比。

3.5.2.5 小结

本研究中，皆伐和火烧后的前 3 个月，根系呼吸高于对照地，这与死亡细根分解有关，但随着根生物量减少，根系呼吸迅速降低甚至消失。杉木人工林和栲树人工林皆伐地枯枝落叶层（含采伐剩余物）呼吸速率分别在伐后的前 18 个月和前 14 个月高于对照地，这由于皆伐后采伐剩余物有机碳增加和土壤温度升高促进了枯枝落叶层有机质的分解。而矿质土壤呼吸速率分别在杉木人工林火烧后的前 8 个月和栲树人工林火烧后的前 11 个月高于对照地和皆伐地，两林分皆伐地矿质土壤呼吸速率在伐后前 5～6 个月高于对照地。从 2003 年 4 月至 12 月两林分皆伐地枯枝落叶层呼吸速率和矿质土壤呼吸速率及火烧地矿质土壤呼吸速率均低于对照地，这可能由于采伐剩余物经分解已近耗尽，又缺乏枯落物补充林地，土壤微生物活性降低。

采用双因素关系模型（$R = ae^{bT}W^c$）对土壤各组分呼吸的拟合结果优于仅考虑土壤温度或土壤湿度的单因素关系模型，土壤温度和土壤湿度共同解释了对照地各组分呼吸速率变化的 83% 以上，但皆伐和火烧后土壤各组分呼吸与土壤温度、湿度的相关性减弱。

栲树人工林对照地、皆伐地和火烧地的土壤各组分呼吸速率和年通量均高于杉木人工林，这与不同森林树种组成及呼吸底物（特别是细根）数量、物质组成等差异有关。两林分皆伐和火烧后土壤呼吸以矿质土壤呼吸为主，它所占比例超过 60%。

可见，皆伐和火烧通过改变土壤碳库和土壤温度、湿度等而影响了土壤各组分呼吸。为了增加森林碳吸存，在森林经营时需考虑因营林活动引起的环境因素等变化对土壤 CO_2 释放的影响。

3.5.3 更新方式对杉木人工林土壤呼吸及分室的影响

3.5.3.1 不同处理条件下土壤呼吸及其分室呼吸月动态

（1）土壤呼吸月动态及特性

BR（火烧+人工栽杉更新）地、NR（不火烧+自然更新）地和AR（不火烧+人工栽杉更新）地土壤呼吸与对照（CR）地土壤呼吸一样呈现明显的季节变化，土壤呼吸夏季高，冬季低。其中，CR地土壤呼吸呈双峰型，7月和9月达到极大值，最小值出现在1月，在8月出现一个相对的低值；BR地土壤呼吸波动较强，最大值出现在6月，最小值出现在2月和11月，3月和8月出现了相对的小峰值；NR地土壤呼吸则呈单峰型，5～8月土壤呼吸速率较高，而最小值出现在1～2月；AR地土壤呼吸也呈单峰型变化，最大值出现在6月，2月和11月数值最小。CR地、BR地、NR地和AR地土壤呼吸速率的季节变化范围分别为 $0.79 \sim 3.07 \mu mol \cdot m^{-2} \cdot s^{-1}$、$0.66 \sim 3.53 \mu mol \cdot m^{-2} \cdot s^{-1}$、$0.67 \sim 3.19 \mu mol \cdot m^{-2} \cdot s^{-1}$ 和 $0.63 \sim 2.95$ $\mu mol \cdot m^{-2} \cdot s^{-1}$，变化幅度分别为 $2.27 \mu mol \cdot m^{-2} \cdot s^{-1}$、$2.87 \mu mol \cdot m^{-2} \cdot s^{-1}$、$2.46 \mu mol \cdot m^{-2} \cdot s^{-1}$ 和 2.26 $\mu mol \cdot m^{-2} \cdot s^{-1}$，变异系数分别为 1.19、1.55、1.26 和 1.46。在火烧后的前三个月，即2007年1～3月，BR地的土壤呼吸速率高于NR地和AR地的土壤呼吸速率，其中1月、3月BR地的土壤呼吸速率高于CR地的土壤呼吸速率，2月CR地与BR地土壤呼吸速率差异不大，但是差异都没达到显著性水平（$P>0.05$）；在此后的几个月当中，只有在6月BR地的土壤呼吸速率高于CR地、NR地和AR地的土壤呼吸速率，其他变化则较为复杂；4月三种更新方式和对照地的土壤呼吸差异不显著（$P>0.05$），5月NR地的土壤呼吸速率大于CR地、BR地和AR地的土壤呼吸速率，而CR地、BR地和AR地的土壤呼吸速率差异不显著（$P>0.05$）；6～8月，除6月BR地和CR地的土壤呼吸速率差异显著外（$P<0.05$），其他土壤呼吸速率之间差异不显著；9～11月，每个月CR地和NR地、BR地和AR地的土壤呼吸速率差异不显著（$P>0.05$），而CR地的土壤呼吸速率则显著大于BR地和AR地的土壤呼吸速率（$P<0.05$）；冬季AR地的土壤呼吸速率显著低于其他2种更新方式及对照地的土壤呼吸速率（$P<0.05$）。全年来看四种措施下土壤呼吸速率之间差异均不显著（$P>0.05$）。

（2）异养呼吸月动态及特性

CR地、BR地、NR地和AR地的矿质土壤呼吸速率季节变化均呈单峰型。其中，BR地和AR地的矿质土壤呼吸速率最大值出现在6月，CR地和NR地的出现在7月；CR地和NR地的矿质土壤呼吸速率最低值出现在1月，BR地和AR地的矿质土壤呼吸速率最低值出现在2月。全年当中，CR地、BR地、NR地和AR地的矿质土壤呼吸速率变化范围分别为 $0.67 \sim 2.96 \mu mol \cdot m^{-2} \cdot s^{-1}$、$0.59 \sim 2.48 \mu mol \cdot m^{-2} \cdot s^{-1}$、$0.49 \sim 2.23 \mu mol \cdot m^{-2} \cdot s^{-1}$

和 0.40 ～ 2.35 μmol·m^{-2}·s^{-1}，变化幅度分别为 2.29μmol·m^{-2}·s^{-1}、1.88μmol·m^{-2}·s^{-1}、1.75μmol·m^{-2}·s^{-1} 和 1.96 μmol·m^{-2}·s^{-1}，变异系数分别为 1.42、1.48、1.39 和 1.58。在 2 月和 3 月，矿质土壤呼吸速率大小排序为 CR>BR>NR>AR；4 月和 5 月 NR 地和 AR 地矿质土壤呼吸增速大于 CR 地和 BR 地，其中 NR 地增加明显；在 7 ～ 10 月，CR 地的矿质土壤呼吸速率显著大于三种更新方式下的矿质土壤呼吸速率（$P<0.05$），而三种更新方式矿质土壤呼吸速率差异不显著（$P>0.05$）；11 月和 12 月，三种更新方式及对照地之间矿质土壤呼吸速率均无显著差异（$P>0.05$）。全年当中，三种更新方式和对照的异养呼吸速率差异均未达显著水平（$P>0.05$）。

（3）自养呼吸月动态及特性

从图 3.22 可知，CR 地和 AR 地自养呼吸的变化趋势较为平缓，而 BR 地和 NR 地的自养呼吸呈多峰型变化。CR 地自养呼吸的最大值出现在 9 月，5 月出现一个小峰，最低值出现在 1 月；BR 地自养呼吸的三个峰值分别出现在 3 月、6 月和 9 月，最低值出现在 11 月，另外有三个低值分别出现在 2 月、4 月和 7 月；NR 地自养呼吸较高值主要集中在 5 ～ 6 月和 8 月，较低值出现在 12 月～次年 1 月；AR 地的自养呼吸速率最高值出现在 6 月，最低值出现在 11 月。

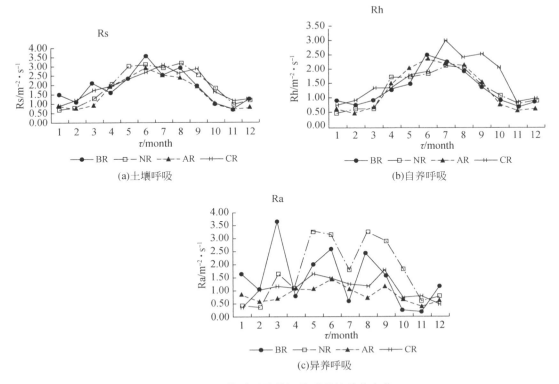

图 3.22　土壤呼吸及其组分呼吸的季节变化

全年当中，CR 地、BR 地、NR 地和 AR 地的自养呼吸速率季节变化范围分别为 $0.13 \sim 0.65 \mu mol \cdot m^{-2} \cdot s^{-1}$、$0.06 \sim 1.45 \mu mol \cdot m^{-2} \cdot s^{-1}$、$0.15 \sim 1.31 \mu mol \cdot m^{-2} \cdot s^{-1}$ 和 $0.15 \sim 0.59$ $\mu mol \cdot m^{-2} \cdot s^{-1}$，变化幅度分别为 $0.52 \mu mol \cdot m^{-2} \cdot s^{-1}$、$1.39 \mu mol \cdot m^{-2} \cdot s^{-1}$、$1.16 \mu mol \cdot m^{-2} \cdot s^{-1}$ 和 $0.44 \mu mol \cdot m^{-2} \cdot s^{-1}$，变异系数分别为 1.23、2.35、1.64 和 1.29。全年当中，CR 地和 AR 地的自养呼吸速率无显著性差异（$P>0.05$）；CR 地和 NR 地的自养呼吸速率在 $1 \sim 4$ 月、$5 \sim 12$ 月均无显著性差异，$5 \sim 10$ 月 NR 地的自养呼吸速率显著大于 CR 地的自养呼吸速率（$P<0.05$）；而 BR 地和 CR 地的自养呼吸速率在全年当中互有大小，整体而言差异不显著。全年中，NR 地的自养呼吸速率、CR 地和 AR 地的自养呼吸速率差异显著（$P<0.05$）。

（4）讨论

多数研究表明，森林土壤呼吸呈现明显的季节变化，这与本研究结果类似。爱尔兰的四种不同年龄的云杉林中，土壤呼吸呈现明显的季节变化，土壤呼吸变化趋势和土壤温度变化趋势基本相同，冬天土壤呼吸速率最低为 $0.55 \mu mol \cdot m^{-2} \cdot s^{-1}$，最大值出现在 7 月末或 8 月初为 $5.09 \mu mol \cdot m^{-2} \cdot s^{-1}$；Martin（2004）发现土壤呼吸速率的季节变化和土壤温度的季节变化一致，不同年份土壤湿度的不同也会对土壤呼吸的变化模式产生影响，较干旱年份（1998 年）的土壤呼吸速率变化范围为 $5.35 \sim 8.25 \mu mol \cdot m^{-2} \cdot s^{-1}$，较湿润年份（1999 年）的土壤呼吸速率变化范围为 $5.56 \sim 8.60 \mu mol \cdot m^{-2} \cdot s^{-1}$；加拿大草原和周边由草原转变为森林的土壤呼吸速率也呈现出明显的季节动态，表现为 12 月最低，7 月最高（Kellman, et al., 2006）；日本中部的寒温带针叶林的土壤呼吸速率从 3 月的 $1.52 \sim 2.02 \mu mol \cdot m^{-2} \cdot s^{-1}$ 上升到 8 月的 $5.30 \sim 6.26 \mu mol \cdot m^{-2} \cdot s^{-1}$，随后在秋季又下降到 $1.26 \sim 4.10 \mu mol \cdot m^{-2} \cdot s^{-1}$（Lee, et al., 2003）；温带阔叶林、针叶林和针阔混交林土壤呼吸速率的季节变化也呈明显的单峰曲线，8 月达到最大值，谷值出现在 12 月份（牟守国，2004）；江西杉木人工林土壤呼吸速率最大值出现在 8 月（陈滨等，2007）；周海霞（2007）在东北次生林和人工林中也得出类似结论，土壤呼吸速率最大值出现在 $7 \sim 8$ 月，最低值出现在 10 月（研究时间为 $5 \sim 10$ 月）；福建三明格氏栲天然林、格氏栲人工林和杉木人工林土壤呼吸速率季节变化均呈单峰曲线，最大值出现在春末或夏初（5 月至 6 月之间），最小值出现在 12 月至次年 1 月间，土壤呼吸速率变化幅度分别为 102%、129% 和 159%（杨玉盛等，2005a），这与本研究结果基本相同；鼎湖山季风常绿阔叶林、针阔叶混交林和马尾松林的土壤呼吸季节变化同样也在 7 月最高，12 月～次年 2 月最低（易志刚等，2003）。

栾军伟等（2006）研究发现，土壤呼吸的季节变化与土壤温度和含水量的季节变化有关，而与土壤化学性质几乎不存在相关性，由于水热条件或经纬度等的差异，森林土壤呼吸呈现不同的季节变化。在 Rey（2002）的研究中，意大利矮林土壤呼吸速率在 6 月前随着温度的升高而增加到 $3.62 \mu mol \cdot m^{-2} \cdot s^{-1}$，而后因为旱季的到来，又逐渐减小，在 9 月雨季中又突然增大到 5.6μmol・m^{-2}・s^{-1} 后又减小到 12 月的 1.69μmol・m^{-2}・s^{-1}，土壤呼吸呈双峰型；在瑞典松类林（Widén，2002）、加拿大北部森林（Rayment，et al.，2000）和加利福尼亚北部黄松林（Ye and Xu. 2001）的研究都表明，土壤呼吸速率最小值出现在 12 月或春季解冻前，而最大值出现在 7 月；Epron（2004）的研究表明，土壤呼吸速率最小值出现在干旱的 9 月，最大值出现在湿润的 12 月；但 Vanhala（2002）在芬兰对松林的研究表明，春季和 7 月呼吸速率最低，最小值了出现在 8 月末；Li（2008）在研究太原附近山区土壤呼吸速率时发现，土壤呼吸速率在 8 月最高，3 月最低，而在 7 月，由于土壤湿度的限制作用，土壤呼吸速率有下降趋势，这与本研究中土壤呼吸速率在干燥的 7 月有下降趋势的结果一致。

陈全胜等（2003）认为土壤呼吸的季节变化并不总是与土壤温度变化保持一致，它还受到植物物候节律、土壤含水量、根系和枯枝落叶的组成和质量、气候的季节变化、降雨的分布情况等因素影响。例如，在温带退化草原土壤呼吸速率 7 月最高，其他季节最低，但季节动态变化呈现不规律的波动。周存宇（2006）的研究中，鼎湖山针阔叶混交林土壤呼吸速率雨季（4 月～9 月）显著高于旱季（10 月～次年 3 月）；冯文婷（2008）也得出类似结果，常绿阔叶林雨季（5 月～10 月）的土壤呼吸速率高于旱季（11 月～次年 4 月）；在西双版纳热带季雨林土壤呼吸速率 12 月～次年 2 月最低，7 月出现明显的峰值，但 4 月和 10 月还出现两个小峰值（沙丽清等，2004；房秋兰和沙丽清，2006）；高原草甸生长季的土壤呼吸速率显著高于枯黄期，此时植物的物候节律是控制土壤呼吸速率的季节变化关键因子（吴琴等，2005）。

本研究中土壤呼吸受温度和降雨量的共同影响，在降雨少的 7 月土壤呼吸速率值有所下降，但总体而言，与土壤温度的季节变化趋势一致。皆伐和火烧后土壤呼吸速率和对照地土壤呼吸速率无显著差异，这和 Weber（1990）发现未成熟的白杨林采伐对土壤呼吸速率无显著影响的研究结果一致。本研究中，皆伐和火烧后三种更新方式中 NR 地的自养呼吸速率显著大于 CR 地自养呼吸速率（$P<0.05$），BR 地和 AR 地的自养呼吸速率与 CR 地的自养呼吸速率差异不显著（$P>0.05$），这与 Fahey（1988）认为林分皆伐或火烧后 5～8 个月自养呼吸速率近于零的结果不同。这可能是由于杉木人工林地自养呼吸速率较低，皆伐或火烧后地上植被较快生长及根桩未死亡在快速生长季来临后重新发芽有关。

3.5.3.2　土壤年碳释放量的计算

（1）月平均土壤温度、土壤湿度的估算

为计算不同更新方式和对照地土壤全年 CO_2-C 释放量，利用土壤温度和土壤含水量与土壤呼吸的双因素模型 R=a・ebT・Wc 及土壤温度和土壤呼吸的单因素模型 R=a・ebT，将 5 cm 处土壤温度和 0～12 cm 土层土壤湿度与月平均气温和月平均降水量进行相关分析，然后根据月平均气温和月平均降雨量来结合双因素和单因素模型来推算每月以至全年土壤 CO_2 的释放量。

土壤 5 cm 处温度和月平均气温的相关分析结果为：

$$CR: Y = 0.846X + 1.595 \quad R^2 = 0.892 \quad P<0.05 \quad n = 12$$
$$BR: Y = 1.187X - 3.507 \quad R^2 = 0.946 \quad P<0.05 \quad n = 12$$
$$NR: Y = 1.172X - 2.799 \quad R^2 = 0.958 \quad P<0.05 \quad n = 12$$
$$AR: Y = 1.216X - 3.413 \quad R^2 = 0.954 \quad P<0.05 \quad n = 12$$

式中 Y 为地表（5 cm）温度，X 为月下旬均气温，R^2 为确定系数，P 为显著性水平。

土层 0 ～ 12 cm 平均湿度和月平均降水量的相关分析结果为：

$$CR: Y = 5.644\ln(X) - 1.802 \quad R^2 = 0.639 \quad P<0.01 \quad n = 12$$
$$BR: Y = 3.810\ln(X) + 0.034 \quad R^2 = 0.523 \quad P<0.01 \quad n = 12$$
$$NR: Y = 4.510\ln(X) - 1.458 \quad R^2 = 0.813 \quad P<0.01 \quad n = 12$$
$$AR: Y = 4.162\ln(X) + 0.299 \quad R^2 = 0.754 \quad P<0.01 \quad n = 12$$

式中 Y 为土层 0 ～ 12 cm 平均湿度，X 为月均降水量，R^2 为确定系数，P 为显著性水平。

（2）土壤呼吸及各组分呼吸 CO_2 年释放量

将实验区的 2007 年 1 月 ～ 12 月的每月平均气温和月降水量分别代入土壤温度和土壤湿度的相关关系中，得出实验地预测的月平均土壤温度和土壤湿度，将其代入双因素模型，分别计算各组分呼吸的每月 CO_2 平均释放量，然后换算成每月释放量，累计相加得到土壤呼吸和各组分呼吸 CO_2 年释放量。将实验区的日平均气温换算成日平均土壤温度代入单因素模型中得出日 CO_2 平均释放量，然后换算成每日释放量，累计相加得到土壤呼吸及各组分呼吸 CO_2 年释放量。

从表 3.38 中可以看出，总体上土壤呼吸中单因素模型只比双因素模型低估了 0.5% ～ 3.5%；在对异养呼吸的估算中，单因素模型与双因素模型的估算值差距范围为 –0.8% ～ 4.8%；在自养呼吸的估算中，双因素对 CR 地的自养呼吸估算值明显偏小，只有单因素模型估算值的 10.7%，而在 BR 地、NR 地和 AR 地的单因素模型则比双因素模型低估了 18.0%、7.2% 和 8.7%。对单因素和双因素模型的估算值进行方差分析显示，两组对土壤呼吸的估算值之间无显著差异（$P=0.688$），考虑到双因素模型中严重低估了 CR 地的自养呼吸，因此，对各土壤呼吸组分的贡献采用单因素模型的估算值（表 3.38）。

在对土壤呼吸的贡献率中，CR 地、BR 地、NR 地和 AR 地异养呼吸的贡献率分别为 79.1%、71.0%、64.3% 和 79.0%，自养呼吸的贡献率分别为 20.9%、29.0%、35.7% 和 21.0%。

表 3.38 **双因素和单因素模型估算的土壤呼吸及各组分的 CO_2 年释放量**（单位：$tC \cdot hm^{-2} \cdot a^{-1}$）

处理措施	土壤呼吸（模型估算）		土壤呼吸（组分累加）		异养呼吸		自养呼吸	
	单变量	双变量	单变量	双变量	单变量	双变量	单变量	双变量
CR	7.20	7.24	7.61	6.23	6.02	6.06	1.59	0.17
BR	6.97	7.22	7.04	7.46	5.00	4.96	2.05	2.50
NR	7.39	7.61	7.23	7.62	4.65	4.85	2.57	2.77
AR	6.10	6.27	6.00	6.37	4.74	4.98	1.26	1.38

（3）讨论

本研究中三种更新方式和对照地土壤呼吸年通量中，对照地最高，其次为自然更新，后面依次是火烧更新和人工更新，土壤呼吸通量与温带和北方森林的土壤呼吸通量相比，低于阔叶林的土壤呼吸通量（$9.04 \sim 10.06 \ tC \cdot hm^{-2} \cdot a^{-1}$）（Rey et al.，2002；Mo et al.，2005；Wu et al.，2006；Davidson et al.，2002）；也低于 Li（2008）在太原城外山区的研究结果（$11.15 \ tC \cdot hm^{-2} \cdot a^{-1}$）；与日本寒温带落叶阔叶林（$7.25 \ tC \cdot hm^{-2} \cdot a^{-1}$）土壤呼吸年通量接近（Lee et al.，2005），介于日本森林土壤呼吸年通量之间（$2.03 \sim 12.90 \ tC \cdot hm^{-2} \cdot a^{-1}$）（Lee et al.，2006）。与同纬度森林相比，本研究中土壤呼吸年通量低于哀牢山湿性常绿阔叶林年释放量（$10.56 \ tC \cdot hm^{-2} \cdot a^{-1}$）（冯文婷等，2008）；低于江西杉木人工林年释放量（$9.80 \ tC \cdot hm^{-2} \cdot a^{-1}$）（陈滨等，2007）；低于三明格式栲天然林（$13.742 \ tC \cdot hm^{-2} \cdot a^{-1}$）和人工林（$9.439 \ tC \cdot hm^{-2} \cdot a^{-1}$）的呼吸年通量，但高于杉木人工林（$4.543 \ tC \cdot hm^{-2} \cdot a^{-1}$）的呼吸年通量（Yang et al.，2005）；低于鼎湖山季风常绿阔叶林（$11.42 \ tC \cdot hm^{-2} \cdot a^{-1}$）、针阔混交林（$10.40 \ tC \cdot hm^{-2} \cdot a^{-1}$）和马尾松林（$10.26 \ tC \cdot hm^{-2} \cdot a^{-1}$）的呼吸年通量（Yi，et al.，2007）；低于周志田（2002）的研究结果（$8.51 \ tC \cdot hm^{-2} \cdot a^{-1}$）；与黄承才（1999）的研究结果相似（$6.57 \ tC \cdot hm^{-2} \cdot a^{-1}$）；高于王小国（2007）的研究结果（$5.22 \ tC \cdot hm^{-2} \cdot a^{-1}$）。与热带地区土壤呼吸年通量相比，本研究土壤呼吸通量处于较低水平，如马来西亚热带原始林、次生林和油椰子林的土壤呼吸年通量分别为 $19.85 \ tC \cdot hm^{-2} \cdot a^{-1}$、$20.02 \ tC \cdot hhm^{-2} \cdot a^{-1}$ 和 $23.07 \ tC \cdot hm^{-2} \cdot a^{-1}$（Adachi et al.，2005）；泰国北部热带雨林土壤呼吸年通量值为 $25.60 \ tC \cdot hm^{-2} \cdot a^{-1}$（Hashimoto et al.，2004）；南美洲的原始林和次生林土壤呼吸年通量值为 $18 \sim 20 \ tC \cdot hm^{-2} \cdot a^{-1}$（Davidson et al.，2000）。土壤呼吸年通量值的差异除了与气候状况、地理位置、植被组成、生产力和立地条件等有关外，还可能与土壤呼吸年通量的推算模型、土壤呼吸的观测方法差异有关（Lee et al.，2006；杨玉盛等，2005a，b；易志刚等，2003；黄承才等，1999）。本研究中，三种更新方式和对照地土壤呼吸年通量相近，这主要是由于杉木人工林火烧后，粗枝被用来当薪柴，炼山时火烧时间不长对土壤影响不大，而皆伐又带来大量的采伐剩余物，且林地皆伐火烧后树桩又没完全

死亡，地下植被快速恢复。

自养呼吸对土壤呼吸的贡献率为40%～60%（杨玉盛等，2004），鼎湖山阔叶林、落叶松林和针阔混交林中湿季自养呼吸的贡献在26.1%～35.4%，而旱季自养呼吸对土壤呼吸的贡献有所降低，为18.1%～22.1%（Yi et al.，2007），相关研究人员把自养呼吸比例偏低的原因归结于鼎湖山土层薄，根生物量少，他们的研究结果与本研究中自养呼吸对土壤呼吸的贡献类似（20.9%～35.7%）。

3.5.4 杉木人工林经营模式对碳吸存的影响

（1）多代连栽模式对植被碳库的影响

森林生态系统植被碳库包括乔木层碳库和林下植被碳库两部分。由表3.39可以看出，一代杉木人工林植被碳库最大，为183.127 t·hm^{-2}，是二代和三代杉木人工林的1.40倍和1.74倍，其中乔木层碳库占植被碳库的99.37%，树干占乔木层碳库的99.37%，树皮、树根和树冠（树枝和树叶）分别占乔木层碳库的11.04%、10.23%和8.66%，由此可以看出乔木层碳库是森林植被碳库主要组成部分，其中树干又是乔木层碳库的主要组成部分。

随着杉木连栽代数的增加，杉木人工林植被碳库（183.127～105.372 t/hm^2）逐渐减小，其中乔木层碳库占杉木林植被碳库的比例也逐渐减小（99.37%～96.00%）。由表3.39分析可以得出，伴随栽杉代数增加，树干（70.07%～65.59%）、树皮（11.04%～9.53%）占乔木层碳库的比例逐渐减小，树冠（8.66%～10.42%）和树根（10.23%～14.47%）占乔木层碳库的比例逐渐增大。

表 3.39　不同栽杉代杉木人工林植被碳储量　　　　（单位：t/hm^2）

组分	一代		二代		三代	
	生物量	碳储量	生物量	碳储量	生物量	碳储量
树干	223.125	127.516	156.365	87.080	115.51	66.349
树皮	35.306	20.082	24.718	13.627	17.325	9.641
树枝	14.605	7.731	9.940	5.236	9.645	4.951
树叶	15.103	8.026	11.462	6.054	10.281	5.585
根桩	16.440	8.085	14.824	7.519	13.087	6.574
粗根	10.280	5.287	7.457	3.868	6.911	3.661
中根	3.804	2.010	4.971	2.600	4.012	2.114

续表

组分	一代		二代		三代	
	生物量	碳储量	生物量	碳储量	生物量	碳储量
细根	3.179	1.602	3.599	1.852	2.477	1.260
须根	3.039	1.639	2.563	1.392	2.133	1.024
小计	324.881	181.978	235.899	129.228	181.381	101.159
灌木层	1.468	0.750	1.070	0.527	2.109	1.080
草本层	0.806	0.399	2.651	1.284	6.523	3.133
合计	327.155	183.127	239.620	131.039	190.013	105.372

（2）杉阔轮栽和留杉栽阔模式对植被碳库的影响

杉阔轮栽模式下的细柄阿丁枫纯林植被碳库为 70.773 t/hm²，是对照 1 的 1.07 倍；留杉栽阔模式下的细柄阿丁枫杉木混交林的植被碳库（69.906 t/hm²）是对照 1 的 1.06 倍，说明这两种经营模式均有利于提高森林生态系统的碳储量；同时也可以看出不同林分类型植被碳库的大小为阔叶林 > 针阔混交林 > 针叶林。

杉阔轮栽模式下细柄阿丁枫阔叶林乔木层碳库为 70.165 t/hm²，占植被碳库的 99.14%；留杉栽阔模式下混交林乔木层碳库占植被碳库的 98.86%，均大于对照 1（97.89%）。由图 3.23 可以明显地看出，三个林分树干占乔木层碳库的比例最大。三种经营模式下，树干和树皮的比例大小为对照 1> 留杉栽阔 > 杉阔轮栽，树冠和树根地比例大小顺序为杉阔轮栽 > 留杉栽阔 > 对照 1。

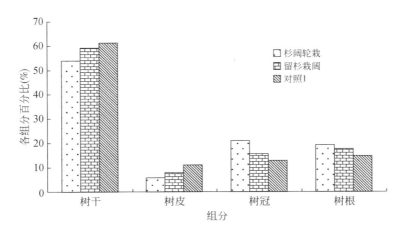

图 3.23　不同经营模式下各组分的碳分配

（3）连栽地营造杉阔混交林模式对植被碳库及其分配的影响

杉木火力楠混交林植被碳储量为 78.754 t/hm²，是对照 2 的 1.06 倍，其中乔木层碳库占植被碳库的 99.75%，与对照 2（99.72%）相差不大（表 3.40）。杉木火力楠混交林乔木层碳库为 78.753 t/hm²，其中树皮占乔木层碳库的 9.22%，大于对照 2（7.89%）；树冠（28.37%）的小于对照 2（29.83%）；树干及树根占乔木层碳库的比例同对照 2 比较接近，分别为 44.62%、17.80%，对照 2 分别为 44.89%、17.38%。总体来看，连栽地营造杉阔混交林模式对碳库的分配影响不是很大，这可能与混交林的结构有关。

在杉木火力楠混交林内，杉木的碳储量为 61.525 t/hm²，是火力楠的 3.57 倍，这主要与林分密度有关。从各组分占乔木层碳库的比例来看，火力楠树干的比例（33.40%）小于杉木（47.75%），而树冠（40.26%）则明显大于杉木（25.04%），这与树种的生物学特性有关。另外，混交林内杉木树干占杉木乔木层的比例（47.75%）大于对照 2 的杉木（44.89%），说明混交模式加大了杉木树干的碳素积累。

表 3.40　杉木火力楠混交林植被碳储量　　　　　　　（单位：t/hm²）

| 组分 | 杉木火力楠混交林 | | | | 对照 2 | |
| | 火力楠 | | 杉木 | | 杉木 | |
	生物量	碳储量	生物量	碳储量	生物量	碳储量
树干	10.754	5.753	51.300	29.380	59.904	33.432
树皮	3.157	1.577	10.286	5.682	10.548	5.874
树枝	9.463	4.890	14.767	7.741	25.254	13.364
树叶	4.192	2.047	14.415	7.664	16.596	8.852
树桩	4.264	2.221	18.032	9.297	21.168	10.866
粗根	0.124	0.061	0.795	0.421	1.404	0.714
中根	0.486	0.235	2.257	1.131	2.340	1.179
细根	0.890	0.445	0.385	0.209	0.360	0.188
小计	33.330	17.229	112.237	61.525	137.574	74.469

3.5.5　不同经营模式对土壤碳库的影响

3.5.5.1　不同经营模式对土壤容重的影响

由表 3.41 可以看出，杉木多代连栽地随着连栽代数的增加，土壤容重变大。杉阔轮栽、留杉栽阔以及多代连栽杉木林地营造杉阔混交林与相应的对照林相比较，均使土壤容重减小，说明营造阔叶林或针阔混交林均可改善土壤的物理结构。同时也可以看出，土壤容重伴随土层的加深而增大。

3.5.5.2 不同经营模式对土壤碳库的影响

一代杉木纯林土壤有机碳储量为 65.915 t/hm²，折合成 CO_2 量为 241.688 t/hm²，分别是二代和三代杉木林地的 1.09 倍和 1.20 倍，说明杉木连栽导致土壤有机碳库的减小，这与杉木连栽导致土壤肥力下降相一致。杉阔轮栽模式下阔叶林地土壤有机碳库（90.517 t/hm²）是对照 1（72.457 t/hm²）的 1.25 倍（表 3.41）。留杉栽阔模式下的混交林 1（90.371 t/hm²）是对照 1 的 1.247 倍，略小于阔叶林（图 3.24）。

由图 3.23 可以看出，经营模式 Ⅱ、Ⅲ 和 Ⅳ 下的林分的土壤有机碳储量均比相应对照林要大，说明这三种经营模式有利于增加土壤有机碳的积累。由图 3.23 还可以看出，土壤有机碳储量随土层的加深而增大。

表 3.41 不同经营模式对土壤容重的影响

项目		土层	
经营模式	林分	0～20cm	20～40m
杉木多代连栽模式（Ⅰ）	一代	1.224	1.34
	二代	1.24	1.324
	三代	1.262	1.316
杉阔轮栽模式（Ⅱ）	阔叶林	0.983	1.104
	对照1	1.184	1.216
留杉栽阔模式（Ⅲ）	混交林1	1.086	1.185
	对照1	同上	
杉木多代连栽地营造杉阔混交林模式（Ⅳ）	混交林2	1.190	1.240
	对照2	1.280	1.330

注：混交林 1 为细柄阿丁枫杉木混交林，混交林 2 为火力楠杉木混交林，对照 1、对照 2 同上

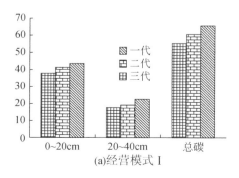

(a)经营模式 Ⅰ

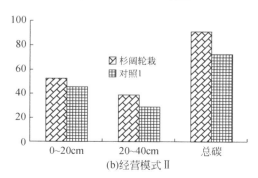

(b)经营模式 Ⅱ

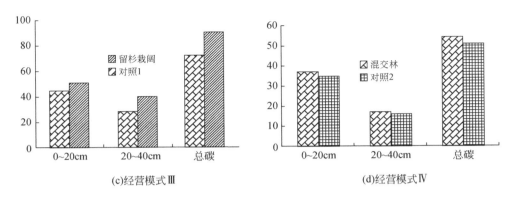

图 3.24　不同经营模式对土壤有机碳的影响

3.5.5.3　不同森林经营模式下森林生态系统的碳库及其分配

森林生态系统碳库包括植被碳库、枯枝落叶层和土壤碳库三部分，其中植被碳库又包括乔木层碳库和林下植被碳库两部分。杉木多代连栽经营模式（Ⅰ）以一代林碳总储量最大，为 251.841 t/hm^2，其次是二代林（194.090 t/hm^2）和三代（162.290 t/hm^2）林。其中，一代林植被碳库占总碳储量的 72.72%，土壤碳库占总碳储量的 26.17%，说明植被碳库和土壤碳库是森林生态系统碳库的主要组成部分。三林分植被碳库占森林生态系统碳库比例的大小顺序为一代＞二代＞三代，而土壤碳库恰好相反，为三代＞二代＞一代，由此说明杉木林多代连栽导致的地力下降对植被碳库的影响较土壤碳库更大。一代林枯枝落叶层碳库为 2.799 t/hm^2，分别是二代林（2.561 t/hm^2）和三代林（1.836 t/hm^2）的 1.09 倍和 1.52 倍，三者在森林生态系统中占的比例比较小，分别为 1.11%、1.32% 和 1.13%（表 3.42）。

表 3.42　不同经营模式下森林生态系统碳库及其分配　　　　（单位：t/hm^2）

经营模式	林分	植被	枯枝落叶	土壤	总储量
Ⅰ	一代	183.127 （72.72）	2.799 （1.11）	65.915 （26.17）	251.841 （100.00）
	二代	131.039 （67.51）	2.561 （1.32）	60.490 （31.17）	194.090 （100.00）
	三代	105.372 （64.93）	1.836 （1.13）	55.082 （33.94）	162.290 （100.00）
Ⅱ	阔叶林	70.773 （43.57）	1.131 （0.70）	90.517 （55.73）	162.421 （100.00）
Ⅲ	混交 1	69.906 （43.37）	0.916 （0.57）	90.371 （56.06）	161.193 （100.00）
	对照 1	66.063 （47.43）	0.755 （0.54）	72.458 （52.03）	139.276 （100.00）

经营模式	林分	植被	枯枝落叶	土壤	总储量
IV	混交2	78.951 （58.73）	1.681 （1.25）	53.801 （40.02）	134.433 （100.00）
	对照2	74.677 （59.42）	0.360 （0.29）	50.636 （40.29）	125.673 （100.00）

注：阔叶林指细柄阿丁枫纯林；经营模式 II 的对照为对照1；括号内数值代表比例

杉阔轮栽模式下阔叶林总碳库为 162.421 t/hm²，是对照 1 的 1.17 倍，其中植被碳库占总碳库的 43.57%，小于对照 1 林地（47.43%），而土壤碳库的比例（55.73%）大于对照 1 林地（52.03%），这表明采用杉阔轮栽模式可以提高杉木人工林生态系统的碳储量，尤其是土壤有机碳储量。留杉栽阔模式下细柄阿丁枫杉木混交林总碳储量为 161.193 t/hm²，其植被碳库和土壤碳库分别占总碳储量的 43.37% 和 56.06%。细柄阿丁枫阔叶林和细柄阿丁枫杉木混交林（混交1）及对照 1 的枯枝落叶层碳储量分别为 1.131 t/hm²、0.916 t/hm² 和 0.755 t/hm²，依次减小，这与树种的生物学特性和林分结构有关（表 3.43）。

火力楠杉木混交林（混交2）碳总储量为 134.433 t/hm²，大于对照 2（125.673 t/hm²），其中乔木层碳库和土壤碳库占据总碳储量的 98.59%，是混交林碳库的最主要的组成部分。火力楠杉木混交林林下植被和枯枝落叶层碳库分别占总碳库的 0.15% 和 1.25%，对照 2 为 0.16% 和 0.29%。

表 3.43　杉阔轮栽与留杉栽阔模式下杉木林植被碳库及其分配　　（单位：t/hm²）

器官	杉阔轮栽		留杉栽阔						对照	
	细柄阿丁枫		细柄阿丁枫		杉木		合计		杉木	
	生物量	碳储量	生物量	碳储量	生物量	碳储量	生物量	碳储量	生物量	碳储量
干	69.149	37.859	29.676	16.301	44.363	24.733	74.039	41.033	71.810	39.711
皮	8.112	4.092	3.377	1.698	6.482	3.716	9.859	5.415	13.074	7.262
枝	22.244	11.874	9.461	5.117	3.993	2.097	13.454	7.215	7.909	4.175
叶	5.748	2.880	2.892	1.456	3.677	2.004	6.569	3.460	7.379	4.005
根桩	13.162	6.809	5.877	2.956	6.027	3.189	11.905	6.145	10.644	5.457
粗根	6.071	3.053	2.997	1.507	2.432	1.287	5.429	2.794	3.330	1.751
中根	4.111	2.059	1.441	0.716	1.415	0.741	2.856	1.457	2.558	1.318
细根	3.148	1.540	1.956	0.982	1.169	0.605	3.124	1.587	1.875	0.990
小计	131.745	70.166	57.677	30.733	69.558	38.372	127.235	69.106	118.579	64.669
林下植被	1.264	0.608	1.664		0.800		1.664	0.800	2.887	1.395
合计	133.009	70.774	59.341	31.534	70.358	38.372	128.899	69.906	121.466	66.064

3.5.5.4　不同经营模式对群落碳年净吸存量的影响

群落碳年净吸存量等于碳年积累量和碳年归还量之和，其中碳年积累量包括乔木层和林下植被生物量净增加量两部分。采取不同的森林经营模式势必影响林木的生产力，从而影响群落的碳净吸存量。由表 3.44 可知，随着杉木连栽代数的增加，群落的碳年净吸存量逐渐减小。一代林群落碳年净吸存量为 8.032 t/hm²，折合成 CO_2 量为 29.451 t/hm²，分别是二代林（6.021t/hm²）和三代（5.802 t/hm²）的 1.33 倍和 1.38 倍，其中碳年积累量为 6.782 t/hm²，折合成 CO_2 量为 24.867 t/hm²，远大于碳年归还量（1.25 t/hm²），说明一代林仍处在碳积累阶段。二代林和三代林碳积累量亦大于碳年归还量。由表 3.44 还可以得出，一代林乔木层生物量净增加量占群落碳年吸存量的 79.82%，大于二代林（68.38%）和三代林（53.57%），而林下植被所占的比例恰好相反，依次为三代林（30.64%）＞二代林（12.69%）＞一代林（4.62%），这可能与乔木的生长抑制了林下植被的生长有关。

表 3.44　不同经营模式对群落碳年净吸存量的影响　　　　（单位：t/hm²）

项目		杉木多代连栽模式						多代连栽杉木林地营造杉阔混交林模式			
		一代		二代		三代		混交林 2		对照 2	
生物量净增加量		生物量	C 量	生物量	C 量	生物量	C 量	生物量	C 量	生物量	C 量
乔木层	干	8.819	5.040	5.714	3.182	4.116	2.364	10.636	5.963	10.476	5.978
	皮	1.236	0.703	0.798	0.440	0.539	0.300	2.036	1.100	1.620	0.920
	枝	0.277	0.147	0.170	0.089	0.159	0.082	1.468	0.735	1.584	0.824
	叶	0.157	0.083	0.108	0.057	0.103	0.056	0.874	0.456	0.792	0.422
	根	0.849	0.438	0.669	0.349	0.590	0.306	2.755	1.432	2.592	1.335
	小计	11.338	6.411	7.459	4.117	5.507	3.108	17.769	9.686	17.064	9.479
林下植被		0.739	0.371	1.573	0.764	3.647	1.764	0.199	0.098	0.204	0.101
凋落物生产量		2.549	1.250	2.324	1.140	1.899	0.930	1.935	1.000	0.379	0.188
群落碳年净吸存量		14.626	8.032	11.356	6.021	11.053	5.802	19.903	10.784	17.647	9.768

火力楠杉木混交林群落的碳年净吸存量为 10.784 t/hm²，折合成 CO_2 量为 39.541 t/hm²，是对照 2 的 1.1 倍，由此可以说明杉木多代连栽地营造杉阔混交林经营模式可提高森林群落的碳吸存能力。火力楠杉木混交林碳年积累量为 9.784 t/hm²，其中乔木层生物量净增加量占 99%；碳年归还量为 1.00 t/hm²，折合成 CO_2 量为 3.667 t/hm²，远大于对照 2（0.188 t/hm²），这有利于火力楠杉木混交林土壤有机碳的补给。

3.5.5.5　讨论

杉木多代连栽不利于杉木人工林碳素的积累，随着连栽代数的增加，杉木人工林碳储量逐渐减小。连栽不仅导致杉木人工林植被碳库的减小，而且导致土壤有机碳库的减小，这与连栽导致土壤肥力下降相一致。不同栽杉代数 29a 杉木人工林二代和三代与一代相比，植被碳库下降了 28.44% 和 42.46%，土壤碳库下降了 8.23% 和 16.43%，群落碳年净吸存量下降了 25.04% 和 27.76%。由此可见，一代林的皆伐导致杉木人工林地植被碳库的损失，加上对枝叶和林下植被火烧等人为干扰因素，加速了土壤有机碳的分解，从而造成土壤有机碳储量的降低。二代林、三代林连栽后，由于地力的下降导致其生长缓慢，生产力下降，导致杉木人工林植被碳库降低，碳年净吸存量减小。由此也说明多代连栽模式不仅导致杉木人工林生产力和地力衰退，而且也降低了杉木人工林的碳吸存能力。

杉阔轮栽经营模式森林生态系统碳储量明显比对照 1（杉木纯林）大，其中植被碳库增加了 7.13%，土壤碳库增加了 24.92%。植被碳库的增加主要与两个树种的生物学特性有关，说明阔叶树的固碳能力优于针叶树。从增加幅度来看，土壤碳库的增加占整个生态系统的增加量的 78.03%，说明合理的杉阔轮栽可以大幅度地提高土壤的有机碳储量。就此而言，杉阔轮栽不仅是南方林区杉木低产林分退化土壤得以恢复和提高其生产力的重要措施，而且也是提高森林生态系统碳储量的重要措施之一。由于目前各地均存在较大面积退化土壤，为了提高这些退化地区的土壤有机碳储量，应深入开展适合各地不同立地条件、气候条件的轮栽树种试验，以便为针叶林合适的轮栽阔叶树种选择提供依据。

留杉栽阔经营模式亦可提高森林生态系统的碳储量。相对于对照 1 而言，经营模式中森林生态系统的碳储量增加了 15.74%，其中植被碳库和土壤碳库分别增加了 6.86% 和 24.72%。从增加幅度看，土壤碳的增加幅度最大，为 81.73%，其次为植被碳库（17.53%）。可见，通过间伐营造异龄杉阔混交林可以促进经营模式中杉木的生长，从而提高杉木林的碳储量和碳吸存能力。各地可根据本地区的具体自然条件，选择在当地生长较快，生产力较高，落叶量较大且分解快，有一定耐阴性的乡土阔叶树种营造混交林，以此来提高杉木林的碳吸存能力。

杉木多代连栽地营造杉阔混交林经营模式是在第三代杉木林采伐迹地上营造的火力楠杉木混交林和对照 2（杉木纯林）。火力楠杉木混交林的碳储量比对照 2 大 6.97%，其中植被和土壤碳库分别比对照 2 大 5.72% 和 6.25%，这与树种的生物学特性和林分结构有关，同时也说明杉阔混交可提高杉木林土壤的碳储量。火力楠杉木混交林群落碳年净吸存量为 10.784 t/hm²，大于对照 2（9.768 t/hm²），其中乔木层生物量净增量占火力楠杉木混交林群落碳年净吸存量的比例（89.82%）小于对照 2（97.04%），而凋落物生产量所占的比例（9.27%）明显大于对照 2（1.92%），这与火力楠生物学特性有关，另外，由于火力楠杉木混交林的碳年归还量大，循环速率高，使得土壤有机碳储量大大提高。因此在立地条件差的地区，可采用杉阔混交的模式来提高土壤的有机碳储量。

综合以上的分析表明，杉木多代连栽不仅导致杉木人工林生产力和地力的下降，同时也引起森林碳储量和碳吸存的减小，是不可取的经营模式。相反，杉阔轮栽、留杉栽阔和杉阔混交林均可不同程度地提高杉木人工林的碳储量和碳吸存能力，是实现我国南方杉木人工林可持续性发展的重要措施。

3.5.6 经营措施对土壤有机碳组分的影响

3.5.6.1 经营措施对土壤 MBC 和 DOC 的影响

（1）土壤 MBC 和 DOC 含量变化

杉木林取代常绿阔叶次生林后，表层土壤 MBC 含量增加，但 DOC 含量则下降。88a 生杉木林皆伐后，表层土壤 MBC 和 DOC 含量均明显增加，说明皆伐火烧能在短期增加土壤中的易代谢碳的含量而促进土壤微生物的活性。多代连栽导致表层土壤 MBC 和 DOC 含量下降，特别是表层土壤 DOC 含量的下降最为明显（表 3.45）。

表 3.45 MBC 和 DOC 含量 （单位：mg/kg）

土层（cm）		常绿次生阔叶林	88a 杉木人工林	88a 杉木人工林皆伐地	一代杉木人工林	二代杉木人工林
0～5	MBC	660.75	735.98	782.72	651.38	579.73
	DOC	46.72	20.62	27.76	121.58	39.23
5～20	MBC	599.36	517.17	664.03	623.05	557.28
	DOC	27.35	14.33	16.19	31.64	18.30
20～40	MBC	405.09	395.41	462.30	464.74	357.27
	DOC	9.39	5.89	5.74	5.62	8.44

（2）讨论

本研究 5 个林分 0～20 cm 土层 MBC 平均含量均高于湖南会同 15a 杉木纯林（220.9±16.0 mg/kg）（王清奎等，2006），但低于江西省分宜县 32a 杉木成熟林的（1166.9 mg/kg）（焦如珍等，2005）。本研究一代杉木人工林 0～5 cm 土层和 5～20 cm 土层的 MBC 含量均高于湖南会同 21a 一代杉木人工林 0～10 cm 土层的（421.7 mg/kg）；二代杉木人工林的 MBC 含量也高于湖南会同 21a 二代杉木人工林，但本研究二代杉木人工林 MBC 含量与一代杉木人工林很接近（王清奎等，2005c）。

本研究 5 个林分（除 40a 一代杉木人工林 0～5cm 土层外）0～20 cm 土层 DOC 平均浓度均低于湖南会同 15a 杉木人工林（0～20 cm 土层 DOC 含量为 95.0±18.6 mg/kg）（王

清奎等，2006）。本研究中，一代杉木人工林和二代杉木人工林 0～5 cm 土层 DOC 浓度分别低于湖南会同 21a0～10 cm 土层一代杉木人工林（252.2 mg/kg）、二代杉木人工林（167.2 mg/kg）（王清奎等，2005c），亦分别低于福建南平来舟林场 17a 一代杉木人工林 0～10 cm 土层的 DOC 浓度（135.8 mg/kg）和 14a 二代杉木人工林 0～10cm 土层的 DOC 浓度（125.7 mg/kg）（王清奎等，2005a），但本研究二代杉木人工林 DOC 浓度比一代杉木人工林降低的比例（0～5 cm 土层为 67.7%，5～20 cm 土层为 42.2%）大于湖南会同（0～10 cm 土层为 33.7%）（王清奎等，2005c），亦大于福建南平来舟林场（0～10 cm 土层为 7.4%）（王清奎等，2005a）。

3.5.6.2 经营措施对土壤轻组有机碳的影响

（1）土壤轻组有机碳含量、储量的变化

杉木林取代常绿次生阔叶林后，土壤轻组有机碳含量和储量均明显下降，可能与凋落物和细根归还量的减少有关。88a 杉木人工林皆伐、火烧后，土壤轻组有机碳含量、储量及占土壤有机碳比例均明显增加，特别是表层土壤，这可能与采伐后残留根系的分解而增加土壤轻组有机碳有关（表 3.46～表 3.48）。随连栽代数的增加，土壤轻组有机碳含量和储量均明显增加，这可能与随连栽代数增加，林下植被数量增加，林下植被的归还量增加有关。

表 3.46　土壤轻组有机 C 含量　　　　　　　　　　（单位：g/kg）

土层（cm）	常绿次生阔叶林	88a 杉木人工林	88a 杉木人工林皆伐地	一代杉木人工林	二代杉木人工林
0～20	3.07	1.76	2.58	1.85	2.50
20～40	1.26	0.90	0.77	1.04	1.15
40～60	0.80	0.21	0.60	0.63	0.70
60～80	0.58	0.21	0.32	0.40	0.56
80～100	0.28	0.13	0.26	0.38	0.45
平均	1.14	0.61	0.90	0.86	1.08

表 3.47　土壤轻组有机 C 储量　　　　　　　　　　（单位：t/hm²）

土层（cm）	常绿次生阔叶林	88a 杉木人工林	88a 杉木人工林皆伐地	一代杉木人工林	二代杉木人工林
0～20	5.1576	3.8720	5.5212	3.996	4.800
20～40	2.2932	2.0520	1.7556	2.0384	2.300
40～60	1.3920	0.5460	1.2840	1.2096	1.274
60～80	1.1136	0.5208	0.7296	0.8320	1.008
80～100	0.5880	0.3276	0.5408	0.8512	0.873
总计	10.5444	7.3184	9.8312	8.9272	10.255

表 3.48　土壤轻组有机 C 占总有机 C 比例　　　　　（单位：%）

土层（cm）	常绿次生阔叶林	88a 杉木人工林	88a 杉木人工林皆伐地	一代杉木人工林	二代杉木人工林
0～20	15.7	9.7	15.1	14.6	13.9
20～40	12.3	13.7	10.1	12.7	17.4
40～60	12.5	6.6	9.7	21.6	15.5
60～80	15.4	6.9	8.7	16.7	14.7
80～100	10.4	5.1	7.2	17.8	14.9
平均	14.0	9.5	11.8	15.2	14.9

（2）讨论

本研究中，杉木人工林 0～20 cm 土层轻组有机碳（LFOC）含量除 40a 二代杉木人工林外均低于湖南会同 15a 杉木纯林 0～20 cm 土层 LFOC 含量（2.01 g/kg）（王清奎等，2006），这表明杉木连栽对土壤轻组有机碳含量及其垂直分布有所影响。由于随着栽杉代数增加，地力衰退，乔木层生长较差，林下植被特别是草本层较为丰富，对于针叶纯林来说，这有利于增加凋落物；另外，地力衰退导致土壤养分和水分供应能力下降，刺激强化地下器官（根系）的生长（Comeau and Kimmins 1989）。凋落物和死细根的增多增加了轻组有机碳的来源。死根增多导致轻组有机碳含量增加也是二代杉木人工林土壤轻组有机碳含量较大且垂直变化上差异较小的原因。

3.5.6.3　经营措施对土壤黑碳的影响

（1）经营措施对杉木人工林土壤黑碳含量的影响

从表 3.49 可以看出，杉木人工林 SOC 与 BC 含量和储量均随土壤剖面深度的增加而呈下降的规律变化。不同林分土壤中，BC 占 SOC 的比例范围为 4.6%～12.5%。

常绿阔叶次生林转换为杉木人工林后土壤有机碳含量和黑碳含量均有所下降。老龄杉木林皆伐后，表层 0～20cm 土壤黑碳含量有所增加，但底层土壤黑碳含量则有所下降，但差异均未达显著水平（表 3.49）。

杉木连栽后表层土壤有机碳和黑碳含量有所增加，但 20cm 以下土壤有机碳和黑碳含量均有所下降（表 3.49）。

（2）黑碳在轻组分和重组分中的分配规律

由表 3.50 可知，轻组分中黑碳含量占全土黑碳含量的比例为 14.4%～37.6%，而重组分中黑碳含量占全土黑碳含量的比例为 62.4%～85.6%，这表明黑碳主要存在重组分中。轻组分中黑碳占轻组有机碳的比例为 4.7%～30.4%，而重组分中黑碳占重组有机碳的比例

表 3.49 不同经营措施对土壤黑碳含量的影响

土层（cm）	常绿次生阔叶林			88a 杉木人工林			88a 杉木人工林皆伐地			一代杉木人工林			二代杉木人工林		
	SOC（g/kg）	BC（g/kg）	BC/SOC（%）	SOC（g/kg）	BC（g/kg）	BC/SOC（%）	SOC（g/kg）	BC（g/kg）	BC/SOC（%）	SOC（g/kg）	BC（g/kg）	BC/SOC（%）	SOC（g/kg）	BC（g/kg）	BC/SOC（%）
0~20	19.15±3.25	2.26±0.12	11.8	17.45±0.10	2.04±0.06	11.7	15.43±2.88	1.93±0.08	12.5	13.54±1.11	1.46±0.09	10.8	16.44±1.41	1.53±0.08	9.3
20~40	10.12±1.14	0.65±0.10	6.4	6.23±1.10	0.43±0.06	7	7.54±3.40	0.49±0.05	6.5	9.00±0.82	0.41±0.06	4.6	6.97±0.67	0.44±0.05	6.3
40~60	6.30±1.43	0.57±0.04	9	3.48±0.43	0.36±0.05	10.3	4.94±2.10	0.41±0.06	8.4	4.67±1.26	0.32±0.07	6.8	4.43±0.69	0.37±0.07	8.4
60~80	3.70±1.13	0.39±0.07	10.5	3.00±0.45	0.32±0.04	10.7	3.61±1.57	0.35±0.05	9.8	3.55±0.75	0.31±0.06	8.7	3.41±0.63	0.34±0.06	10
80~100	2.99±1.22	0.34±0.07	11.4	2.95±0.74	0.31±0.06	10.4	3.53±1.14	0.33±0.03	9.4	3.41±1.03	0.29±0.07	8.5	3.19±1.00	0.26±0.05	8.2

为 6.4%～9.2%，前者比例大多高于后者，这说明活性碳库中不仅存在黑碳，而且其比例较高，由于活性碳库周转时间较短，这间接证明黑碳也存在微生物活性。

表 3.50　黑碳在轻组和重组分中的分配规律

土层 （cm）	LFBC （g/kg）	LFBC/BC （%）	LFBC/LFOC （%）	HFBC （g/kg）	HFBC/BC （%）	HFBC/HFOC （%）
0～20	0.69 ± 0.14	37.6	22.4	1.16 ± 0.27	62.4	8.5
20～40	0.07 ± 0.04	14.7	4.7	0.41 ± 0.06	85.3	6.4
40～60	0.07 ± 0.03	15.9	15.2	0.34 ± 0.07	84.1	7.7
60～80	0.05 ± 0.02	14.4	16.9	0.29 ± 0.04	85.6	9.2
80～100	0.07 ± 0.02	22.4	30.4	0.24 ± 0.03	77.6	8.5

注：LFBC 代表轻组分中黑碳含量，BC 代表全土黑碳含量，LFOC 代表轻组有机碳含量；HFBC 代表重组分中黑碳含量，HFOC 代表重组有机碳含量

3.5.6.4　杉木人工林土壤黑碳和土壤有机碳的关系

回归分析表明，杉木人工林 SOC 和 BC 之间具有极显著的线性关系，一元回归方程为 $y = 0.1056x - 0.0862$，$R^2 = 0.8418$，利用这一方程，可以大致估算土壤 BC 含量（图 3.25）。

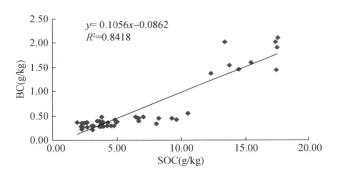

图 3.25　土壤黑碳与土壤有机碳含量的相关关系

3.5.7　不同立地质量对杉木人工林碳吸存的影响

根据杉木人工林各组分的平均碳含量，通过关系方程和关键参数，可以模拟不同立地条件下杉木人工林的碳储量和碳源汇动态变化。为了相互比较，假设不同立地条件下，营造杉木人工林时初始土壤碳储量均为 80 t/hm²。不同立地质量的模拟结果分别如图 3.26～图 3.30 所示。

由表 3.51 可知，随着立地质量的下降，50a 杉木人工林地碳储量和年平均碳储量均呈

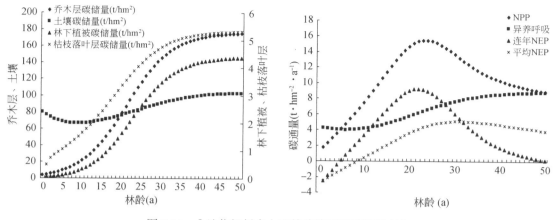

图 3.26　Ⅰ地位级杉木人工林碳储量和碳源汇变化

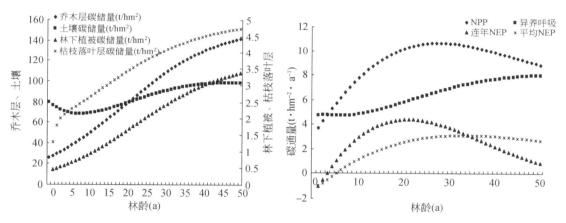

图 3.27　Ⅱ地位级杉木林碳储量和碳源汇变化

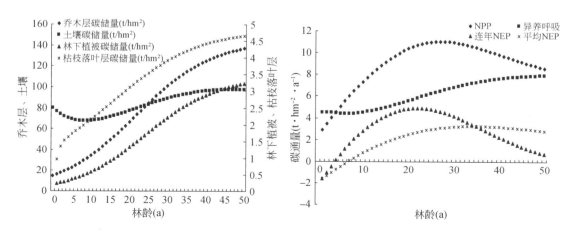

图 3.28　Ⅲ地位级杉木林碳储量和碳源汇变化

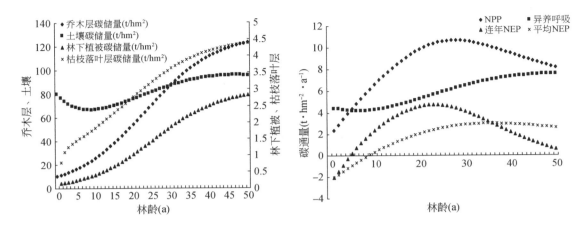

图 3.29　Ⅳ地位级杉木林碳储量和碳源汇变化

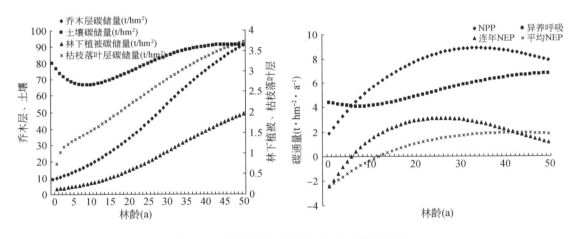

图 3.30　Ⅴ地位级杉木林碳储量和碳源汇变化

下降趋势，表明碳吸存效益随立地质量下降而降低。除了地位级Ⅰ外，林地碳源汇转换时间随立地质量的下降而延长；林地碳汇成熟年龄和土壤有机碳恢复时间亦随立地质量下降而延长。碳汇成熟年龄均大于传统的杉木用材林经营的轮伐期，因而，以碳汇为主要经营目标的碳人工林经营的轮伐期大于用材林经营的轮伐期。

　　立地质量对杉木林的碳汇效益有显著影响。采用传统杉木林经营措施时，碳汇经营轮伐期内Ⅰ、Ⅱ、Ⅲ、Ⅳ、Ⅴ地位级的年平均碳吸存效益分别为 5.5 t/hm²、4.0 t/hm²、3.8 t/hm²、3.4 t/hm²、2.3 t/hm²。可见随立地质量下降，年平均碳汇效益下降。因而，为获取较高的碳汇效益和经济效益，应根据成本效益分析，尽量选择较好的立地进行杉木人工林碳经营。

表 3.51　不同地位级杉木人工林碳储量和碳源汇特征

地位级	50a 杉木人工林碳储量（t/hm²）	年平均碳储量（t hm⁻² · a⁻¹）	源汇转换时间（a）	碳汇成熟年龄（a）	土壤碳恢复时间（a）	碳汇成熟年龄时碳储量（t/hm²）	碳汇经营轮伐期内平均碳吸存效益
I	286.9	191.2	5	32	23	254.7	5.5
II	248.2	178.8	3	35	22	220.4	4.0
III	242.1	168.7	4	35	23	214.6	3.8
IV	225.8	155.7	5	37	24	205.4	3.4
V	187.6	129.7	7	43	26	176.9	2.3

3.5.8　不同轮伐期对杉木林碳吸存的影响

　　为了比较不同轮伐期对杉木林长期碳吸存的影响，以地位级 I 为例，分别模拟了 20a、30a 和 40a 轮伐期杉木林生态系统碳储量及木材产品碳储量与经济系统（林地＋木材产品）碳储量的变化，模拟的时间均为 120a，不同轮伐期对应的栽植代数分别为 6 代、4 代和 3 代，并假设随栽植代数增加，林木生产力不发生下降；设定皆伐、火烧过程导致枯枝落叶层全部损失，土壤有机碳储量下降 17%（根据项目组前期研究资料）；干材的出材率设为 0.7；木材产品碳的周转期为 100a。根据上述设定，地位级 I 不同轮伐期的模拟结果如图 3.31 所示。

　　由表 3.52 可知，随轮伐期延长，120a 内的林地年平均碳储量增加；年平均木材产品碳储量以 30a 轮伐期最大，而 20a 轮伐期最小；但整个经济系统的年平均碳储量则随轮伐期的延长而增加。如果从长期碳吸存的角度来衡量碳吸存效益的话，则随轮伐期延长，杉木

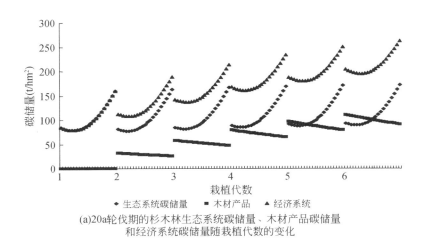

(a)20a轮伐期的杉木林生态系统碳储量、木材产品碳储量
和经济系统碳储量随栽植代数的变化

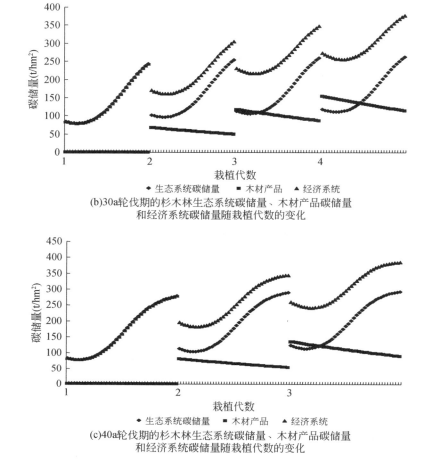

(b)30a轮伐期的杉木林生态系统碳储量、木材产品碳储量
和经济系统碳储量随栽植代数的变化

(c)40a轮伐期的杉木林生态系统碳储量、木材产品碳储量
和经济系统碳储量随栽植代数的变化

图 3.31　不同年代轮伐期的杉木林生态系统碳储量、木材产品碳储量和经济系统碳储量
随栽植代数的变化

林经营的碳吸存效益增加。

表 3.52　不同轮伐期情景下 120a 内年平均生态系统碳储量、
木材产品碳储量和经济系统碳储量　　　（单位：t/hm²）

轮伐期	年平均生态系统碳储量	年平均木材产品碳储量	年平均经济系统碳储量
20a	107.7	56.8	164.5
30a	152.5	73.3	225.8
40a	183.4	60.1	243.5

3.5.9　延长采伐时间对杉木林碳吸存效益的影响

根据已有理论推导，在人工林未达到生物学成熟以前，人工林生物量（B）与林龄（A）间在存在幂函数关系：

$$B=P \times Ab$$

式中，P 为立地生长潜力指标，b 为幂指数。

根据上式，延长采伐时间 ΔA 后生物量增加比例为：

$$\Delta B/B=[(1+ \Delta A/A)b-1]$$

假定杉木人工林 30a 仍未达生物学成熟年龄，则根据已收集的 30a 及以下的杉木人工林资料，通过回归分析建立了不同地位级杉木人工林生物量与林龄的幂函数方程：

$$B=7.003 \times A0.962，R^2=0.627，n=116$$

例如，以杉木人工林采伐年龄 30a 计，每延长 1a 采伐则可使杉木林生物量碳储量增加3.2%。

3.5.10　杉木人工林碳经营措施的应用

根据生物量累计法结合生态学方法的研究可以看出，要想提高杉木人工林的碳汇，需要：①提高林分净生产力，增加林分碳吸存量。②降低土壤呼吸，特别是土壤异养呼吸，或至少保证经营活动不把土壤碳释放出来。

3.5.10.1　避免杉木林多代连栽，引进阔叶树发展杉阔混交林碳经营模式

多代连栽导致生态系统碳储量和碳吸存量降低，降低了杉木人工林的碳汇效益。通过引进阔叶树营造杉阔混交林，不但有利于防止地力衰退，而且可以提高杉木人工林的碳吸存效益。可以考虑通过杉阔混交林模式、留杉栽阔模式、杉阔轮栽模式、或在杉木多代连栽地营造阔叶树人工林模式等提高林地的碳汇效益。

3.5.10.2　降低营林过程中的土壤碳释放的措施

（1）保留采伐剩余物

对皆伐迹地不采取火烧清理，不仅能使约 15 t/hm² 的碳在采伐剩余物中得到暂时保存，

而且能避免火烧过程中表层土壤 3.4 t/hm^2 碳的释放。同时，由于采伐剩余物的覆盖，将降低林地地表温度，降低土壤异养呼吸，从而使更多的土壤有机碳得到保持，而且还可以减少因林地水土流失而造成的碳损失。

（2）增加郁闭前的幼林地覆盖

通过本项目的研究发现，杉木未成林地为碳源，因而在林地更新后至幼林郁闭期间，应尽量降低林地的土壤碳损失。在林地郁闭前，可以适当允许林下植被生长，以增加幼林地覆盖，减少林地地表温度，降低土壤异养呼吸和水土流失；同时亦可以通过林下植被的周转增加林地土壤的碳收入，以弥补幼林地土壤碳收支的失衡。为了减少杂木对幼林木的竞争，保证幼林木的生长，可以通过降低锄草次数，或采取块状锄草方式和劈除的方法等加以解决。

3.5.10.3 适时间伐和打枝，减少林木个体竞争的呼吸消耗

在林分郁闭后，应适时进行间伐和打枝，以减少处于竞争劣势林木和无效枝条的呼吸消耗，使更多的光合产物分配到净生产力中，促进林木的生长，提高林分的碳吸存量。同时，可以通过收获间伐木和枝条用以加工木制品等可获得额外的碳吸存量。

3.5.10.4 确定杉木人工林碳汇经营的合理轮伐期

不同立地条件下碳汇成熟年龄均大于传统的杉木用材林经营的轮伐期（25～30a），因而，应该延长现有杉木用材林经营的轮伐期，Ⅰ、Ⅱ、Ⅲ、Ⅳ、Ⅴ地位级的碳汇经营轮伐期应分别调整到32a、35a、35a、37a、43a为宜，才能获得最佳的碳吸存效益。

3.5.10.5 对成过熟林进行适时采伐

随着林分的衰老，杉木人工林的碳汇能力降低，年平均碳汇效益下降，因而，除有特殊保护价值和科研价值的老龄林外，应对成过熟林进行适时采伐并重新更新，以获得的最大的年平均碳吸存效益。

3.5.10.6 选择适合杉木人工林碳汇经营的立地

立地质量对杉木人工林的碳汇效益有显著影响，林地平均碳吸存效益随立地质量下降而下降。因而，为获取较高的碳汇效益和经济效益，应根据成本效益分析，尽量选择较好的立地进行杉木人工林碳经营。

3.6 主 要 结 论

3.6.1 杉木人工林碳汇经营技术

3.6.1.1 杉木人工林年龄序列碳储量及碳源汇变化

杉木人工林生态系统碳储量随林龄增长而增加，至88a时达最大，但仍低于邻近的常绿阔叶次生林的水平；40a的杉木人工林生态系统碳储量远高于35a的楠木人工林。

杉木人工林年凋落物C归还量在40a前随林龄的增加而增加，至40a时达最大值；而40a后则下降。杉木人工林的凋落物量C归还量（$0.663 \sim 2.571$ tC·hm^{-2}·a^{-1}）均低于邻近的常绿次生阔叶林（2.970 tC·hm^{-2}·a^{-1}）和35a楠木人工林（3.641 tC·hm^{-2}·a^{-1}）。

杉木人工林细根年C归还量从7a到21a呈增加趋势，至21a时达最大值，此后随林龄增长而下降，至88a时达最小值。杉木人工林细根年C归还量（$0.792 \sim 2.253$ tC·hm^{-2}·a^{-1}）低于35a楠木人工林（3.601 tC·hm^{-2}·a^{-1}）；88a杉木人工林细根年C归还量（0.792 tC·hm^{-2}·a^{-1}）远低于常绿次生阔叶林（1.814 tC·hm^{-2}·a^{-1}）。

杉木人工林土壤呼吸和土壤异养呼吸均在40a前随林龄增长而增加，在40a时均达最大值；此后有所下降。杉木人工林的土壤呼吸和土壤异养呼吸年通量（分别为$7.194 \sim 8.966$ tC·hm^{-2}·a^{-1}和$4.351 \sim 5.721$ tC·hm^{-2}·a^{-1}）均低于常绿次生阔叶林（分别为14.803 tC·hm^{-2}·a^{-1}和8.925 tC·hm^{-2}·a^{-1}）和35a楠木人工林（分别为11.805 tC·hm^{-2}·a^{-1}和7.448 tC·hm^{-2}·a^{-1}）。不同森林类型土壤异养呼吸占土壤总呼吸比例没有显著差异，基本稳定在60%左右。

杉木人工林在2a时NEP为负值，林地表现为C源；在7a后，NEP为正值，表现为碳汇；在21a时NEP达最大值（4.946 tC·hm^{-2}·a^{-1}），此后明显下降，在40a以后基本保持稳定。40a杉木人工林的NEP（1.921 tC·hm^{-2}·a^{-1}）小于35a楠木人工林（3.493 tC·hm^{-2}·a^{-1}）。

目前国际上有关不同年龄人工林的碳源汇差异虽有少量研究，但大多集中在温带树种（如黑云杉、北美黄杉、加拿大短叶松），有关热带、亚热带人工林的研究极少。本项目研究首次揭示杉木人工林年龄序列碳源汇变化，填补了国际上亚热带人工林研究空白。

3.6.1.2 营林措施对杉木人工林碳吸存的影响

杉木人工林皆伐后生态系统碳储量降低44%。皆伐后3个月，土壤有机碳储量损失约26%。火烧过程导致杉木人工林表层土壤有机碳储量降低15%；火烧5年后火烧样地的土壤有机碳仍低于未火烧样地。杉木人工林皆伐火烧后在前3~4个月促进了土壤呼吸。但皆伐火烧促进了土壤异养呼吸，使矿质土壤呼吸年通量占总呼吸的 60% 以上。不同更新方式的土壤呼吸年释放量以不火烧＋自然更新的最大，火烧＋人工栽杉次之，而不火烧＋人工栽杉的最小。

杉木多代连栽不利于杉木人工林碳素的积累，随着连栽代数的增加，杉木人工林碳储量逐渐减小。不同栽杉代数 29 年生杉木林二代和三代与一代相比，植被碳库下降了 28.44% 和 42.46%，土壤碳库下降了 8.23% 和 16.43%，群落碳年净吸存量下降了 25.04% 和 27.76%。

杉阔轮栽经营模式森林生态系统碳储量明显比对照 1（杉木纯林）大，其中植被碳库增加了 7.13%，土壤碳库增加了 24.92%。从增加幅度来看，土壤碳库的增加占整个生态系统的增加量的 78.03%，说明合理的杉阔轮栽可以大幅度地提高土壤的有机碳储量。

与对照 1 相比，留杉栽阔经营模式中森林生态系统的碳储量增加了 15.74%，其中植被碳库和土壤碳库分别增加了 6.86% 和 24.72%。从增加幅度看，土壤碳的增加幅度最大，为 81.73%，其次为植被碳库（17.53%）。

杉木多代连栽地营造的杉阔混交林的碳储量比对照 2 大 6.97%，其中植被和土壤碳库分别比对照大 5.72% 和 6.25%；群落碳年净吸存量为 10.784 t/hm^2，大于对照 2（9.768 t/hm^2），说明该经营模式亦可提高森林生态系统碳吸存能力。

杉木人工林取代常绿次生阔叶林后，表层土壤 MBC 含量增加，但 DOC 含量则下降。88a 杉木人工林皆伐后，表层土壤 MBC 和 DOC 含量均明显增加。多代连栽导致表层土壤 MBC 和 DOC 含量下降，特别是表层土壤 DOC 含量的下降最为明显。

杉木人工林取代常绿次生阔叶林后，土壤轻组有机碳含量和储量均明显下降。88a 杉木人工林皆伐火烧后，土壤轻组有机碳含量、储量及占土壤有机碳比例均明显增加，特别是表层土壤。随连栽代数增加，土壤轻组有机碳含量和储量均明显增加。不同森林土壤轻组有机碳占土壤有机 C 的比例介于 9% ～ 15%。

杉木人工林 SOC 与 BC 含量和储量均随土壤剖面深度的增加而呈下降的规律变化。不同林分土壤中，BC/SOC 的比例范围为 4.6% ～ 12.5%。常绿次生阔叶林转换为杉木人工林后土壤有机碳含量和黑碳含量均有所下降。老龄杉木人工林皆伐后，表层 0 ～ 20cm 土壤黑碳含量有所增加，但底层土壤黑碳含量则有所下降。杉木连栽后表层土壤有机碳和黑碳含量有所增加，但 20cm 以下土壤有机碳和黑碳含量均有所下降，表明 BC 具有较强的迁移能力。在国内首次研究了 BC 在森林土壤不同组分中的分配规律，发现 BC 主要分布在土壤重组分中，土壤重组分中的 BC 占 BC 总量的比例为 60% ～ 85%；土壤重组分中的 BC 占重组有机碳的比例为 8%，而轻组分中 BC 占轻组有机碳的比例高达 20%，证实了 BC 存在微生物降解过程。

3.6.1.3 不同经营情景杉木人工林碳吸存效益模拟

本研究首次系统揭示经营措施对杉木林碳吸存的影响，为杉木人工林碳经营提供技术支撑。在国内外首次提出了人工林碳汇成熟年龄的概念（即连年 NEP 与平均 NEP 相等的年龄），指出杉木人工林碳汇经营的合理轮伐期应与碳汇成熟年龄一致。模拟了不同立地质量和不同轮伐期杉木人工林的碳吸存效益，发现随立地质量的下降，杉木人工林碳吸存效益降低，林地碳源汇转换时间、林地碳汇成熟年龄和土壤有机碳恢复时间均延长。碳汇成熟年龄均大于传统的杉木用材林经营的轮伐期，指出以碳汇为主要经营目标的碳人工林经营的轮伐期大于用材林经营的轮伐期。发现随轮伐期延长，杉木人工林林地和经济系统的年平均碳储量增加。

3.6.2 杉木人工林碳计量技术

3.6.2.1 杉木人工林碳库计量技术

杉木林乔木层生物量与林分蓄积量（V）的关系方程为：$B=0.383 \times V+35.263$（$R^2=0.906$，$n=68$，$P=0.000$）。

杉木林乔木层生物量转换与扩展因子（BCEF）与 V 间的关系方程为 BCEF = 0.383 + 35.263/V。乔木层生物量分配方程分别为：干生物量 =0.206× 乔木层生物量 1.235，$R^2=0.974$；根生物量 =0.297× 乔木层生物量 0.876，$R^2=0.841$；枝生物量 =0.269× 乔木层生物量 0.768，$R^2=0.701$；叶的生物量可考虑通过差值法求得。林下植被生物量方程为：灌木层生物量 =0.019× 干生物量，$R^2=0.634$；草本层生物量 =0.017× 干生物量，$R^2=0.741$；枯枝落叶现存量方程为：枯枝落叶层现存量 =0.023× 乔木层生物量，$R^2=0.744$。上述方程均不受立地质量影响，可以适用于所有立地条件。上述各部分生物量乘以相应的碳含量即可获得对各部分生物量碳储量的估计。土壤有机碳储量则需通过实地测定而获得。

3.6.2.2 杉木人工林碳汇计量技术

杉木人工林乔木层生物量与林龄的关系可分别按地位级和地方经验收获表确定。凋落物量的预测方程为：落枝量 =0.064× 枝生物量，$R^2=0.750$；落叶量 =2.280× 落枝量，$R^2=0.968$；其他组分凋落物量 =0.252×（落叶量 + 落枝量），$R^2=0.755$。细根周转量的预测方程为：细根生物量 =0.314× age × exp（−0.038× age），$R^2=0.614$；细根年周转量 = 细根生物量 ×1.43。林下植被周转量方程为：林下植被周转量 = 灌木层生物量 /4+ 草本层生物量 /1.6。凋落物分解系数（K）与年均气温（T）间关系为：$K=0.013 \times \exp（0.201T）$；枯枝落叶层矿化系数为 0.444。矿质土壤有机碳矿化系数为 0.05。通过估计的 NPP 和土壤异养呼吸之差，即可获得林分当前碳汇和未来碳汇的估计。

通过上述关系方程和参数，首次构建了适用于不同立地质量的杉木林碳库和碳汇计量技术。通过验证，能够较好地预测杉木人工林的碳储量和碳汇。与国内外研究相比，本项目采用国际先进仪器和方法，解决了关键参数的准确测定问题，特别是有关细根周转系数、落叶、落枝、枯死细根分解、矿化与转移系数的确定。碳计量体系中，考虑了完整的碳平衡分量，从而使构建的碳计量技术体系能获得更为准确的碳汇估计。

目前国外有关人工林碳计量研究已有一些报道，但大都只考虑生物量碳储量部分，而没有考虑土壤异养呼吸引起的土壤碳密度降低导致的"漏碳"对林分碳汇估计的影响；在进行碳平衡时，碳平衡分量考虑不全，特别是净生产力部分大多只考虑生物量增量和凋落物量，而忽略了细根净生产力。由于这些缺点，从而可能使估算的碳汇出现偏差。而国内有关人工林碳计量的研究尚属空白。

4 | 碳计量仪器研发与方法探索

4.1 物联网与生态系统关键元素通量监测仪器

目前我国生态高精仪器自主研发的能力仍然较弱，通量监测设备主要依赖进口，这些设备存在价格昂贵、能耗大、时间分辨率低、仪器材质和功能不适合我国多样化的生态系统，以及后期维修困难等诸多问题。为了克服这些问题我们进行了一系列科技创新，主要体现在准同步短时间片气道切换技术、碳同位素耦合技术、低功耗设计实现大批量仪器集群提供大数据挖掘接口等方面：①借鉴通信领域的时分复用（TDM）概念，我国科研机构自主研发了准同步短时间片气道切换技术，能够以几乎同步的方式获得多通道的碳通量数据，解决了传统碳通量监测的时间和空间分辨率低的问题，进而可以准确监测日常及极端天气条件下碳通量的实时动态，大幅提高碳汇监测的精度。②碳同位素耦合技术可以精确捕捉同位素 ^{13}C 在树木韧皮部和木质部传输的动态，进而准确跟踪树木光合产物的地上地下分配途径。③整机深度低功耗设计，工作间隙实现超低功耗休眠，休眠功耗可以降低到 2 mw。低功耗的设计支持了仪器的大批量集群监测，进而可以获得传统测量不能得到的大数据，并且仪器具有完善的大数据接口，可以自动化同步进行数据挖掘分析。集合以上科技创新，通过物联网实现系统集成，实现对这些集群测量仪器的有效管理、高效的数据质量控制及数据的传输、处理与管理（图 4.1）。

目前土壤碳通量监测手段存在严重瓶颈，大多数土壤碳通量监测依赖人工完成，除了监测效率低下外，还无法实现同步监测，在夜间、暴雨、台风等时段也无法工作。自动化土壤碳通量监测仪器严重依赖进口，价格昂贵，而且没有为湿润森林地区进行特殊优化，在高温、高湿、多虫的条件下容易导致仪器失效。由于土壤碳通量在时间和空间上具有高度可变性，客观上需要提高仪器监测时间分辨率，以及保证足够数量的仪器才能充分捕获碳通量的时空变化。但是目前土壤碳通量的连续监测并不广泛，也很少实验是针对长期监测开展的。

1）我们首次通过类似于通信领域的 TDM 技术，在每次测量的周期内依次随机切换气道，并且缩短切换装置到传感器的气管长度，通过短时间片的气道切换实现在每次测量周

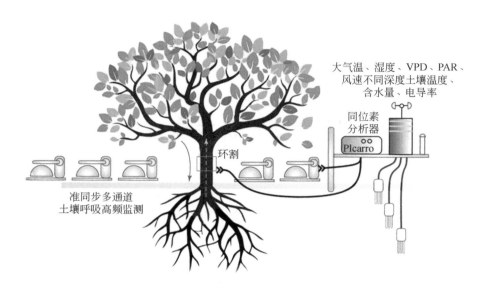

图 4.1　仪器野外架设示意图

期都能够准同步获得每个通道气体浓度的变化趋势。此外，在监测碳通量的同时整合分析了 ^{13}C 同位素的数据，不仅能够高分辨率监测土壤碳通量，还能通过 ^{13}C 同位素数据示踪各种碳源对土壤碳通量的影响（图 4.2）。

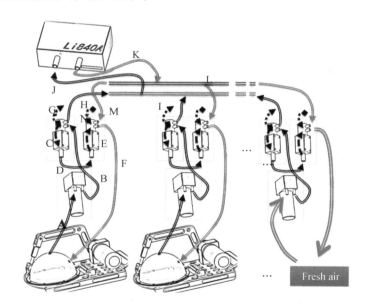

图 4.2　土壤碳通量集群监测示意图

　　2）在国际上首次提出土壤碳通量集群监测的方法，对整机进行超低功耗设计，工作间隙实现深度休眠。低功耗设计支持了仪器的大批量集群监测，进而可以获得传统测量不能得到的高时空分辨率大数据。进口碳通量监测设备的功耗通常很大，难以在野外环境中长期作业。以 LI-COR 公司研发的多通道碳通量监测设备 LI-8150 为例，其每小时平均功耗大约 35W，其配置的蓄电池最多仅能维持设备工作 3 ~ 5 小时，因此需要科研人员定期更换蓄电池来维持设备的正常运转，这就导致无法在野外做到长期、连续、稳定地进行数据采集，更难以实现土壤碳通量的大批量集群监测。我们利用准同步短时间片气道切换技术，不仅能够实现土壤碳通量的高时空分辨率监测，而且由于效率的提高可以维持更长的休眠时间，通过独特的深度休眠技术，休眠时系统功耗可以降低到 2 mw。低功耗及更低的仪器成本客观上可以支持大批量的仪器同时运行，进而可以得到高分辨率的大数据，为后期数据挖掘提供数据。此外，在野外支持仪器运行的电力供应是首要问题，除了仪器设计为低功耗模式外，其还可利用太阳能和山区丰富的水力资源，构建成互补发电模式。在降水少的季节，主要依靠林窗区布设的太阳能为系统蓄电池充电，在阴雨天气太阳能供应不足的情况下，利用水力为主的能源供电，彻底解决野外林区监测的长期稳定供电问题（图 4.3）。

图 4.3　能源来源示意图

3）在国内首次把大数据挖掘技术应用于土壤碳通量数据分析，开发了应用于高分辨数据显著性检验的算法，可以得到处理间显著性差异时间点的频度分布。此外，还结合机器学习（包括深度学习）、小波分析、贝叶斯网络等大数据分析手段挖掘影响土壤碳通量的关键环境因子。大规模的连续测量会带来新的挑战，包括需要额外管理复杂的设备和大型数据集以及新颖的分析方法。机器学习、傅里叶分析、连续小波变换等算法可以提供强大的生态洞察力，具有比传统建模方法更高的预测性能，但土壤碳通量领域依然很少被使用。目前，国际上 FLUXCOM 已经把机器学习应用于通量塔数据的质量控制和间隙填充，但目前应用于土壤呼吸研究的文献依然很少。高分辨率的监测数据必然面对大数据处理的困境，加上大量同步监测的环境微气象因子（如各土壤层温度、含水量、气温、相对湿度、VPD、PAR 等），使得处理分析这些多维的生态数据非常困难。在实际监测过程中由于维修、停电、动物破坏等原因都可能导致测量变量之间存在缺失值。这些问题导致传统的统计方法在分析这些数据时遇到了挑战，尤其是线性统计方法，比如广义线性模型，不足以揭示更复杂的过程透露出的格局和关系。我们自主开发了处理这些高时空分辨率的大数据的显著性检验方法，在不假设方差相等的情况下对不同处理的土壤碳通量的每个相同时间的数据进行同步 Welch t 检验，进而得到在不同环境条件下处理间显著性差异时间点的频度分布（图 4.4）。还通过机器学习回归拟合更加精确地预测土壤碳通量变化，填补监测过程的数据缺失。通过机器学习重要度分析，可以发现驱动土壤碳通量的最重要环境因子，通过连续小波变换、小波相干、贝叶斯网络等技术来研究环境因子对土壤碳通量相位的驱动关系。

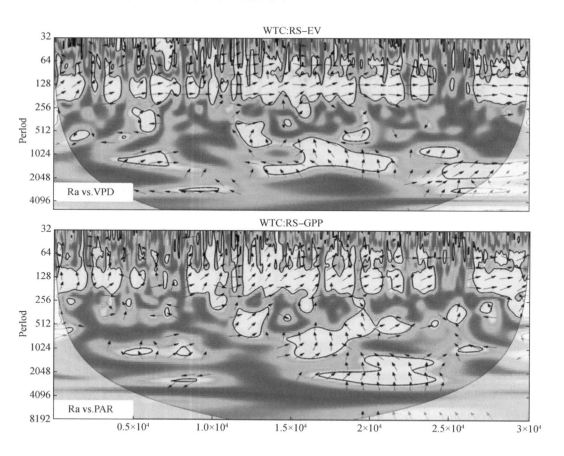

图 4.4　土壤碳通量数据分析

4.1.1 准同步时分复用技术大幅提高土壤碳通量监测的时空间 分辨率

土壤碳通量监测系统由于 CO_2 传感器价格昂贵，为了获得多个腔室监测的数据，目前的大部分方法是通过非同步轮询方式来实现多通道 CO_2 通量测量，这是一种不同步时分复用方法。如果通道数量多，会导致从第一个通道切换到最后通道的时差太长，大大降低了通量监测的时间分辨率（图 4.5）。

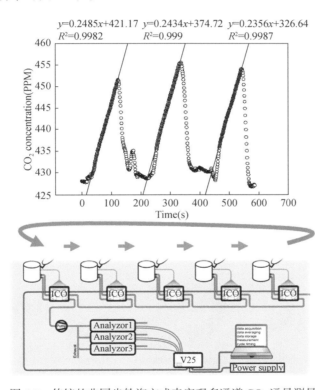

图 4.5　传统的非同步轮询方式来实现多通道 CO_2 通量测量

通过 TDM 技术，可实现土壤 CO_2 通量观测的多通道同步测量。多通道腔室同步闭合，使用一个传感器同步检测，测量结束后多腔室同步打开，大大提高了碳通量监测的时间分辨率，其原理如图 4.6 所示。

在多腔室关闭后，传感器使用特殊的气阀系统和洗气装置高速进行通道切换和洗气操作。虽然系统把 CO_2 浓度累积曲线打断成多个间断点组成的线，但对线性拟合的精度影响很小，实际使用效果令人满意。图 4.7 是透明和暗腔室下土壤 CO_2 的排放进程，系统清晰地分离了这两种不同的 CO_2 排放模式，绿色线是土壤表层苔藓吸收 CO_2 进程，黑色线是暗

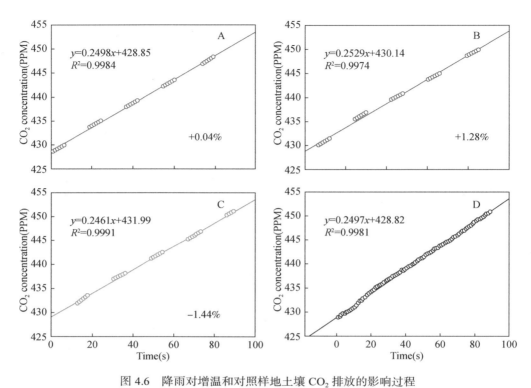

图 4.6　降雨对增温和对照样地土壤 CO_2 排放的影响过程

注：TDM 方式对不同通道腔室 CO_2 通量估算的误差，A ～ C 是三个通道腔室实测 CO_2 浓度，D 为未使用 TDM 方式测量的 CO_2 浓度

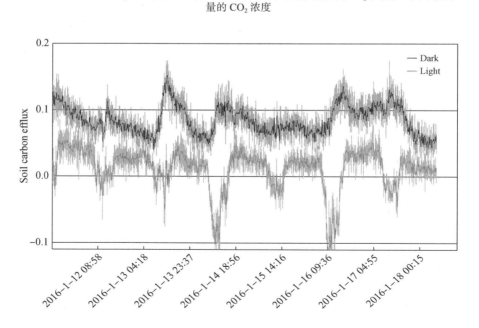

图 4.7　透明和暗腔室下土壤 CO_2 的排放进程

注：灰色阴影和绿色阴影分别表示暗腔室 CO_2 排放的标准差和透明腔室吸收 CO_2 的标准差（$n=3$）

腔室排放 CO_2 进程。

　　该系统在野外的使用可以大幅提高原位土壤碳通量监测的时空分辨率,特别是在一些特殊天气情况下,能够快速、及时捕捉到降雨、寒潮等异常天气事件发生时对土壤 CO_2 排放过程的影响。如图 4.6 所示,系统准确地捕获降雨对增温样地和对照样地土壤 CO_2 排放的影响过程,降雨前,增温样地土壤 CO_2 排放速率显著高于对照样地土壤,对照样地和增温样地土壤的 CO_2 排放速率在降雨后均大幅度下降,但增温样地土壤 CO_2 排放速率降低幅度更大,导致增温样地土壤 CO_2 排放速率在降雨后低于对照样地土壤 CO_2 排放速率。同时,增温样地中土壤 CO_2 排放速率在降雨后快速恢复和增加,大于对照样地土壤 CO_2 排放速率,而对照样地中土壤 CO_2 排放速率无明显变化。这种变化模式在持续的降雨事件中(15 天内)多次重复。

　　图 4.8 展示了 TDM 技术在野外原位土壤 CO_2 排放的监测效果,图 4.8 中上图是土壤含水量,下图是碳通量。下图红色阴影的黑线是增温样地的 CO_2 排放平均值,浅蓝色阴影的蓝线是对照样地的 CO_2 排放平均值,其中红色阴影和浅蓝色阴影分别表示各自的标准差($n=5$)。

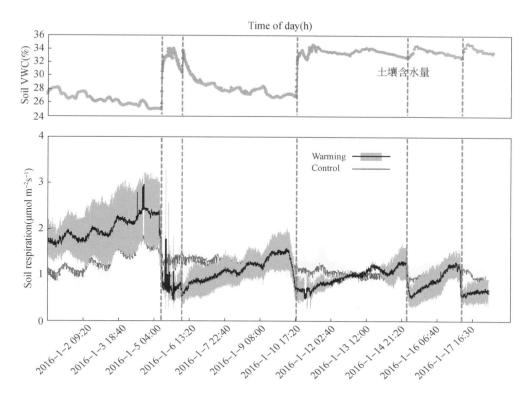

图 4.8　TDM 技术在野外原位土壤 CO_2 排放的监测效果示意图

4.1.2 冠层叶片光合和呼吸高分辨率监测技术

叶片是植物光合作用的最重要器官，由于叶片在光照下同化 CO_2 的同时也通过呼吸作用在排放 CO_2，因此很难衡量叶片在白天的同化作用和呼吸作用。通常光照下测量叶片呼吸作用的 CO_2 排放是通过光合响应曲线拟合得出的，并不是真实测量的结果。不通过暗腔室测量是因为在光照下突然切换到黑暗环境中，叶片可能会在短时产生光呼吸猝发（15 ~ 20s），再经过一段时间后产生光增强暗呼吸（LEDR），所以遮光测到的叶片 LEDR 可能高估了叶片在光照下实际排放的 CO_2。

针对这个棘手的科学问题，我们利用特殊设计的冠层叶室来实时监测植物叶片光合作用的碳水交换动态，该叶室可以捕获叶片的碳排放和碳吸收两个独立的进程。另外，在叶室底部设有动态排水装置，可以全天候监测叶片的生理动态，以及对环境因子（光合有效辐射、大气压力、大气温度、大气相对湿度、饱和水汽压压差……）的响应（图 4.9）。

(a)明暗双叶室

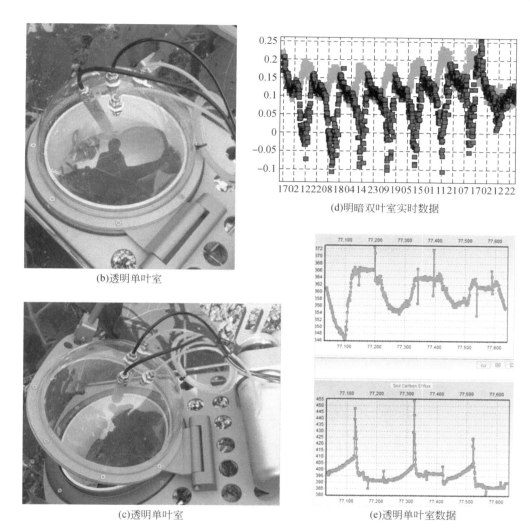

(d)明暗双叶室实时数据

(b)透明单叶室

(c)透明单叶室

(e)透明单叶室数据

图 4.9 明暗双叶室和透明单叶室原位照片以及实时监测数据

4.1.3 不同深度土壤碳通量等压实测技术

地表下不同土壤层 CO_2 的通量和产量监测对于理解地—气系统碳通量交换是非常重要的，但现在几乎所有研究底层土壤碳通量的研究都是基于菲克第一扩散定律模型来间接推算。由于扩散系数的估算是高度可变的，不同模型可能得到相差较大的结果，而且扩散模型只能用于稳态系统，对于非稳态过程的推算会造成更大的估算误差（图 4.10）。

采用闭合循环的等压法来检测底层 CO_2 通量，在多路闭合气路中分别接入一个缓冲器（50ml），缓冲器中存储该层土壤 10min 前的气样。切换到该路检测时，由于 10min 后土层的浓度变化，我们将得到一个气体浓度的变化率（即 10min 内该土层 CO_2 浓度的变化斜率），这种方法类似于表层 CO_2 通量检测的动态气室法：

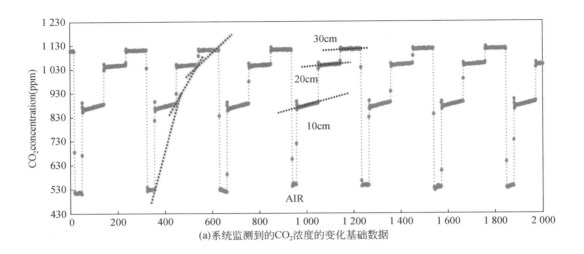

(a)系统监测到的CO_2浓度的变化基础数据

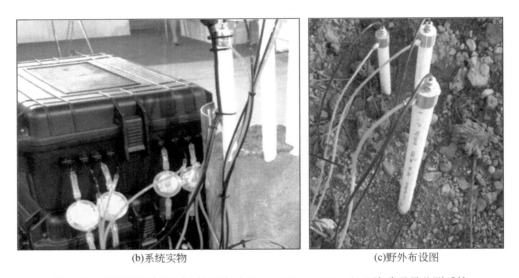

(b)系统实物 　　　　　　　　　　　　　　(c)野外布设图

图 4.10　地表和三个不同土壤深度（10cm、20cm、30cm）土壤碳通量监测系统

$$F = \frac{\partial c}{\partial t} * f(T, W, P\cdots) \tag{4.1}$$

这种方法可以在干扰最小的情况下得到该层土壤 CO_2 的浓度变化率，可以适用于非稳态过程（如瞬间的降水）的实际通量检测，而传统的利用浓度差和菲克第一扩散定律计算的底层 CO_2 通量只适用于稳态过程。此外，利用不同土层通道切换前时刻的 CO_2 浓度梯度差，并结合菲克第一扩散定律，也可以利用传统方法来估算通量，并和实际通量进行对比校正。

如图 4.11 所示，实测的 10cm 土壤层 CO_2 通量与利用菲克扩散定律计算的 10cm 土壤

层 CO_2 通量及地表 CO_2 通量是非常接近的，但实测通量明显分辨率更高，但是降雨后，实测的数据显示出一个更明显的 CO_2 累积峰，而模型推算的通量具有较大的延迟，分辨率更较低。

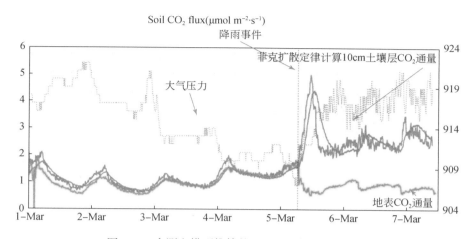

图 4.11　实测和模型推算的 10cm 土壤层 CO_2 通量

注：蓝色点线是大气压；红色线是实测 CO_2 通量；紫色实线是模型推算的 CO_2 通量；
蓝色外发光实线是地表 CO_2 通量

4.1.4　土壤 – 大气界面碳通量监测技术

土壤 – 大气界面碳通量监测技术可以实时捕获界面间高时间分辨率的碳交换动态，其中明暗双腔室技术可以分离地表光合生物（苔藓、地衣、草本等）光合固碳进程，结合大量布设的腔室，有助于获得高时间和空间分辨率的数据；自动化的全天候观测，可在各种天气条件下得到手动观测不能获得的宝贵数据（图 4.12）。

4.1.5　痕量温室气体同步取样技术

在监测 CO_2 交换量的同时，针对其他的痕量温室气体（CH_4、N_2O 等），利用现有的自动化监测装置，可以自行添加同步等压取样装置。等压法巧妙地利用了腔室空间外置法，在不干扰气路气压的情况下实现气体取样，大幅减少野外人工操作的工作量和取样精度及一致性（图 4.13）。

4.1.6　4D 联动树高激光测量技术

树高是地上生物量调查的重要指标，最好的传统测量手段是使用手持式激光测距仪手动测量，由于测量者身高的限制，视角狭窄，数据误差较大而且工作量大，无法实现定点较高频率监测。4D 联动树高激光测量技术，使用物联网联结大量测距终端，可以实现较大规模的树高测量。仪器使用 10m 液压升降杆，结合高清变焦镜头和高精度测距探头，实现远程遥控测量，利用卷线测高器先计算出测量点高度，结合可见激光点照射到树顶的夹角，自动计算出树高（图 4.14）。

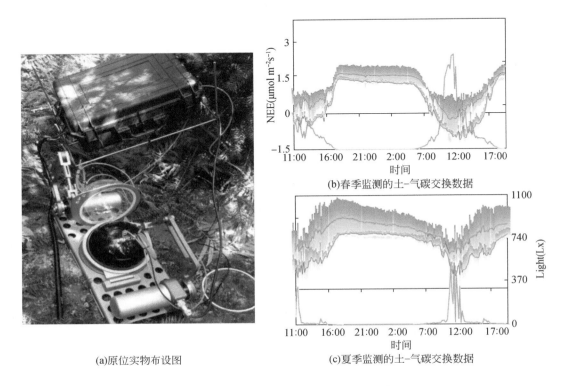

(a)原位实物布设图

(b)春季监测的土–气碳交换数据

(c)夏季监测的土–气碳交换数据

图 4.12　土壤–大气界面碳通量监测系统

注：红色和蓝色线分别是增温样地和对照样地的碳通量，绿色线是光合有效辐射

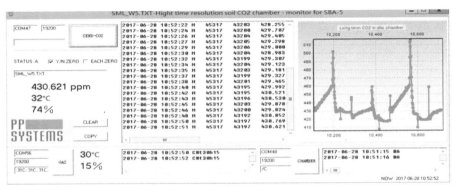

(a)控制界面

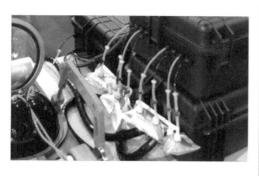

(b)实物

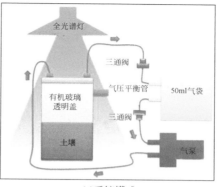

(c)系统模式

图 4.13 痕量温室气体同步取样技术的控制界面和实物图

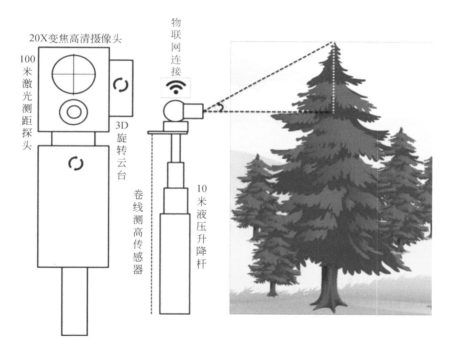

图 4.14 4D 联动树高激光测量系统测量原理

4.1.7 无接触式 3D 树木胸径测量技术

树木胸径也是地上生物量调查的重要指标之一，传统的测量手段是使用接触式的直径测量传感器，虽然检测精度高(微米级)，但是仅能测量直径，而树干断面不可能是正圆形的，这可能会造成较大的测量误差。

无接触式 3D 树木胸径测量技术，可以在完全不干扰树木生长的情况下，高精度测量树木胸径，并能得到树木地径到胸径之间的 3D 扫描图像，通过积分运算可以得到更为精确的生物量估算（图 4.15）。通过物联网技术，该仪器可以实现完全自动化测量，大量布设这种测量仪器，可以得到高频率这种生物量的数据。

图 4.15　无接触式 3D 树木胸径测量技术原理

4.1.8　系统集成

结合物联网技术实现上述开发仪器的实时管理和远程数据分析，可以使我们拥有从不同视角下高频率地观察生态系统碳交换的能力（图 4.16）。全系统集成具有以下特点：

①多种不同用途的仪器互相兼容配合，同步监测；②提高监测的时间、空间分辨率，大幅降低成本；③自组网技术、远程管理访问，可以及时获得野外仪器的工作状态，仪器出现故障可以最快速度维护；④仪器低功耗设计，结合太阳能、小水电系统等，可克服供电对样地的选择限制；⑤长期稳定运行（>2 年），具备防晒、防尘、防水、防虫等功能，适合亚热带森林高温高湿的环境条件。

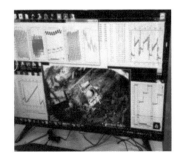

图 4.16　全系统集成图

4.2 无人机与雷达在林业碳汇中的应用

森林地上生物量作为森林结构参数的重要组成部分，可以间接反映森林的固碳能力。准确估测单木、样地或区域尺度的森林地上生物量，是研究地球陆地生物地球化学循环和森林生态服务功能的重要手段。异速生长方程支持下的森林地上生物量估算，胸径（DBH）和树高是关键变量。传统的森林调查，除了需要耗费大量的时间和人力成本，树高因子还因采用目测而存在较大的误差。利用无人机激光雷达（Light Detection And Ranging，LiDAR）测距精度高的优势，在高密度点云对地面和树木分类的基础上获取森林冠层高度模型（Canopy Height Model，CHM）并进行单木分割，可自动提取林地株数、每木树高和冠幅信息。本研究中，同质园 7 个常绿树种单木识别准确率介于 80.95% ～ 93.2%，其中杉木和木荷单株识别率较高，达 90% 以上，樟树最低。单木识别准确率与不同林分个体间生物量、高度的变异性密切相关，呈现植株个体变异越大，单株识别准确率越低的趋势。冠层高度量测是 LiDAR 的优势，多个树种测定结果与人工测量差别小于 15cm，最大的相对均方根误差（RMSE%）仅 2.5%。虽然 LiDAR 可高精度测量树高因子，但却只能根据 DBH 和树高相对生长关系推算 DBH，有偏的 DBH 和树高估计将不确定性进一步传递到 AGB 估计，进而导致单木分割法估测的 AGB 从单木到地块尺度外推时产生较大的误差（RMSE=6.06t/hm^2）。LiDAR 提取的强度和高度系列参数建立的方程，可直接对样方尺度 AGB 进行估测（RMSE=5.93t/hm^2），若再加入单木分割获得的平均树冠面积变量后，样方尺度 AGB 估算精度有较明显提高（RMSE=4.31t/hm^2），其中杉木人工林的 RMSE% 仅 5.3%，杜英、火力楠和樟树 RMSE% 低于 20%，米槠、马尾松和木荷 RMSE% 较大，在 24.3% ～ 42.4%。不同器官生物量预测方程保留的变量类型与 AGB 一致，由此表明，冠层、垂直结构及树种特征相关的 LiDAR 回波强度特征共同反映多树种林地上生物量大小，达到信息互补。但是，若不区分树种，基于 LiDAR 的森林叶、枝、杆生物量估测方程难以达到预期的精度。

4.2.1 生物量参数计算流程

以多树种块状混交的同质园为研究对象，该园区为 2012 年 2 月造林，总面积约 4.5 hm^2，营造 13 个树种，分 4 个区组 52 个地块，每个地块面积 700 ～ 1000m^2，每个树种面积合计约 3400m^2。2018 年 10 月～ 12 月对 7 个常绿树种（杜英、火力楠、米槠、木荷、樟树、杉木、马尾松）进行每木检尺，采用 8 米测高杆配合 Hawkeye HK-800 测距望远镜（精度 0.1m，范围 3.5 ～ 800m）测量树高，28 个地块树木合计 2891 株（表 4.1）。于 2019 年 1 月 20 日采用大疆 M600Pro 无人机搭载 RIEGL mini VUX-1UAV（发射频率 100kHz 有效测距 250 m）获取离散点云信息，平均点云密度为 248 点 /m²（图 4.17）。采用 LiDAR360 软件进行点云处理。采用准确识别的个体数占每个斑块总株数的比例作为单木识别准确率。对实测的 28 个 10 m×10 m 样方提取 LiDAR 参数，并建立生物量估测方程。树高、胸径、地上生物量估算值采用均方根误差（RMSE）和相对均方根误差（RMSE%）作为精度验证指标。

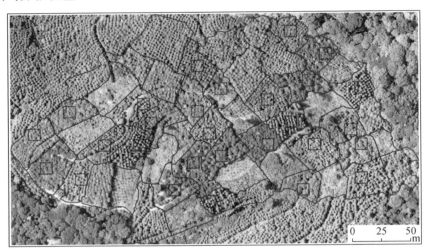

图 4.17　同质园多样树种块状混交样地正射影像

注：红色边界为树种分布边界和实测样方

表 4.1　同质园 7 个常绿树种林分特征

树种	密度（t/hm²）	胸径		高度		冠幅	
		均值（cm）	变异系数	均值（m）	变异系数	均值（m²）	变异系数
山杜英	1 590	10.2	15.80%	5.9	16.40%	7.1	50.10%
火力楠	1 280	7	24.60%	5.1	21.30%	7.7	49.90%
马尾松	1 392	6.4	21.20%	5.6	16.80%	8.2	66.60%
米槠	900	7.3	29.10%	6.6	23.40%	11.4	57.40%
木荷	1 463	6.4	21.00%	6.5	15.60%	7.3	49.50%
杉木	1 240	10.2	24.30%	8.8	18.10%	7.8	45.30%
樟树	1 231	6.6	34.30%	5.9	23.80%	9.2	69.30%

　　LiDAR 点云高密度属性，可以反映森林的三维结构信息，从而可以弥补光学影像表征单一平面信息的不足。基于 LiDAR 的森林单木和样方尺度参数提取，森林生物量估测流程如下（图 4.18）：①对原始点云进行噪声滤波，并进行地面点和植被点分类。②将所有激光点和分类后的地面点数据使用不规则三角网（TIN）插值方法分别生成数字表面模型

（DSM）和数字高程模型（DEM），再差值运算生成冠层高度模型（CHM）。③对 CHM 进行高斯滤波，采用分水岭分割算法提取单木位置、树高和冠幅信息，采用树高和胸径相对生长方程计算单木胸径，结合二元异速生长方程计算单木生物量。④结合 DEM 对分类后的点云进行归一化处理，将植被点的高度值处理成相对于地面的高度值。⑤基于归一化点云提取研究区各网格分区的高度、强度、郁闭度等森林参数（表 4.2）。⑥结合实测样地生物量样本，筛选变量并建立模型。⑦样方生物量估测与精度验证。

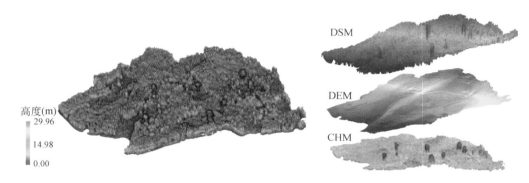

图 4.18　基于 LiDAR 点云生成研究区树冠高度模型（CHM）

表 4.2　基于 LiDAR 提取的样方尺度变量

统计单元内 LiDAR 参数名称	描述
Hmae	统计单元内点云高度平均绝对偏差
Hmean	统计单元内点云高度平均值
Hstd	统计单元内点云高度标准差
Hkurto	统计单元内，所有点的高度值正态分布曲线的峰度
Hskew	统计单元内，所有点的高度值正态分布曲线的偏斜
HP1，5，10，25，30，40，50，60，70，75，80，90，95，99	统计单元内的网格点云不同百分位高度
Imae	统计单元内点云回波强度平均绝对偏差
Imean	统计单元内点云回波强度平均值
Istd	统计单元内点云回波强度标准差
Ikurto	统计单元内，所有点回波强度值正态分布曲线的峰度
Iskew	统计单元内，所有点回波强度值正态分布曲线的偏斜
Int1，5，10，25，30，40，50，60，70，75，80，90，95，99	统计单元内的网格点云不同百分位回波强度
Crownarea	统计单元内平均冠幅面积

4.2.2 基于单木分割的信息提取

4.2.2.1 单木位置识别

单木位置识别是获取样方林分密度和生物量估算相关参数的前提。CHM 分水岭分割算法需要优化高斯平滑系数和林分冠幅的直径因子。本研究中 7 个常绿树种单木识别准确率在 80.95% ～ 93.2%（图 4.19），其中杉木和木荷单株识别率较高，达 90% 以上，樟树最低。单木识别准确率与不同林分个体间生物量、高度的变异性密切相关，呈现植株个体变异越大，单株识别准确率越低的趋势（表 4.1，表 4.3）。例如，单株识别率低于 85% 的樟树和火力楠，单株生物量变异系数（CV）分别为 83.6% 和 73.5%，树高 CV 分别为 23.8% 和 21.3%；而杉木和木荷生物量 CV 分别为 45.8% 和 50.7%，均明显低于前者。

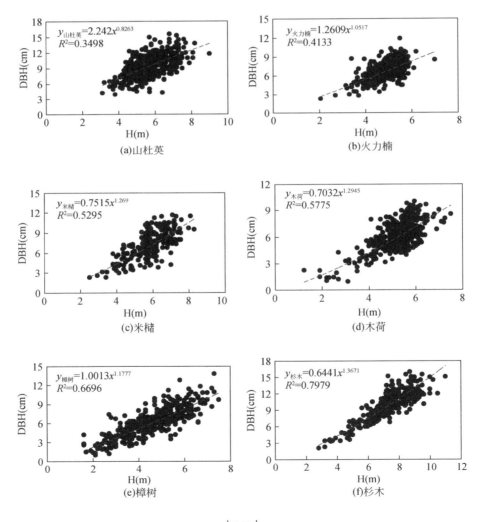

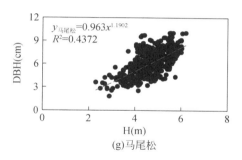

图 4.19　同质园不同树种胸径与树高相对生长关系

表 4.3　基于单木分割的森林参数估测精度验证

树种	株数	单株生物量		单木识别	平均树高		平均胸径		地上生物量	
		均值（kg）	变异系数（CV）（%）	准确率（%）	RMSE（cm）	RMSE%（%）	RMSE（cm）	RMSE%（%）	RMSE（t/hm²）	RMSE%（%）
杜英	431	16.6	43.1	85	7.6	1.3	1.4	13.7	10.696	35.1
火力楠	444	10.49	73.5	83.7	8.8	1.7	1	14.3	5.696	45.9
马尾松	427	10.32	54	88	12.9	2.3	0.7	10.9	2.512	24.2
米槠	264	19.5	64.2	86.4	11	1.7	0.8	11	5.331	51.1
木荷	467	11.32	50.7	93.2	10.2	1.6	0.9	14.1	5.367	55.3
杉木	428	33.02	45.8	90.3	7.3	0.8	0.4	3.9	4.225	9.6
樟树	317	18.39	83.6	80.9	14.9	2.5	1.3	19.7	6.3	40.6

4.2.2.2　树高

LiDAR 提取的树高与实测树高对比结果表明，两者的差别较小，RMSE 在 7.3 ～ 14.9 cm。主杆明显、塔状冠形的杉木林地 LiDAR 提取的树高与人工实测值最为接近，RMSE 最低，为 7.3cm，RMSE% 仅 0.8%；而樟树的 RMSE 最大，达 14.9cm，RMSE% 为 2.5%，其主要原因在于樟木等阔叶树侧枝多，可形成多个冠层顶点，不仅人工判断最高树梢困难，也影响 CHM 单木分割及相应最高点的提取。人工对树木测高除了伐倒树木量测外，常采用测高杆目估、激光望远镜以及超声波测高仪，都需要人眼对树梢位置的远距离判断，在一定密度的林分内，人眼锁定每棵待测树的树梢不仅花费较多时间，且结果因带有一定的主观因素存在或多或少的误差，这种误差一般随着森林郁闭度和树高的增加而增加。

4.2.2.3　胸径

基于 LiDAR 对树木 DBH 估测主要采用树高因子，在树高因子可靠获取的基础上，胸径估测的不确定性主要来自树高与 DBH 的相对生长方程。从研究区每木检尺数据建立不同树种树高与 DBH 的幂函数方程看出，不同树种两个因子的相对生长关系不尽一致，决定系数（R^2）分布于 0.3498 ～ 0.7979（图 4.20）。因此基于 LiDAR 估测的平均胸径存在较大的误差，对于幼龄阶段的森林，杉木林因胸径与树高的相关生长关系较好，DBH 估计的 RMSE 最低，而其他树种 RMSE 介于 0.7 ～ 1.4cm，RMSE% 均超过 10%。

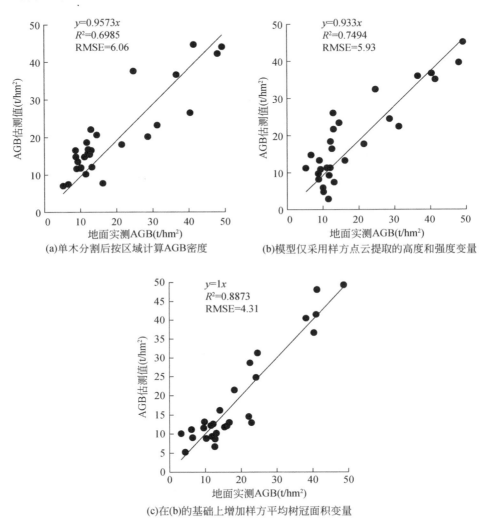

(a)单木分割后按区域计算AGB密度

(b)模型仅采用样方点云提取的高度和强度变量

(c)在(b)的基础上增加样方平均树冠面积变量

图 4.20　地上生物量密度估测结果验证

4.2.2.4　地上生物量

在 LiDAR 提取所有树木树高与 DBH 的基础上，采用二元异速生长方程计算单木 AGB，并上推到斑块尺度进行精度验证。结果表明，基于单木分割与异速生长方程结合的 AGB 估测存在较大的不确定性，各树种 RMSE 分布于 2.512 ～ 10.696 t/hm²，杉木 RMSE%

最低，为 9.6%，其次是马尾松，为 24.2%，其他 5 种阔叶树 RMSE% 均超过 30%。AGB 的估测精度与上述两个因子，尤其是 DBH 的估测精度紧密联系，然而 DBH 的估测误差将不确定性进一步传递到 AGB 估计。

4.2.3　样方尺度地上生物量估测

对研究区覆盖 10 m × 10 m 网格，选择完全落在同一树种分布范围内的网格作为样方，提取 28 个样方的生物量及其范围内 LiDAR 高度、强度等参数，进而建立样方尺度 LiDAR 派生的参数与地上部分不同器官生物量的模型。结果表明，在没有平均树冠面积变量参与下，多树种混合样方的生物量估测逐步回归方程保留了 3 个高度参数和 1 个强度参数偏斜变量。加入平均树冠面积后，方程仅保留了高度 25% 分位数和强度正态分布曲线偏斜值等变量。

仅采用 LiDAR 样方参数估测 ABG 的方程 1，调整后的 R^2 为 0.826，RMSE 为 5.93 t/hm^2；既考虑样方 LiDAR 参数，又结合单木分割获得平均树冠面积的方程 2，调整后的 R^2 提高到 0.926，RMSE 降低到 4.31 t/hm^2。而单木分割计算 ABG 并上推至样方尺度，RMSE 最高，达到 6.06 t/hm^2，误差均高于模型拟合结果（表 4.4，图 4.21）。样方尺度不同树种间 AGB 估计误差也存在明显区分，RMSE% 介于 5.3% ~ 42.4%，其中杉木林最低，而米槠、马尾松和木荷 RMSE% 则超过 20%（表 4.5）。

表 4.4　样方尺度地上总生物量估测方程

编号	方程	调整的 R^2	F	Sig
方程 1	$y = 277.374\mathrm{Hstd} - 23.631\mathrm{Hskewn} - 308.527\mathrm{Hmae} + 0.116\mathrm{Iskew}$	0.826	67.591	0.001
方程 2	$y = 13.2911\mathrm{HP25} - 2.646\mathrm{Crownarea} + 0.109\mathrm{Iskew}$	0.926	117.82	0.001

注：方程 1 仅采用样方 Lidar 的高度和强度变量；方程 2 同时考虑样方 Lidar 变量与平均树冠面积

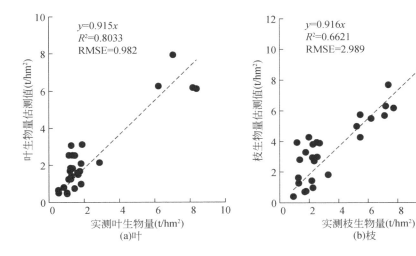

(a)叶　　　(b)枝

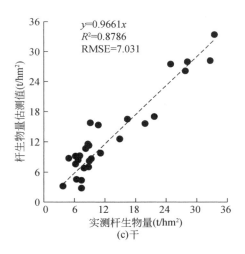

图 4.21　不同生物量估测值与实测值分布散点图

表 4.5　样方尺度地上生物量估测方程精度验证

树种	实测生物量（t/hm²）	方程 1		方程 2	
		RMSE（t/hm²）	RMSE（%）	RMSE（t/hm²）	RMSE（%）
山杜英	30.453	3.855	12.70%	3.815	12.50%
火力楠	12.41	3.792	30.60%	2.204	17.80%
马尾松	10.363	4.892	47.20%	3.728	36.00%
米楮	10.423	6.694	64.20%	4.416	42.40%
木荷	9.708	1.069	11.00%	2.357	24.30%
杉木	43.815	5.622	12.80%	2.312	5.30%
樟树	15.51	5.556	35.80%	2.949	19.00%

注：方程 1 仅采用样方点云提取的高度和强度变量；方程 2 同时考虑样方点云变量与平均树冠面积

4.2.4　样方尺度不同器官地上生物量估测

　　保留平均树冠面积变量，森林叶、枝、干生物量估测方程所选择的自变量与地上生物量估测变量的类型一致。即冠层、垂直结构及树种特征相关的 LiDAR 回波强度特征共同反映多树种林地地上生物量大小，最终达到信息互补（表 4.6）。地上生物量的 3 个分库估测精度中，树干生物量估测与实测值拟合效果较好（图 4.22），尤其杉木林，RMSE% 低于10%，山杜英、火力楠、樟树 RMSE% 也能控制在 20 % 左右，其他 3 个树种 RMSE% 则在 30% ～ 55%。树枝和叶生物量估测精度则相对较低，其中杉木的树枝生物量 RMSE% 为

8.8%，其他树种 RMSE% 为 20% ～ 84%；多数树种叶生物量 RMSE% 高于 20%，仅火力楠 RMSE% 为 8%（图 4.22）。综上所述，LiDAR 提取的参数对多树种森林地上总生物量有较好的估测结果，但若不区分树种，基于 LiDAR 的森林叶、枝、杆等器官生物量估测方程难以达到预期的精度（图 4.23）。

表 4.6 样方尺度叶、枝、杆生物量估测方程

编号	因变量	方程	调整 R^2	F	Sig
方程 3	leaf	$y = 4.642\text{Hmae} - 0.393\text{Crownarea} - 0.011\text{Iskew}$	0.905	89.784	0.001
方程 4	twig	$y = 5.680\text{HT30} - 0.429\text{Crownarea} + 0.026\text{Istd} - 2.810\text{Hmean}$	0.902	65.496	0.001
方程 5	stem	$y = -1.786\text{Crownarea} + 8.471\text{HP30} + 0.072\text{Iskew}$	0.937	138.782	0.001

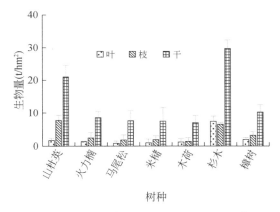

图 4.22 不同树种各器官实测生物量及 LiDAR 估测误差

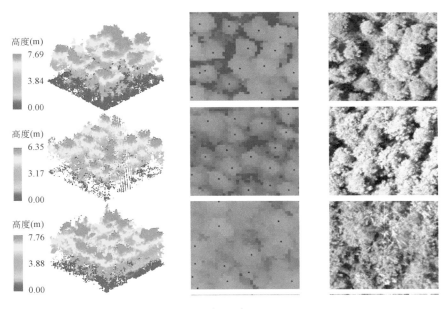

图 4.23　7 个常绿树种归一化 LiDAR 点云、CHM 和正射影像特征

参 考 文 献

坂口胜美 .1970. 森林百科事典 . 东京 : 丸善株式会社 .

蔡亚林 .2009.2009 年关注森林活动启动仪式举行 . 经济 ,(3):110-110.

曹静 , 尹海龙 , 秦玉红 .2009. 对塞罕坝生态旅游产业发展的几点思考 . 中国林业 ,(10):19.

陈滨 , 赵广东 , 冷泠 , 等 .2007. 江西大岗山杉木人工林生态系统土壤呼吸研究 . 气象与减灾研究 ,(3):12-16.

陈楚莹 , 张家武 , 周崇莲 , 等 .1990. 改善杉木人工林的林地质量和提高生产力的研究 . 应用生态学报 ,
    1(2):97-106.

陈福明 , 朱杭瑞 .1982. 杉木光合性状研究初报 . 浙江林业科技 ,12(2):4-7.

陈福明 , 朱杭瑞 .1983. 杉木叶绿素含量研究初报 . 浙江林业科技 ,13(3):17-18.

陈光水 , 杨玉盛 , 何宗明 , 等 .2004. 福建柏和杉木人工林细根生产力、分布及周转的比较 . 林业科学 ,
    40(4):15-21.

陈竑竣 , 李传涵 .1993. 杉木幼林地土壤酶活性与土壤肥力 . 林业科学研究 ,6(3):321-326.

陈竑竣 , 李传涵 .1994. 杉木根际与非根际土壤酶活性比较 . 林业科学 ,30(2):170-175.

陈竑竣 , 李传涵 .1995. 土壤酶活性作为杉木林地土壤肥力指标的可行性研究 . 林业科技通讯 ,(12):28-30.

陈康柏 , 李峰 , 李贵林 .2017. 二站林场人工林碳汇计量 . 现代农村科技 ,(1):60-61.

陈全胜 , 李凌浩 , 韩兴国 , 等 .2003. 温带草原 11 个植物群落夏秋土壤呼吸对气温变化的响应 . 植物生态学
    报 ,(4):441-447.

陈幸良 , 巨茜 , 林昆仑 .2014. 中国人工林发展现状、问题与对策 . 世界林业研究 ,27(6):54-59.

程伯容 . 1987. 长白山红松阔叶林的生物养分循环 . 土壤学报 ,24(2):160-169.

迟健 .1977. 杉木生长发育与气候关系 // 南方用材林基地科研系统资料汇编 . 北京 : 农业出版社 .

邓士坚 , 王开平 , 高虹 .1988. 杉木老龄人工林生物产量和营养元素含量分布 . 生态学杂志 ,7(1):13-18.

丁继武 , 周立华 .2009. 气候变化与水安全 . 环境保护与循环经济 ,(1):60-61.

丁蕴一 .1990. 中国杉木研究动态 . 世界林业研究 ,3(1):67-74.

董利虎 , 李凤日 , 贾炜玮 .2013. 林木竞争对红松人工林立木生物量影响及模型研究 . 北京林业大学学报 ,
    (6):15-22.

樊晓亮 , 闫平 .2010. 森林固碳能力估测方法及其研究进展 . 防护林科技 ,(1):60-63.

范少辉 , 俞新妥 .1986. 杉木苗期氮素营养诊断的研究 . 福建林学院学报 ,6(2):1-9.

范少辉 , 俞新妥 .1987. 杉木苗期施氮的研究 . 林业科学 ,23(3): 277-285.

范少辉 , 俞新妥 .1989. 杉木苗期施氮对二年生苗生长的影响 . 福建林学院学报 ,9(3):303-309.

范少辉 , 俞新妥 .1990. 杉木苗期施氮的田间试验研究 . 福建林学院学报 ,10(4):334-343.

范少辉 .1994. 杉木栽培营养的研究 . 北京 : 北京林业大学博士学位论文 .

范晓丹 .2014. 鼓泡反应器中氢氧化钠吸收二氧化碳的数值模拟 . 沈阳 : 东北大学硕士学位论文 .

方精云 , 陈平安 .2001. 中国森林植被碳库的动态变化及其意义 . 植物学报 ,43(9):967-973.

方精云 , 郭兆迪 , 朴世龙 , 等 .2007.1981~2000 年中国陆地植被碳汇的估算 . 中国科学 : 地球科学 ,37(6):804-812.

方奇 .1987. 杉木连栽对土壤肥力及其林木生长的影响 . 林业科学 ,23(4):389-397.

方晰 , 田大伦 , 项文化 , 等 .2002. 第二代杉木中幼林生态系统碳动态与平衡 . 中南林学院学报 ,(1): 1-6.

方晰 .1997. 杉木人工林林地 CO_2 释放量的研究 . 西安 : 西北工业大学硕士学位论文 .

方永鑫等 .1980. 杉木人工林群落结构特性 // 中国科学院林业土壤研究所 . 杉木人工林生态学研究论文集 . 北京 : 中国科学院林业土壤研究所 .

房秋兰 , 沙丽清 .2006. 西双版纳热带季节雨林与橡胶林土壤呼吸 . 植物生态学报 , (1):97-103.

冯文婷 , 邹晓明 , 沙丽清 , 等 .2008. 哀牢山中山湿性常绿阔叶林土壤呼吸季节和昼夜变化特征及影响因子比较 . 植物生态学报 , (1):31-39.

冯险峰 , 刘高焕 , 陈述彭 , 等 .2004. 陆地生态系统净第一性生产力过程模型研究综述 . 自然资源学报 , 19(3):369-378.

冯宗炜 , 陈楚莹 , 李昌华 , 等 .1982. 杉木速生丰产的生态学基础 . 生态学杂志 , (1): 14-19.

冯宗炜 , 陈楚莹 , 张家武 , 等 . 1984. 不同自然地带杉木林的生物生产力 [J]. 植物生态学报 , 8(2): 93-100.

冯宗炜 , 陈楚莹 , 王开平 , 等 .1985. 亚热带杉木纯林生态系统中营养元素的积累、分配和循环的研究 . 植物生态学报 ,9(4):245-256.

冯宗炜等 .1980. 杉木人工林生长发育与环境相互关系的定位研究 // 中国科学院林业土壤研究所 . 杉木人工林生态学研究论文集 . 北京 : 中国科学院林业土壤研究所 .

冯宗炜等 .1980. 杉木蒸腾作用的研究 // 中国科学院林业土壤研究所 . 杉木人工林生态学研究论文集 . 北京 : 中国科学院林业土壤研究所 .

福建森林编辑委员会 .1993. 福建森林 . 北京 : 中国林业出版社 .

傅伯杰 , 刘世梁 .2002. 长期生态研究中的若干重要问题及趋势 . 应用生态学报 , 13(4): 476-480.

傅金和 , 潘维俦 .1990. 杉木人工林微量营养元素含置积累和生物循环 . 林业科学研究 , 3(3):280-285.

干铎 .1964. 中国林业技术史料研究 . 北京 : 农业出版社 .

高建利 , 张小刚 .2018. 对三北防护林体系工程灌木林发展的思考 . 林业资源管理 ,(4):1-5.

郭宝章 .1991. 育林学各论 . 台北 : 台湾茂昌图书公司 .

郭宝章 .1995. 台湾贵重针叶五木 // 郭宝章 . 中华林学丛书 . 台北 : 中华林学会 .

郭建明 .2011. 井冈山森林土壤有机碳密度空间分布及影响因子 . 南昌 : 南昌大学硕士学位论文 .

郭剑芬 , 陈光水 , 钱伟 , 等 .2006. 万木林自然保护区 2 种天然林及杉木人工林凋落量及养分归还 . 生态学报 ,(12):4091-4098.

郭庆春 , 何振芳 , 寇立群 , 等 .2011. 气候变暖与低碳经济 . 价值工程 ,(20):7-7.

郭兆迪 , 胡会峰 , 李品 , 等 .2013.1977~2008 年中国森林生物量碳汇的时空变化 . 中国科学 : 生命科学 ,(5):421-431.

国家林业局 .1999. 中国林业五十年 (1949-1999). 北京 : 中国林业出版社 .

国家林业局 .2014. 第八次全国森林资源清查成果统计表 . 林业资源管理 , (1):1-2.

国家林业局 .2014. 中国森林资源报告 (2009-2013). 北京 : 中国林业出版社 .

国家林业局 .2018. 林业三大改革成效明显改革力度进一步加大 [J]. 中国林业产业 ,(Z1):20-23.

郝文康 , 翁国庆 .1987. 森林立地质量评价的研究 . 华东森林经理 ,(4):40-41.

何洁琳 , 黄卓 , 谢敏 , 等 .2017. 广西生物多样性优先保护区的气候变化风险评估 . 生态学杂志 ,(9):2581-2591.

何立杰 , 何洪林 , 任小丽 , 等 .2017. 基于贝叶斯机器学习的生态模型参数优化方法研究 . 地球信息科学学报 ,(10):1270-1278.

洪菊生 , 吴仕侠 .1994. 杉木种源区划分的研究 . 林业科学研究 ,(S01):130-144.

洪元程 .1992. 杉木连栽林地土壤肥力变化及对幼林生长的影响 . 福州 : 福建林学院硕士论文集 .

侯庸 , 王伯荪 , 张宏达 .1998. 黑石顶自然保护区南亚热带常绿阔叶林的凋落物 . 生态科学 , 17(2):14-18.

侯振宏 .2010. 中国林业活动碳源汇及其潜力研究 . 北京 : 中国林业科学研究院博士学位论文 .

胡承彪 , 朱宏光 , 韦立秀 .1989. 广西里骆林区杉木人工林土壤微生物及生化活性的研究 . 林业科学 , 25(3):257-262.

胡承彪，朱宏光，韦立秀 .1992. 龙胜里骆杉木幼林土壤微生物及生化特性研究 . 林业科技通讯 ,(12):4-7.

胡运宏，贺俊杰 .2012.1949 年以来我国林业政策演变初探 . 北京林业大学学报 : 社会科学版 ,11(3):21-27.

湖北森林编委会 .1991. 湖北森林 . 北京 : 中国林业出版社 .

黄宝龙，蓝太岗 .1987. 杉木栽培利用历史的初步探讨 . 南京林业大学学报 ,(2):54-59.

黄承才，葛滢，常杰 .1999. 人为扰动对森林生态系统土壤呼吸的影响 . 浙江林业科技 ,(4):18-21,27.

黄从德，张健，杨万勤，等 .2009. 四川森林土壤有机碳储量的空间分布特征 . 生态学报 ,(3):1217-1225.

黄香兰，杨振意，薛立 .2013. 抚育间伐对人工林影响的研究进展 . 林业资源管理 ,(1):62-67.

黄彦 .2012. 低碳经济时代下的森林碳汇问题研究 . 西北林学院学报 ,(3):260-268.

黄雨霖，赵汉章 .1995. 三峡库区坡地植被—土壤环境变化及土地利用的研究 . 林业科学研究 ,(5):520-527.

黄玉梅，张健，杨万勤，等 .2007. 我国人工林的近自然经营 . 林业资源管理 ,(5):33-36.

姜丽娜 .2014. 森林碳增汇视角下的伊春森林碳汇分析与评价 . 哈尔滨 : 东北林业大学硕士学位论文 .

姜培坤，钱新标，余树全，等 .1999. 千岛湖地区天然次生林地枯落物与土壤状况的调查分析 . 浙江林学院学报 ,16(3):260-264.

姜中孝 .2013.O_2/CO_2 气氛下水蒸气对煤焦燃烧及石灰石脱硫的影响机理 . 南京 : 东南大学硕士学位论文 .

蒋秋怡，叶仲节，钱新标，等 .1990. 杉木根际土壤特性的研究——（Ⅰ）杉木根际与非根际土壤化学性质的比较研究 . 浙江林学院学报 ,7(2):122-126.

蒋延玲，周广胜，赵敏，等 .2005. 长白山阔叶红松林生态系统土壤呼吸作用研究 . 植物生态学报 ,(3):411-414.

焦如珍，杨承栋，孙启武，等 .2005. 杉木人工林不同发育阶段土壤微生物数量及其生物量的变化 . 林业科学 ,(6):163-165.

康文星，田大伦，文仕知，等 .1992. 杉木人工林蒸散规律的研究及乱流扩散法应用的探讨 . 植物生态学与地植物学学报 ,(4):336-345.

康文星，田大伦，文仕知，等 .1992. 杉木人工林水量平衡和蒸散的研究 . 植物生态学与地植物学学报 ,(2):187-196.

黎英华 .2015. 多目标条件下的人工林配置研究——以敖汉旗为例 . 呼和浩特 : 内蒙古农业大学博士学位论文 .

李昌华，庄季屏，陈彦雄 .1962. 湖南省会同、江华林区和贵州省锦屏林区的土壤条件及其与杉木生长发育的关系 . 土壤学报 ,(2):161-174.

李昌华 .1981. 杉木人工林和阔叶杂木林土壤养分平衡因素差异的初步研究 . 土壤学报 ,18(3):255-261.

李贵林，李峰，董培田 .2017. 铁山林场红松人工林碳汇计量 . 现代农村科技 ,(3):69.

李宏开，等 .1993. 人工混交林效益的研究 // 王宏志 . 中国南方混交林研究 . 北京 : 中国林业出版社 .

李华锋，张宝芝，麻仕栋，等 .2008. 营造碳汇林改善生态环境 . 甘肃科技 ,(22):187-190.

李剑泉，李智勇，易浩若 .2010. 森林与全球气候变化的关系 . 西北林学院学报 ,(4):23-28.

李景文，刘传照，任淑文，等 . 1989. 天然枫桦红松林凋落量动态及养分归还量 . 植物生态学与地植物学学报 .13(1):42-47.

李怒云，黄东，张晓静，等 .2010. 林业减缓气候变化的国际进程、政策机制及对策研究 . 林业经济 ,(3):22-25.

李善祺，郑海水 .1979. 海南岛的杉木生长及其间伐效果 . 热带林业科技 ,(2):1-15

李文华 .1978. 森林生物生产量的概念及其研究的基本途径 . 自然资源 ,(1):71-92.

李晓储，华自忠，李阳春，等 ,1985. 施钾防治杉木幼树黄化病扩大试验 . 江苏林业科技 ,(1):15-18.

李燕 .2010. 福建邵武杉木成熟林碳储量研究 . 北京 : 中国林业科学研究院博士学位论文 .

李贻格 .1990. 中国杉木栽培史考 // 中国林学会林业史学会 . 林史文集 . 北京 : 中国林业出版社 .

李意德，吴仲民，曾庆波 .1998. 尖峰岭热带山地雨林群落生产和二氧化碳同化净增量的初步研究 . 植物生态学报 ,(2):127-134.

李永龙 .2011. 森林生态系统的格局与过程 . 城市建设理论研究 (电子版),(20):1-8.

李赟，贾宏涛，方光新，等 .2008 . 围栏封育对新疆亚高山草甸土壤夏季 CO_2 日排放的影响 . 干旱区地

理 ,(6):892-896.

梁宏温 . 1994. 田林老山中山两类森林凋落物研究 . 生态学杂志 , 13(1):21-26.

廖利平 , 陈楚莹 , 张家武 , 等 .1995. 杉木、火力楠纯林及混交林细根周转的研究 . 应用生态学报 , (1):7-11.

林光耀 , 杨玉盛 , 杨伦增 , 等 .1995. 杉木林取代杂木林后土壤结构特性变化的研究 . 福建林学院学报 ,15(4):289-292.

林开敏 , 马祥庆 , 范少辉 , 等 .2000. 杉木人工林林下植物的消长规律 . 福建林学院学报 , (3):231-234.

林瑞余 , 何宗明 , 陈光水 , 等 . 2002. 木荚红豆凋落物季节动态 . 福建林学院学报 , 22(1):65-69.

林思祖 , 洪伟 , 邓素梅 .1987. 南平武夷山区森林群落的数量分类 . 福建林学院学报 , 7(3):33-42.

林益明 , 何建源 , 杨志伟 , 等 .1999. 武夷山甜槠群落凋落物的产量及其动态 . 厦门大学学报 (自然科学版),38(2):280-285.

刘丛丛 .2014. 黑龙江省森工国有林区森林碳汇量测评研究 . 哈尔滨 : 东北林业大学硕士学位论文 .

刘方 , 罗汝英 , 蒋建屏 .1991. 土壤养分状况与杉木生长 . 南京林业大学学报 , 15(2):41-46.

刘国华 , 傅伯杰 , 方精云 .2000. 中国森林碳动态及其对全球碳平衡的贡献 . 生态学报 , (5):733-740.

刘红润 , 李峰 , 李贵林 .2017. 黑河市大岭林场人工林碳汇计量 . 现代农村科技 , (2):71-72.

刘红润 , 李峰 , 李贵林 .2017. 开发黑河林业碳汇为绿水青山增金添银 . 现代农村科技 , (1): 89-89.

刘磊 , 温远光 , 卢立华 , 等 .2007. 不同林龄杉木人工林林下植物组成及其生物量变化 . 广西科学 , (2):172-176.

刘文耀 , 荆桂芬 . 1990. 滇中常绿阔叶林及云南松林调落和死地被物中的养分动态 . 植物学报 : 英文版 ,32(8):637-646.

刘文耀 , 荆贵芬 , 郑征 . 1989. 滇中常绿阔叶林及云南松林枯落物的初步研究 . 广西植物 , 9(4):347-355.

刘煊焯等 .1993. 杉木人工林林分的湿度特征 . 中南林学院学报 , 13(2):149-157.

鲁如坤 .2000. 土壤农业化学分析方法 . 北京 : 中国农业科技出版社 .

栾军伟 , 向成华 , 骆宗诗 , 等 .2006. 森林土壤呼吸研究进展 . 应用生态学报 , (12):2451-2456.

罗天祥 , 赵士洞 .1997. 中国杉木林生物生产力格局及其数学模型 . 植物生态学报 , (5):403-415.

罗云建 .2007. 华北落叶松人工林生物量碳计量参数研究 . 北京 : 中国林业科学研究院硕士学位论文 .

罗云裳 .1989. 广东西江地区杉木人工林生物量与立地因子相关的研究 . 林业科学 ,25(2):147-150.

骆土寿 , 陈步峰 , 陈永富 , 等 .2000. 海南岛霸王岭热带山地雨林采伐经营初期土壤碳氮储量 . 林业科学研究 ,(2):123-128.

骆土寿 , 陈步峰 , 李意德 , 等 .2001. 海南岛尖峰岭热带山地雨林土壤和凋落物呼吸研究 . 生态学报 , (12):2013-2017.

马红亮 , 朱建国 , 谢祖彬 .2003. 大气 CO_2 浓度升高对植物—土壤系统地下过程影响的研究 . 土壤 ,(6):465-472.

马雪华 , 杨光滢 .1990. 杉木、马尾松人工林土壤物理性质及水分含量变化的研究 . 林业科学研究 , (1):63-69.

马雪华 .1988. 降雨在杉木和马尾松人工林养分循环中的作用 . 林业科学研究 , (2):123-131.

马雪华 .1989. 在杉木林和马尾松林中雨水的养分淋溶作用 . 生态学报 , (1):15-20.

梅晓丹 . Biome-BGC 模型参数优化及东北森林碳通量估算研究 . 哈尔滨 : 东北林业大学博士学位论文 .

牟守国 .2004. 温带阔叶林、针叶林和针阔混交林土壤呼吸的比较研究 . 土壤学报 , (4):564-570.

南方混交林科研协作组 .1993. 杉木马尾松混交林调查和试验研究总报告 // 中国南方混交林研究 . 北京 : 中国林业出版社 .

欧阳泉生 .1995. 杉木林地土壤酶活性的研究 . 南京 : 南京林业大学硕士论文 .

潘维俦 , 田大伦 .1989. 亚热带杉木人工林生态系统中的水文学过程和养分初动态 . 中南林学院学报 , (A09):1-10.

潘一峰 .1989. 杉木林的土壤酶活性及土壤肥力 . 中南林学院学报 , (A09):56-65.

任静 .2019. 我国碳市场中碳配额交易价格影响因素分析 . 重庆 : 重庆工商大学硕士学位论文 .

阮宏华 , 姜志林 , 高苏铭 .1997. 苏南丘陵主要森林类型碳循环研究——含量与分布规律 . 生态学杂志 ,

(6):17-21.

沙丽清，郑征，唐建维，等.2004.西双版纳热带季节雨林的土壤呼吸研究.中国科学：地球科学，(A02):167-174.

邵锦锋.1989.杉木连栽对土壤肥力和林木生长的影响.江西林业科技，(6): 1-6.

盛炜彤.1993.土壤物理性质与杉木生长关系的研究 // 人工林地力衰退研究.北京：中国科学技术出版社.

孙长忠，沈国舫.2001.对我国人工林生产力评价与提高问题的几点认识.世界林业研究，(1):76-80.

覃庆锋，陈晨，曾宪芷，等.2018.长江流域防护林体系工程建设30年回顾与展望.中国水土保持科学，16(5):145-152.

田大伦，赵坤.1989.杉木人工林生态系统凋落物的研究 I:凋落物的数量、组成及动态变化.中南林学院学报，(9):38-44.

田大伦，朱小年.1989.杉木人工林生态系统凋落物的研究.中南林学院学报，(A09):45-55.

田大伦.1989.小集水区杉木人工生态系统小气候特征的研究.中南林学院学报，(A09):29-37.

屠梦照，姚文华，翁轰，等.1993.鼎湖山南亚热带常绿阔叶林凋落物的特征.土壤学报，30(1):35-41.

汪业勖，赵士洞.1998.陆地碳循环研究中的模型方法.应用生态学报，9(6):658-664.

王斌.2014.林业产业结构的调整与优化.现代园艺，(22):31-31.

王兵，崔向慧，杨锋伟.2004.中国森林生态系统定位研究网络的建设与发展.生态学杂志，23(4): 84-91.

王春峰.2008.低碳经济下的林业选择.世界环境，(2):37-39.

王凤友.1989.森林凋落物量综述研究.生态学进展，6(2):95-100.

王锦上，俞新妥，卢建煌.1991.不同种源杉木蒸腾作用的初步研究.福建林学院学报，(1):19-25.

王清奎，汪思龙，冯宗炜，等.2005a.土壤活性有机质及其与土壤质量的关系.生态学报，25(3): 513-519.

王清奎，汪思龙，冯宗炜.2006.杉木纯林与常绿阔叶林土壤活性有机碳库的比较.北京林业大学学报，(5):1-6.

王清奎，汪思龙，高洪，等.2005b.杉木人工林土壤活性有机质变化特征.应用生态学报，(7):1270-1274.

王清奎，汪思龙，高洪，等.2005c.土地利用方式对土壤有机质的影响.生态学杂志，(4):360-363.

王绍强，周成虎.1999.中国陆地土壤有机碳库的估算.地理研究，18(4):349-356.

王天博，陆静，WangTianbo，等.2012.国外生物量模型概述.中国农学通报，28(16):6-11.

王小国，朱波，王艳强，等.2007.不同土地利用方式下土壤呼吸及其温度敏感性.生态学报，(5):1960-1968.

王效科，冯宗炜，欧阳志云.2001.中国森林生态系统的植物碳储量和碳密度研究.应用生态学报，12(1):13-16.

王雪钰.2019."一带一路"背景下对国际水电工程绿色施工与节能降耗的研究.成都：西南交通大学硕士学位论文.

魏晓华，郑吉，刘国华，等.2015.人工林碳汇潜力新概念及应用.生态学报，(12):3881-3885.

温雅婷.2018.集体林区公益林等级标准与评价方法研究.杭州：浙江农林大学硕士学位论文.

温远光，韦炳二，黎洁娟.1989.亚热带森林凋落物产量及动态的研究.林业科学，25(6):542-547.

温肇穆，梁宏温，黎跃.1991.杉木成熟林乔木层营养元素生物循环的研究.植物生态学与地植物学报，(1):36-45.

文仕知.1991.杉木人工林水文学特性研究.林业科技通讯，(12):10-13.

吴丹，巩国丽，邵全琴，等.2016.京津风沙源治理工程生态效应评估.干旱区资源与环境，(11):117-123.

吴琴，曹广民，胡启武，等.2005.矮嵩草草甸植被—土壤系统 CO_2 的释放特征.资源科学，27(2):96-102.

吴小山.2008.杨树人工林生物量碳计量参数研究.成都：四川农业大学硕士学位论文.

吴志东，彭福泉，车玉萍，等.1990.我国南亚热带几种人工林的生物物质循环特点及其对土壤的影响.土壤学报，(3):250-261.

吴中伦，侯伯鑫.1995.中国杉木栽培利用简史.林业科技通讯，(专刊):31-35.

吴中伦.1984.杉木.北京：中国林业出版社.

吴仲民，李意德，曾庆波，等.1998.尖峰岭热带山地雨林 C 素库及皆伐影响的初步研究.应用生态学

报 ,(4):341-344.

肖筱 .2018. 让森林走进城市让城市拥抱森林——2018 森林城市建设座谈会在深圳举行 . 国土绿化 ,(10):8-9.

谢馨瑶 , 李爱农 , 靳华安 .2018. 大尺度森林碳循环过程模拟模型综述 . 生态学报 ,38(1):41-54.

徐德应 .1994. 人类经营活动对森林土壤碳的影响 . 世界林业研究 ,(5): 26-32.

徐化成 .1988. 国外森林立地分类系统发展综述 . 世界林业研究 ,(2):33-41.

徐永兴 .2017. 沙县水南国有林场森林碳储量特征 . 亚热带农业研究 ,(1):1-4.

延晓冬 .2001. 林窗模型的几个基本问题的研究 Ⅰ . 模拟样地面积的效应 . 应用生态学报 ,(1):17-22.

杨国彬 , 陈晨 , 张立新 .2011. 发展龙江碳汇林业 , 有效应对气候变化 . 防护林科技 ,(5):67-68.

杨式雄 , 戴教藩 , 陈宗献 , 等 .1994. 武夷山不同林型土壤酶活性与林木生长关系的研究 . 福建林业科技 ,
    (4):1-12.

杨书运 , 蒋跃林 , 张庆国 , 等 .2006. 未来中国森林碳蓄积预估初步研究 . 福建林业科技 ,(1):118-120.

杨玉坡 .2010. 全球气候变化与森林碳汇作用 . 四川林业科技 ,(1):14-17.

杨玉盛 , 陈光水 , 谢锦升 , 等 .2015. 中国森林碳汇经营策略探讨 . 森林与环境学报 , 35(004):297-303.

杨玉盛 , 张任好 , 何宗明 , 等 .1998. 不同栽杉代数 29 年生林分生产力变化 . 森林与环境学报 , 18(3):202-206.

杨玉盛 , 陈光水 , 何宗明 , 等 .2002. 杉木观光木混交林和杉木纯林群落细根生产力、分布及养分归还 . 应用
    与环境生物学报 , (3):223-233.

杨玉盛 , 陈光水 , 林鹏 . 等 .2003. 格氏栲天然林与人工林细根生物量、季节动态及净生产力 . 生态学
    报 ,(9):1719-1730.

杨玉盛 , 陈光水 , 王小国 , 等 . 2005a. 中亚热带森林转换对土壤呼吸动态及通量的影响 . 生态学报 ,(7):1684-
    1690.

杨玉盛 , 陈光水 , 谢锦升 , 等 .2015. 中国森林碳汇经营策略探讨 . 森林与环境学报 , 35(4): 297-303.

杨玉盛 , 陈光水 .2005. 中国亚热带森林转换对土壤呼吸动态及通量的影响 . 生态学报 ,(7): 1684-1690.

杨玉盛 , 陈银秀 , 何宗明 , 等 . 2004. 福建柏和杉木人工林凋落物性质的比较 . 林业科学 ,(1):2-10.

杨玉盛 , 郭剑芬 , 林鹏 , 等 . 2005b. 格氏栲天然林与人工林粗木质残体碳库及养分库 . 林业科学 ,(3):7-11.

杨玉盛 , 林鹏 , 郭剑芬 , 等 . 2003. 格氏栲天然林与人工林凋落物数量、养分归还及凋落叶分解 , 生态学报 ,
    (2):1278-1289.

杨玉盛 , 邱仁辉 , 俞新妥 .1998. 影响杉木人工林可持续经营因素探讨 . 自然资源学报 ,(1):34-39.

杨玉盛 , 张任好 , 何宗明 ,1998. 不同栽杉代数 29 年生林分生产力变化 . 福建林学院学报 ,(3):202-206.

杨玉盛 .1998. 影响杉木人工林可持续经营因素探讨 . 自然资源学报 ,(1):34-39.

杨玉盛 .2005. 皆伐对杉木人工林土壤呼吸的影响 . 土壤学报 .(4):584-590.

姚茂 , 盛炜彤 , 熊有强 .1992. 杉木人工林林下植被对立地的指示意义 . 林业科学 ,(2):208-212.

叶镜中 , 姜志林 .1995. 苏南丘陵杉木人工林的生物量结构 . 生态学报 ,(1):7-13.

叶镜中 .1990. 森林生态学 . 哈尔滨 : 东北林业大学出版社 .

易志刚 , 蚁伟民 , 丁明懋 , 等 .2003. 鼎湖山自然保护区土壤有机碳、微生物生物量碳和土壤 CO_2 浓度垂直
    分布 . 生态环境 ,(3): 611-615.

于东升 , 史学正 , 孙维侠 , 等 .2005. 基于 1 ∶ 100 万土壤数据库的中国土壤有机碳密度及储量研究 . 应用生
    态学报 ,(12):2279-2283.

于贵瑞 , 伏玉玲 , 孙晓敏 , 等 .2006. 中国陆地生态系统通量观测研究网络 (China FLUX) 的研究进展及其发
    展思路 . 中国科学 D 辑 : 地球科学 ,(Z1):1-21.

于贵瑞 .2003. 全球变化与陆地生态系统碳循环和碳蓄积 . 北京 : 气象出版社 .

俞新妥 , 何智英 , 叶再春 , 等 .1991. 武夷山保护区天然杉木混交林的生长和群落学特点 . 武夷科学 ,(1):177-
    189.

俞新妥 , 叶功富 .1994. 杉木栽培制度的理论探讨 . 林业科学 ,(1):11-17.

俞新妥，张其水 1989. 杉木连栽林地土壤生化特性及土壤肥力研究. 福建林学院学报，(3):263-271.

俞新妥.1982. 杉木. 福州：福建科学技术出版社.

俞新妥.1988. 中国杉木研究. 福建林学院学报，(3):203-220.

俞新妥.1990. 我国 80 年代杉木林资源动态及营林对策的思考. 福建林学院学报，(4):411-416.

俞新妥.1996. 我国近期杉木资源动态及经营意见. 林业科技通讯，(11):24-26.

袁文平，蔡文文，刘丹，等.2014. 陆地生态系统植被生产力遥感模型研究进展. 地球科学进展，(5):541-550.

岳天祥，张丽丽，王鼎益，等.2017. 碳核查体系导论. 北京：科学出版社.

昝启杰，李鸣光，张志权，等.1997. 林窗及其在森林动态中的作用. 植物学通报，(S1):18-24.

张蓓，刘金山，周湘红，等.2018. "十二五" 时期我国人工林结构变化趋势分析. 中南林业调查规划，37(1):44-47.

张海贤.2012. 低碳经济形势下焦化企业发展之路探析. 成都：西南财经大学硕士学位论文.

张雷，王琳琳，张旭东，等.2014. 随机森林算法基本思想及其在生态学中的应用——以云南松分布模拟为例. 生态学报，34:650-659.

张小全，朱建华，侯振宏.2009. 主要发达国家林业有关碳源汇及其计量方法与参数. 林业科学研究，22(2):285-293.

张志云，蔡学林，黎祖尧，等.1992. 土壤物理性质与杉木、马尾松生长关系的研究. 林业科学研究，(6):64-68.

赵苗苗，赵娜，刘羽，等.2019. 森林碳计量方法研究进展. 生态学报，39(11): 3797-3807.

赵苗苗，赵师成，张丽云，等.2017. 大数据在生态环境领域的应用进展与展望. 应用生态学报，28(5): 1727-1734.

赵苗苗，赵海凤，李仁强，等.2017. 青海省 1998-2012 年草地生态系统服务功能价值评估. 自然资源学报，(3):418-433.

赵苗苗，赵娜，刘羽，等.2019. 森林碳计量方法研究进展. 生态学报，(11):3797-3807.

赵苗苗，赵师成，张丽云，等.2017. 大数据在生态环境领域的应用进展与展望. 应用生态学报，(5):1727-1734.

赵敏，周广胜.2004. 基于森林资源清查资料的生物量估算模式及其发展趋势. 应用生态学报，(8):1468-1472.

中国科学院林业土壤研究所.1993. 杉木火力楠混交林的研究 // 中国南方混交林研究. 北京：中国林业出版社.

中国科学院南京土壤所.1978. 中国土壤. 北京：科学出版社.

中国可持续发展林业战略研究项目组.2002. 中国可持续发展林业战略研究总论. 北京：中国林业出版社.

中国森林立地分类编写组.1989. 中国森林立地分类. 北京：中国林业出版社.

钟安良，熊文愈.1992. 杉木林营养质蚤分析及其评价. 南京林业大学学报，(3):19-27.

钟安良，俞新妥.1987. 氮磷钾对杉苗生长和某些生理特性的影响. 福建林学院学报，(4):4-17.

钟安良，俞新妥.1988. 杉木苗期氮磷钾营养及诊断研究. 福建林学院学报，(1):16-31.

周本琳.1987. 关于林业土地评价. 南京林业大学学报，(4):65-70.

周存宇.2006. 鼎湖山森林土壤 CO_2, N_2O, CH_4 排放 / 吸收通量及其动态. 广州：中国科学院华南植物研究所博士学位论文.

周国逸，康文星.1990. 杉木人工林能量平衡的研究. 东北林业大学学报，(1):14-22.

周海霞.2007. 东北温带次生林与落叶松人工林的土壤呼吸. 哈尔滨：东北林业大学硕士学位论文.

周学金，罗汝英.1991. 杉木连栽对土壤养分的影响. 南京林业大学学报，(3):44-49.

周志田，成升魁，刘允芬，等.2002. 中国亚热带红壤丘陵区不同土地利用方式下土壤 CO_2 排放规律初探. 资源科学，(2):83-87.

朱劲伟，曾士余，朱廷曜.1986. 论杉木人工林中直射光的透过. 林业科学，(2):13-24.

朱志建，姜培坤，徐秋芳.2006. 不同森林植被下土壤微生物量碳和易氧化态碳的比较. 林业科学研究，(4):523-526.

Adachi M, Bekku Y S, Konuma A, et al.2005.Required sample size for estimating soil respiration rates in large areas of two tropical forests and of two types of plantation in Malaysia.Forest Ecology and management,210(1-3):455-459.

Ahmed S,De Marsily G.1987.Comparison of geostatistical methods for estimating transmissivity using data on transmissivity and specific capacity.Water Resources Research,23(9):1717-1737.

Ahlgren I F, Ahlgren C E .1965.Effects of prescribed burning on soil micro-organisms in a Minnesota jack pine forest. Ecology,46: 304-310.

Arneth A ,Kelliher F M,McSeveny T M,et al.1998.Net ecosystem productivity, net primary productivity and ecosystem carbon sequestration in a Pinus radiata plantation subject to soil water deficit.Tree Physiology,18(12):785-793.

Aronova E,Baker K S,Oreskes N.2010.Big science and big data in biology:From the international geophysical year through the international biological program to the long term ecological research(LTER)network,1957-Present. Historical Studies in the Natural Sciences,40(2):183-224.

Atkin O K , Evans J R , Ball M C , et al.2000. Leaf Respiration of Snow Gum in the Light and Dark. Interactions between Temperature and Irradiance.Plant Physiology,122(3):915-923.

Atkin O K,Edwards E J,Loveys B R. 2000.Response of root respiration to changes in temperature and its relevance to global warming.The New Phytologist,147(1):141-154.

Bååth E,Frostegard A, Pennanen T, et al.1995.Microbial community structure and pH response in relation to soil organic matter quality in wood-ash fertilized, clear-cut or burned coniferous forest soils.Soil Biology and Biochemistry, 27(2): 229-240.

Baird M,Zabowski D,Everett R L.1999.Wildfire effects on carbon and nitrogen in inland coniferous forests.Plant and Soil ,209:233-243.

Batjes N H.2014.Total carbon and nitrogen in the soils of the world.European Journal of Soil Science,47,151-163.

Batlle-Aguilar J,Porporato A,Barry D A.2011.Modelling soil carbon and nitrogen cycles during land use change.A review.Agronomy for Sustainable Development,31(2):251-274.

Benecke U,Schulze E D,Matyssek R,et al.1981.Environmental control of CO_2-assimilation and leaf conductance in Larix decidua Mill.Oecologia,50:54-61.

Berish C W. 1982.Root biomass and surface area in three successional tropical forest. Canadian Journal of Forest Research, 12:699-704.

Bond-Lamberty B ,Wang C,Gower S T. 2004.The contribution of root respiration to soil surface CO_2 flux in a boreal black spruce fire chronosequence. Tree Physiology, 24(12):1387-1395.

Bond-Lamberty B,Thomson A.2010. Temperature-associated increases in the global soil respiration record. Nature,464:579.

Boone R D,Nadelhoffer K J,Canary J D,et al.1998.Roots exert a strong influence on the temperature sensitivity of soil respiration. Nature, 396: 570-572.

Bowden R D,Nadelhoffer K J,Boone R D.1993.Contributions of aboveground litter, belowground litter, and root respiration to total soil respiration in a temperate mixed hardwood forest.Canadian journal of forest research,23(7):1402-1407.

Brændholt A,Ibrom A,Larsen K S,et al.2018. Partitioning of ecosystem respiration in a beech forest. Agricultural and Forest Meteorology,252:88-98.

Brokaw N V L.1982.The definition of treefall gap and its effect on measures of forest dynamics. Biotropica,11:158-160.

Brown S L,Schroeder P,Kern J S.1999.Spatial distribution of biomass in forests of the eastern USA.Forest Ecology and Management,123(1):81-90.

Brown S,Lugo A E.1984.Biomass of tropical forests:A new estimate based on forest volumes. Science,223:1290-1293.

Brown S.1997.Estimating Biomass and Biomass Change of Tropical Forests:A Primer.Rome:FAO,18:23.

Brunner I,Herzog C,Dawes M A,et al.2015. How tree roots respond to drought. Front Plant Sci,(6):547.

Bubb K A, Xu Z H, Simpson J A. 1998.Some nutrient dynamics associated with litterfall and litter decomposition in hoop pine plantations of southern Queensland, Australia. Forest Ecol Manage,110: 343-352.

Buchmann N.2000.Biotic and abiotic factors controlling soil respiration rates in Picea abies stands.Soil Biology & biochemistry,32(11/12):1625-1635.

Burke I C,Yonker C M,Parton W J,et al.1989.Texture,climate,and cultivation effects on soil organic matter content in U.S.grassland soils.Soil Science Society of America Journal,53(3):800-805.

Burton A J , PregitzerK S.2003. Field measurements of root respiration indicate little to no seasonal temperature acclimation for sugar maple and red pine.Tree Physiol, 23(4):273-280.

Burton A,Pregitzer K,Ruess R,et al.2002.Root respiration in North American forests: effects of nitrogen concentration and temperature across biomes.Oecologia,131:559-568.

Caldentey J, Ibrarra M, Hernandez J. 2001.Litter fluxes and decomposition in Nothofagus pumilio stands in the region of Magallanes, Chile. Forest Ecology & Management, 148: 145-157.

Canham C D,Finzi A C,Pacala S W,et al.1994.Causes and consequences of resource heterogeneity in forests:interspecific variation in light transmission by canopy trees.Canadian Journal of Forest Research,24(2):337-349.

Cao M,Ian Woodward F.1998.Dynamic responses of terrestrial ecosystem carbon cycling to global climate change. Nature,393:249-252.

Carbone M,Vargas R.2008. Automated soil respiration measurements: New information, opportunities and challenges. New Phytologist,177:295-297.

Carbone M.S,Winston G C,Trumbore S E.2008. Soil respiration in perennial grass and shrub ecosystems: Linking environmental controls with plant and microbial sources on seasonal and diel timescales. https://agupubs. onlinelibrary.wiley.com/doi/full/10.1029/2007JG000611.

Carter M C,Dean T J,Zhou M,et al.2002.Short-term changes in soil C,N,and biota following harvesting and regeneration of loblolly pine (Pinus taeda L.).Forest Ecology and Management ,164(1-3):67-88.

Castellanos D A,Cerisuelo J P,Hernandez-Munoz P,et al.2016. Modelling the evolution of O_2 and CO_2 concentrations in MAP of a fresh product: Application to tomato.Journal of Food Engineering, 168:84-95.

Chen J,Chen W J,Liu J,et al.2000.Annual carbon balance of Canada's forests during 1895-1996.Global Biogeochemical Cycles,14(3):839-849.

Cheng W , Zhang Q , Coleman D C , et al.1996. Is available carbon limiting microbial respiration in the rhizosphere.Soil Biology and Biochemistry, 28(10-11):1283-1288.

Ciais P,Carmer W,Jarvis P.2008.Summary for policymakers//Watson R T,Noble I R,Bolin B,et al.Land Use,Land-Use Change,and Forestry:A Special Report of the Intergovernmental Panel on Climate Change. Cambridge:Cambridge University Press.

Clark J S,Ladeau S,Ibanez I.2004.Fecundity of trees and the colonization-competition hypothesis.Ecological Monographs,74(3):415-442.

Coleman K,Jenkinson D S.2008.RothC-26.3-A Model for the turnover of carbon in soil. Evaluation of Soil Organic Matter Models.Berlin:Springer.

Comeau P G, Kimmins J P.1989.Above-ground and below-ground biomass and production of lodgepole pine on sites with differing soil-moisture regimes.https://www.researchgate.net/profile/Philip-Comeau/

publication/201996832_Above-_and_below-ground_biomass_and_production_of_Lodgepole_pine_on_sites_with_differing_soil_moisture_regimes/links/5678974408ae0ad265c837af/Above-and-below-ground-biomass-and-production-of-Lodgepole-pine-on-sites-with-differing-soil-moisture-regimes.pdf[2019-12-20].

Creighton M Litton, Michael G Ryan, Dennis H Knight,et al.2003.Soil-surface carbon dioxide efflux and microbial biomass in relation to tree density 13 years after a stand replacing fire in a lodgepole pine ecosystem. Global Change Biology,(9):680-696.

Crookston N L,Dixon G E.2005.The forest vegetation simulator:a review of its structure,content,and applications. Computers and Electronics in Agriculture,49(1):60-80.

Damm A,Guanter L,Laurent V C E,et al.2014.FLD-based retrieval of sun-induced chlorophyll fluorescence from medium spectral resolution airborne spectroscopy data.Remote Sensing of Environment,147:256-266.

Damm A,Guanter L,Paul-Limoges E,et al.2015.Far-red sun-induced chlorophyll fluorescence shows ecosystem-specific relationships to gross primary production:An assessment based on observational and modeling approaches.Remote Sensing of Environment,166:91-105.

Danielle M , Jason B , Lindsay B H , et al. 2007. Carbon cycling in a mountain ash forest: Analysis of below ground respiration.Agricultural and Forest Meteorology, 147:58-70.

Davidson A,Trumbore S E,Amundson R,et al.2000.Soil warming and organic carbon content.Nature ,408:789-790.

Davidson E A, Savage K, Bolstad P,et al.2002. Belowgroundcarbon allocation in forests estimated from litterfall and IRGAbased soil respiration measurements. Agricultural and Forest Meteorology,113:39-51.

Davidson E A,Janssens I A.2006.Temperature sensitivity of soil carbon decomposition and feedbacks to climate change.Nature,440(7081):165-173.

Davidson E A,Powers R F,Powers E T,et al.1998.Assessing Soil Quality:Practicable Standards forSustainable Forest Productivityin the United States. https://www.fs.fed.us/psw/publications/powers/psw_1998_powers001.pdf[2019-12-20].

Davis M R, Allen R B, Clinton P W.2003. Carbon storage along a stand development sequence in a New Zealand Nothofagus forest. Forest ecology and management,177(1-3):313-321.

De Godoi S G,Neufeld D H,Ibarr M A,et al.2016.The conversion of grassland to acacia forest as an effective option for net reduction in greenhouse gas emissions.Journal of Environmental Management,169:91-92.

De'ath G,Fabricius K E.2000. Classification and regression trees: a powerful yet simple technique for ecological data analysis. Ecology,81:3178-3192.

De'ath G.2007. Boosted Trees for Ecological Modeling and Prediction. Ecology,88:243-251.

Debano L F, Neary D G, Folliot P F.1998.Fire's Effect on Ecosystems.https://www.researchgate.net/publication/246195708_Fire's_Effect_on_Ecosystems[2019-12-30].

Deluca T H,Zouhar K L.2000.Effects of selection harvest and prescribed fire on the soil nitrogen status of ponderosa pine forests.Forest Ecology & Management.138(1-3):263-271.

Dilustro J J, Collins B, Duncan L,et al.2005.Moisture and soil texture effects on soil CO_2 efflux components in southeastern mixed pine forests-ScienceDirect.Forest Ecology and Management,204(1):87-97.

Dixon R K, Brown S, Houghton R A, et al.1994. Carbon pools and flux of global forest ecosystems. Science,263: 185-190.

Dixon R K,Solomon A M,Brown S,et al.1994.Carbon pools and flux of global forest ecosystems. Science,263(5144):185-190.

Dulohery C J,Morris L A,Lowrance R.1996.Assessing forest soil disturbance through biogenic gas fluxes.http://histbase.com/Science/Cornelius_Dulohery/Cornelius_Dulohery_MS_Thesis.pdf[2019-12-20].

Dyrness C T, Vancleve K, Levison J D.1989.The effect of wildfire on soil chemistry in four forest types in interior

Alaska. Canadian Journal of Forest Research,19 : 1389-1396.

Edenhofer O, Seyboth K.2013.Intergovernmental Panel on Climate Change (IPCC). Encyclopedia of Energy Natural Resource & Environmental Economics, 26(2):48-56.

Edmonds R L,Marra J L,Barg A K.2000.Influence of Forest Harvesting on Soil Organisms and Decomposition in Western Washington.Environmental Science,178:53-62.

Edwards M B.1987.A Loblolly Pine Management Guide: Natural Regeneration of Loblolly Pine.https://www.srs. fs.usda.gov/pubs/gtr/gtr_se047.pdf[2019-12-20].

Edwards N T,Ross-Todd B M.1987.Soil Carbon Dynamics in a Mixed Deciduous Forest Following Clear-Cutting with and without Residue Removal.Soil Science Society of America Journal,47(5): 1014-1021.

Elith J,Leathwick J R,Hastie T.2008.A working guide to boosted regression trees. Journal of Animal Ecology,77:802-813.

Epron D, Nouvellon Y, Roupsard O, et al.2004.Spatial and temporal variations of soil respiration in a Eucalyptus plantation in Congo.Forest Ecology and Management,202(1-3):149-160.

Eswaran H,Virmani S M,Spivey L D.1993.Sustainable Agriculture in Developing Countries: Constraints, Challenges, and Choices.New York:Wiley.

Ewel K C, Cropper W P, Gholz H L.1986.Soil CO_2 evolution in Florida slash pine plantations. Canadian Journal of Forest Research,17(4):325-329.

Ewel K C, Jr W P C, Gholz H L.1987.Soil CO_2 evolution in Florida slash pine plantations. II. Importance of root respiration.Canadian Journal of Forest Research,17(4) : 330-333.

Fahey T J,Arthur M A.1994.Further Studies of Root Decomposition Following Harvest of a Northern Hardwoods Forest.Forest science,40(4):618-629.

Fahey T J, Hughes J W, Pu M, et al.1988. Root decomposition and nutrient flux following whole-tree harvest of northern hardwood forest.Forest Science 34(3):744-768.

Fang C,Moncrieff J B.2001.The dependence of soil CO_2 efflux on temperature.Soil Biology and Biochemistry,33(2):155-165.

Fang J Y,Wang G G,Liu G H,et al.1998.Forest biomass of China:An estimate based on the biomass-volume relationship.Ecological Application,8(4):1084-1091.

Fehrmann L,Kleinn C.2006.General considerations about the use of allometric equations for biomass estimation on the example of Norway spruce in central Europe.Forest Ecology and Management,236(2/3):412-421.

Finér L,Mannerkoski H,Piirainen S,et al.2003.Carbon and nitrogen pools in an old-growth, Norway spruce mixed forest in eastern Finland and changes associated with clear-cutting.Forest Ecology and Management,174(1-3): 51-63.

Finér L,Messier C,De Grandpré L.1997.Fine-root dynamics in mixed boreal conifer-broad-leafed forest stands at different successional stages after fire.Canadian Journal of Forest Research,27(3):249-253.

Finer N.1997.Present and future pharmacological approaches.British Medical Bulletin,53(2):409-432.

Foley J A,Prentice I C,Ramankutty N,et al.1996.An integrated biosphere model of land surface processes,terrestrial carbon balance,and vegetation dynamics.Global Biogeochemical Cycles,10(4):603-628.

Fredeen A L, Waughtal J D, Pypker T G.2007.When do replanted sub-boreal clearcuts become net sinks for CO_2. Forest Ecology and Management,239(1-3):210-216.

Fu B J, Li S G, Yu X B, et al. 2010.Chinese ecosystem research network:Progress and perspectives. Ecological Complexity, 7(2): 225-233.

Fuchslueger L,Bahn M,Fritz K,et al.2014.Experimental drought reduces the transfer of recently fixed plant carbon to soil microbes and alters the bacterial community composition in a mountain meadow. New

Phytologist,201:916-927.

Gallardo A,Schlesinger W H.1994.Factors limiting microbial biomass in the mineral soil and forest floor of a warm-temperate forest.Soil Biology & biochemistry, 26(10):1409-1415.

Gavrichkova O,Kuzyakov Y.2016.The above-belowground coupling of the C cycle:Fast and slow mechanisms of C transfer for root and rhizomicrobial respiration. Plant and Soil ,410:73-85.

Gholz H L,Fisher R F.1982. Organic matter production and distribution in slash pine (Pinus elliottii) plantations. Ecology,63: 1827-1839.

Giardina C P,Ryan M G.2000.Evidence that decomposition rates of organic carbon in mineral soil do not vary with temperature.Nature,404(6780):858-861.

Gordon A M,Schlentner R E,Cleve K V.1987.Seasonal patterns of soil respiration and CO_2 evolution following harvesting in the white spruce forests of interior Alaska.Canadian Journal of Forest Research,17(4):304-310.

Göttlicher S G,Steinmann K,Betson N R,et al.2006. The dependence of soil microbial activity on recent photosynthate from trees. Plant and Soil, 287:85-94.

Gough C M,Seiler J R.2004.Belowground carbon dynamics in loblolly pine (Pinus taeda) immediately following diammonium phosphate fertilization.Tree Physiology 24(7):845-851.

Goulden M L,Wofsy S C,Harden J W.1998.Sensitivity of Boreal forest carbon balance to soil thaw. Science,279(5348):214-217.

Grant Ingram, Richard Williams,Durham University.2018.Developments in Steam Turbine Technology. 重庆：第三届中国国际透平机械学术会议论文集 .

Grant R F,Black T A,Humphreys E R,et al 2007.Changes in net ecosystem productivity with forest age following clearcutting of a coastal Douglas-fir forest:Testing a mathematical model with eddy covariance measurements along a forest chronosequence.Tree Physiology,27(1):115-131.

Grier C C, Vogt K A, Keyes M R, et al.1981.Biomass distribution and above-and below-ground production in young and mature Abies amabilis zone ecosystems of the Washington Cascades. Canadian Journal of Forest Research, 11:155-167.

Gustavo S, Kenneth A. Butterach-Bahl K,et al.2006.Stand age-related effects on soil respiration in a first rotation Sitka spruce hronosequence in central Ireland.Global Change Biology,12:1007-1020.

Hanson H P,Bradley M M,Bossert J E,et al.2000.The potential and promise of physics-based wildfire simulation. Environmental Science & Policy, (3):161-172.

Harmon M E,Ferrell W K,Franklin J F.1990.Effects on Carbon Storage of Conversion of Old-Growth Forests to Young Forests.Science,247(4943):699-702.

Hashimoto S,Tanaka N,Suzuki M,et al.2004.Soil respiration and soil CO_2 concentration in a tropical forest, Thailand.Journal of Forest Research,(9):75-79.

Heath L S,Nichols M C,Smith J E,et al.2010.FORCARB2:An Updated Version of the U.S.Forest Carbon Budget Model.Gen.Tech.Rep.NRS-67.https://www.researchgate.net/publication/265078523_FORCARB2_An_Updated_Version_of_the_US_Forest_Carbon_Budget_Model[2019-12-20].

Helmisaari H S , Makkonen K , Kellomki S,et al.2002.Below- and above-ground biomass, production and nitrogen use in Scots pine stands in eastern Finland.Forest Ecology and Management,165(1):317-326.

Helmisaari H S .1992a.Nutrient retranslocation in three Pinus sylvestris stands.Forest Ecology and Management,51(4):347-367.

Helmisaari H S .1992b.Nutrient retranslocation within foliage of Pinus sysvestris.Tree Physiology, 10(1):45-58.

Helmisaari H S.1995.Nutrient cycling in Pinus sylvestris stands in eastern Finland.Plant and Soil ,168:327-336.

Hendrickson O Q,Chatarpaul L,Robinson J B.1985.Effects of two methods of timber harvesting on microbial processes in forest soil.Soil Science Society of America Journal,49(3):739-746.

Hengl T,Heuvelink G B M,Rossiter D G.2007.About regression-kriging:From equations to case studies. Oxford:Pergamon Press.

Hester A S,Hann D W,Larsen D R.1989.ORGANON:southwest Oregon growth and yield model user manual:version 2.0.Corvallis Or Forestry Publications Office Oregon State University Forest Research Laboratory.

HoÈgberg P,Nordgren A,Buchmann N,et al.2001. Large-scale forest girdling shows that current photosynthesis drives soil respiration. Nature,411:789.

Houghton R A,Davidson E A,Woodwell G M,1998.Missing sinks, feedbacks, and understanding the role of terrestrial ecosystems in the global carbon balance.Global Biogeochemical Cycles ,12(1):25-34.

Houghton T J.1995.Climate Change 1994 .Cambridge:Cambridge University Press.

Hu H,Wang S,Guo Z,Xu B,et al.2015.The stage-classified matrix models project a significant increase in biomass carbon stocks in China's forests between 2005 and 2050.Scientific Reports,(5):11203.

Idol T W,Pope P E,Ponder F.2000.Fine root dynamics across a chronosequence of upland temperate deciduous forests.Forest Ecology & Management,127(1-3):153-167.

IPCC.2007.Climate Change 2007: Synthesis Report. https://www.docin.com/p-478204801.html[2020-12-20].

IPCC.2014.Climate Change 2014: Impacts, Adaptation, and Vulnerability. Part A: Global and Sectoral Aspects. https://atmos.uw.edu/~david/Honors_222B_2017/WG2_SPM_2017.pdf[2020-12-20].

Irvine J, Law B E. 2002.Contrasting soil respiration in young and old growth ponderosa pine forests. Global Change Biology,(8): 1183-1194.

Janssens I A, Lankreijer H, Matteucci G,et al.2001.Productivity overshadows temperature in determining soil and ecosystem respiration across European forests. Global Change Biology,7(3):269 - 278.

Jarveoja J,Nilsson M B,Gazovic M,et al.2018. Partitioning of the net CO_2 exchange using an automated chamber system reveals plant phenology as key control of production and respiration fluxes in a boreal peatland. Global Change Biology, 24(8):3436-3451.

Jiangming M O,Zhang W,Zhu W,et al.2007. Nitrogen addition reduces soil respiration in a mature tropical forest in southern China.Global Change Biology,14(2):403-412.

Jobbágy E G,Jackson R B.2000.The vertical distribution of soil organic carbon and its relation to climate and vegetation.Ecological Applications,10(2):423-436.

Johnson D W, Curtis P S.2001. Effects of forest management on soil C and N storage: Meta analysis. Forest Ecol Manag,140: 227-238.

Jorgensen J R, Well C G, Metz L J.1980.Nutrient changes in decomposing Loblolly pine forest floor. Soil Science Society of America Journal, 44:1307-1314.

Kalisch M,Mächler M,Colombo D,et al.2012. Causal Inference Using Graphical Models with the R Package pcalg. Journal of Statistical Software,47:1-26.

Kawadias V A, Alifragis D, Tsiontsis A, et a1.2001.Literfall, litter accumulation and litter decomposition rates in four forest ecosystems in northern Greece. Forest Ecol Manage, 144: 113-127.

Kawamura K, Hashimoto Y, Sakai T, et al.2001.Effects of pheonological changes in canopy leaf on the spatial and seasonal variations of understory light environment in a cooltemperate deciduous broad-leaved forest.Journal of the Japanese Forestry Society, 83:231-237.

Keenan R J,Presoot C E. Kimmins J P.1995.Litter production and nutrient resorption in western red cedar and western hemlock forests on northern Vancouver Island, British Columbia. Canadian Journal of Forest Research, 25: 1850-1857.

Keith H,Jacobsen K L,Raison R J.1997.Effects of soil phosphorus availability, temperature and moisture on soil respiration in Eucalyptus pauciflora forest.Plant and Soil,190(1):127-141.

Kelting D L, Burger J A, Edwards G S. 1998.Estimating root respiration, microbial respiration in the rhizosphere, and root-free soil respiration in forest soils.Soil Biology and Biochemistry, 30(7): 961-968.

King J A, Harrison R. 2002.Measuring soil respiration in the field: An automated closed chamber system compared with portable IRGA and alkali absorption methods.Communications in soil science and plant analysis, 33(3-4): 403-423.

Klopatek J M. 2002.Belowground carbon pools and processes in different age stands of Douglas-fir.Tree Physiology,22:197-204.

Klopatek J M.2002.Belowground carbon pools and processes in different age stands of Douglas-fir.Tree Physiology, (2-3):197.

Kne R E,Morgan P,White J D.1999.Temporal patterns of ecosystem processes on simulated landscapes in Glacier National Park,Montana,USA.Landscape Ecology,14(3):311-329.

Knoepp J D,Swank W T.1997.Long-term effects of commercial sawlog harvest on soil cation concentrations.Forest Ecology and Management,93(1):1-7.

Kowalski E A,Dilcher D L.2003.Warmer paleotemperatures for terrestrial ecosystems.Proceedings of the National Academy of Sciences of the United States of America,100(1):167-170.

Kraenzel M,Castillo A,Moore T,et al.2003.Carbon storage of harvest-age teak (Tectona grandis) plantations, Panama.Forest Ecology and Management,17(1-3):213-225.

Kranabetter J M,Macadam A M.2007.Changes in carbon storage of broadcast burn plantations over 20 years. Canadian Journal of Soil Science,87(1):93-102.

Kucharik C J,Foley J A,Delire C,et al.2000.Testing the performance of a dynamic global ecosystem model:Water balance,carbon balance,and vegetation structure.Global Biogeochemical Cycles,14(3):795-825.

Kull S J,Banfield G E.2006. Managing forest carbon: a powerful addition to the forest management planning toolbox.https://cfs.nrcan.gc.ca/pubwarehouse/pdfs/26873.pdf[2020-12-20].

Kull S J.2006.Operational-scale carbon budget model of the Canadian forest sector training workshops across Canada(POSTER).Northern Forestry Centre:26875.

Kurz W A, Kimmins J P.1987. Analysis of some sources of error in methods used to determine fine root production in forest ecosystems: A simulation approach.Canadian Journal of Forest Research,17(8):909-912.

Kurz W A,Apps M J.2006.Developing Canada's national forest carbon monitoring,accounting and reporting system to meet the reporting requirements of the Kyoto protocol.Mitigation and Adaptation Strategies for Global Change,11(1):33-43.

Kuzyakov Y,Gavrichkova O.2010. REVIEW: Time lag between photosynthesis and carbon dioxide efflux from soil: a review of mechanisms and controls. Global Change Biology ,16:3386-3406.

Landsberg J J,Waring R H.1997.A generalised model of forest productivity using simplified concepts of radiation-use efficiency,carbon balance and partitioning.Forest Ecology and Management,95(3):209-228.

Law B E , Thornton P E .2003.Biome-BGC: Modeling Carbon Dynamics in Ponderosa Pine Stands.https://daac. ornl.gov/cgi-bin/dsviewer.pl?ds_id=809[2019-12-20].

Lee G L,Larsen, and H. Hakk. 2005. Sorption, mobility, and transformation of estrogenic hormones in natural soil. Journal of Environmental Quality. 34:1372-1379.

Lee M S, Nakane K, Nakatsubo T,et al.2003.Seasonal changes in the contribution of root respiration to total soil respiration in a cool-temperate deciduous forest. Plant and Soil, 255: 311-318.

Lee M S,Mo W H,Koizumi H,et al.2006.Soil respiration of forest ecosystems in Japan and global implications.

Ecological Research,21(6):828-839.

Lenton T M, Huntingford C. 2003.Global terrestrial carbon storage and uncertainties in its temperature sensitivity examined with a simple model. Glob Change Biol ,(9):1333-1352.

Li H J,Yan J X,Yue X F,et al.2008.Significance of soil temperature and moisture for soil respiration in a Chinese mountain area.Agricultural and Forest Meteorology,148(3):490-503.

Lin Z F,Ehleringer J.1999.Elevated CO_2 and temperature impacts on different components of soil CO_2 efflux in Douglas-fir terracosms.Global Change Biology,5(2):157-168.

Lisanework N, Michelsen A.1994.Litterfall and nutrient release by decomposition in three plantations compared with a natural forest inthe Ethiopian highland. Forest Ecology & Management,65: 149-l64.

Liski J,Nissinen A,Erhard M,et al.2010.Climatic effects on litter decomposition from arctic tundra to tropical rainforest.Global Change Biology 9(4):575 - 584.

Liski Nissinen A,Erhard M,Taskinen O.2010.Climatic effects on litter decomposition from arctic tundra to tropical rainforest.Global Change Biology,9(4):575-584.

Litvak M, Miller S, Wofsy S C.2003.Effect of stand age on whole ecosystem CO_2 exchange in the canadian boreal forest : Comparison of carbon exchange between boreal black spruce forests and the atmosphere for a wildfire age sequence (FIRE-EXB).https://www.researchgate.net/profile/Steven-Wofsy/publication/216812652_ Effect_of_stand_age_on_whole_ecosystem_CO_2_exchange_in_the_Canadian_boreal_forest_J_Geophys_Res- Atmos_108D3art_no_8225_WFX_6-1_to_6-11/links/558d4b5e08ae18cfc19dfeec/Effect-of-stand-age-on- whole-ecosystem-CO_2-exchange-in-the-Canadian-boreal-forest-J-Geophys-Res-Atmos-108D3art-no-8225- WFX-6-1-to-6-11.pdf[2020-12-20].

Liu P,Yang Y S,Di X G,et al.2004.The effect of aluminum stress on morphological and physiological characteristics of soybean root of seedling.Chinese Journal of Oil Crop Scieves, 26(4):49-54.

Lloyd J, Taylor J A.1994.On the temperature dependence of soil respiration.Functional ecology,8(3):315-323.

Lundgren B.1982.Bacteria in a pine forest soil as affected by clear-cutting.Soil Biology & biochemistry, 14(6):537-542.

Luo T S , Chen B F , De L Y , et al.2001. Litter and soil respiration in a tropical mountain rain forest in Jianfengling,Hainan Island. Acta Ecologica Sinica,21(12):2013-2017.

Luo Y,Weng E,Wu X,et al.2009. Parameter identifiability, constraint, and equifinality in data assimilation with ecosystem models. Ecological Applications A Publication of the Ecological Society of America,19:571-574.

Lynhmm T J,Wickware G M,Mason J A.1998.Soil chemical changes and plant succession following experimental burning in immature jack pine.Canadian Journal of Soil Science,78(1):93-104.

Lytle D E,Cronan C S.1998.Comparative soil CO_2 evolution, litter decay, and root dynamics in clearcut and uncut spruce-fir forest.Forest Ecology and Management, 103(2):121-128.

Ma X Q, Liu C J, Hannu L, et al.2002. Biomass, litterfall and the nutrient fluxes in Chinese fir stands of different age in subtropical China. Journal of Forestry Research,13(3): 165-170.

Maier C A, Kress L W. 2000.Soil CO_2 evolution and root respiration in 11 year old loblolly pine (Pinus taeda) plantations as affected by moisture and nutrient availability. Canadian Journal of Forest Research,30(3):347-359.

Majdi H.2005. Root architecture and nutrient allocation in tundra plants.Montreal:ESA-INTECOL 2005 Joint Meeting-Ecology at Multiple Scales.

Makkonen K ,Helmisaari H S.2001.Fine root biomass and production in Scots pine stands in relation to stand age. Tree Physiol,21:193-198.

Mallik A U,Hu D.1997.Soil respiration following site preparation treatments in boreal mixedwood forest.Forest

Ecology & Management, 97(3):265-275.

Martin J G,Bolstad P.2004.Looking within and looking beyond soil respiration measurements: observing intra-site variation and patterns on the landscape.San Francisco:AGU 2004 Fall Meeting.

Martin J G,Phillips C L,Schmidt A,et al.2012. High-frequency analysis of the complex linkage between soil CO_2 fluxes, photosynthesis and environmental variables. Tree Physiology,32:49-64.

Mcguire A D,Joyce L A,Kicklighter D W,et al.1993.Productivity response of climax temperate forests to elevated temperature and carbon dioxide:a north American comparison between two global models.Climatic Change,24(4):287-310.

Mcmurtrie R E,Landsberg J J.1992.Using a simulation model to evaluate the effects of water and nutrients on the growth and carbon partitioning of Pinus radiata.Forest Ecology and Management,52(1/4):243-260.

Mendham D S, O'Connell A M, Grove T S, et al.2003.Residue management effects on soil carbon and nutrient contents and growth of second rotation eucalypts.Forest Ecology and Management,181(3):357-372.

Messier C,Puttonen P.1995.Growth, allocation, and morphological responses of Betula pubescens and Betula pendula to shade in developing Scots pine stands.Canadian Journal of Forest Research,25(4):629-637.

Mo W, Lee M S, Uchida M, et al.2005.Seasonal and annual variations in soil respiration in a cool-temperate deciduous broad-leaved forest in Japan.Agricultural and Forest Meteorology,134:81-94.

Moisen G G,Freeman E A,Blackard J A,et al.2006. Predicting tree species presence and basal area in Utah: A comparison of stochastic gradient boosting, generalized additive models, and tree-based methods. Ecological Modelling,199:176-187.

Molina J A E,Crocker G J,Grace P R,et al.1997.Simulating trends in soil organic carbon in long-term experiments using the NCSOIL and NCSWAP models.Geoderma,81(1/2):91-107.

Nadelhoffer K J,Raich J W.1992.Fine Root Production Estimates and Belowground Carbon Allocation in Forest Ecosystems.Ecology,73(4):1139.

Nakane K,Kohno T,Horikoshi T.1996.Root respiration rate before and just after clear-felling in a mature, deciduous, broad-leaved forest.Ecological Research ,11:111-119.

Nakane K,Tsubota H,Yamamoto M.1986.Cycling of soil carbon in a Japanese red pine forest II. Changes occurring in the first year after a clear-felling.Ecological Research,Ecological Research, 1(1):47-58.

Neary G D,Klopatek C C,De Bano F L,et al. 1999.Fire effects on belowground sustainability: A review and synthesis.Forest Ecology and Management,122(1/2):51-71.

Odum E P .1969.The Strategy of Ecosystem Development.Science,164(3877):262-270.

Ogle K.2018. Hyperactive soil microbes might weaken the terrestrial carbon sink. Nature,560:32-33.

Ohashi M, Gyokusen K, Sato A. 2003.Contribution of root respiration to total soil respiration in a Japanese cedar (Cryptomeria japonica D. Don) artificial forest. Ecological Research,15:323-333.

Pacala S W,Canham C D,Silander J A Jr.1993.Forest models defined by field measurements:I.The design of a northeastern forest simulator.Canadian Journal of Forest Research,23(10):1980-1988.

Parton W J,Rasmussen P E.1994.Long-term effects of crop management in wheat-fallow:II.CENTURY model simulations.Soil Science Society of America Journal,58(2):530-536.

Peichl M , Arain M A .2006.Above- and belowground ecosystem biomass and carbon pools in an age-sequence of temperate pine plantation forests.Agricultural and Forest Meteorology,140(1-4):51-63.

Peng C H,Liu J X,Dang Q L,et al.2002.TRIPLEX:A generic hybrid model for predicting forest growth and carbon and nitrogen dynamics.Ecological Modelling,153(1/2):109-130.

Peng Peitao. 2002.An analysis of multimodel ensemble predictions for seasonal climate anomalies.https://www.cpc. ncep.noaa.gov/products/people/wd51hd/vddoolpubs/AGU/AGU_Peng_et_al-2002-Journal_of_Geophysical_

Research__Atmospheres_(1984-2012).pdf[2020-12-20].

Piao S,Sitch S,Ciais P,et al.2013.Evaluation of terrestrial carbon cycle models for their response to climate variability and to CO_2 trends.Global Change Biology,19(7):2117-2132.

Pietikainen J, Fritze H.1995.Clear-cutting and prescribed burning in coniferous forest: Comparison of effects on soil fungal and total microbial biomass, respiration activity and nitrification.Soil Biology & biochemistry, 27(1):101-109.

Pietikäinen J,Fritze H.1995.Clear-cutting and prescribed burning in coniferous forest: Comparison of effects on soil fungal and total microbial biomass, respiration activity and nitrification.Soil Biology and Biochemistry,27(1):101-109.

Post W M,Mann L K.1990.Changes in soil organic carbon and nitrogen as a result of cultivation//Bouwman A F.Soils and the Greenhouse Effect.London:John Wiley &Sons.

Post W M,Pastor J,Zinke P J,et al.1985.Global patterns of soil nitrogen storage.Nature ,317:613-616.

Post W M.1993.Uncertainties in the terrestrial carbon cycle.https://link.springer.com/chapter/10.1007/978-1-4615-2816-6_6[2020-12-20].

Potter C S,Randerson J T,Field C B,et al.1993.Terrestrial ecosystem production:A process model based on global satellite and surface data.Global Biogeochemical Cycles,7(4):811-841.

Pregitzer K S, Zak D R, Maziasz J,et al.2000. Interactive effects of atmospheric CO_2, and soil-N availability on fine roots of Populus tremuloides. Ecological Applications, 10(1):18-33.

Prince S D,Goward S N.1995.Global primary production:a remote sensing approach.Journal of Biogeography,22(4/5):815-835.

Raich J W, Schlesinger W H.1992. The global carbon dioxide flux in soil respiration and its relationship to vegetation and climate. Tellus Ser B Chem Phys Meteorol,44(2):81- 99.

Raich J W,Potter C S.1995.Global patterns of carbon dioxide emissions from soils.Global Biogeochemical Cycles, 9(1):23-36.

Raich J W,Rastetter E B,Melillo J M,et al.1991.Potential net primary productivity in south America:application of a global model.Ecological Applications,1(4):399-429.

Raich J W,Tufekcioglu A.2000.Vegetation and soil respiration: correlations and controls. Biogeochemistry,48:71-90.

Rapalee G,Trumbore S E,Davidson E A,et al.1998.Soil carbon stocks and their rates of accumulation and loss in a boreal forest landscape.Global Biogeochemical Cycles,12(4):687-702.

Rapp M, Regina I S, Rico M, et al. 1996.Biomass, litterfall and nutrient content in Castanea sativa coppice stands of southern Europe.Annales des Sciences Forestieres, 53(6): 1071-1081.

Rayment M B,Loustau D,Jarvis P G.2000.Measuring and modeling conductances of black spruce at three organizational scales: shoot, branch and canopy.Tree Physiology,20(11):713-723.

Reinke J J,Adriano D C, Mcleod K W.1981.Effects of litter alteration on carbon dioxide evolution from a south carolina pine forest floor.Soil Science Society of America Journal,45(3): 620-623.

Reinman S L.2013.Intergovernmental Panel on Climate Change (IPCC). Encyclopedia of Energy Natural Resource & Environmental Economics,26(2):48-56.

Renard K G,Agricultural Service W D, Foster G R, et al.1997.Predicting soil erosion by water:A guide to conservation planning with the Revised Universal Soil Loss Equation (RUSLE).http://pdf.xuebalib.com:1262/eybnoxYMbtF.pdf[2019-12-10].

Rey A, Pegoraro E, Tedeschi V. 2002.Annual variation in soil respiration and its components in a coppice oak forest in Central Italy. Global Change Biology,(8):851-866.

Richards G P.2002.The Full CAM Carbon Accounting Model:Development,Calibration and Implementation for the

National Carbon Accounting System.NCAS Technical Report No.28.Canberra Australia:Australian Greenhouse Office.

Rochette P,Gregorich E G,Desjardins R L.1991. Comparisons of static and dynamic closed chambers for measurement of soil respiration under field conditions.Canadian Journal of Soil Science,72(4):605-609.

Rothstein D E ,Yermakov Z,Buell A L.2004.Loss and recovery of ecosystem carbon pools following stand-replacing wildfire in Michigan jack pine forests.Canadian Journal of Forest Research,34(9):1908-1918.

Running S W,Coughlan J C.1988.A general model of forest ecosystem processes for regional applications I.hydrologic balance,canopy gas exchange and primary production processes.Ecological Modelling,42(2):125-154.

Running S W,Khanna P K,Benson M L,et al.1992.Dynamics of Pinus radiata foliage in relation to water and nitrogen stress:II.Needle loss and temporal changes in total foliage mass.Forest Ecology and Management,52(1/4):159-178.

Running S W.1984.Documentation and preliminary validation of H2OTRANS and DAYTRANS,two models for predicting transpiration and water stress in western coniferous forests.American Mineralogist,96(8):833-840.

Rustad L E, Huntington T G, Boone R D.2000.Controls on soil respiration: Implications for climate change. Biogeochemistry, 48(1):1-6.

Rustad L E,Fernandez I J.1998.Soil warming: Consequences for foliar litter decay in a spruce-fir forest in Maine, USA.Soil Science Society of America Journal,62(4): 1072-1080.

Ryan M G,Hunt E R,Mcmurtrie R E,et al.1996.Comparing models of ecosystem function for temperate conifer forests. I. Model description and validation.New York:John Wiley &AMP.

Ryan M G,Lavigne M B,Gower S T.1997.Annual carbon cost of autotrophic respiration in boreal forest ecosystems in relation to species and climate.Journal of Geophysical Research Atmospheres,102(D24):28871-28883.

Saiz G, Byrne K A, Butterbach-Bahl K.2006.Stand age-related effects on soil respiration in a first rotation Sitka spruce chronosequence in central Ireland.Global Change Biology, 12(6):1007-1020.

Sanford R L,Cuevas E.1996. Root growth and rhizosphere interactions in tropical forests//Mulkey S S,Chazdon R L,Smith A P.Tropical Forest Plant Ecophysiology.New York: Chapman & Hall.

Savage K,Davidson E A,Tang J.2013. Diel patterns of autotrophic and heterotrophic respiration among phenological stages. Global Change Biology,19:1151-1159.

Sawamoto T,Hatano R,Yajima T,et al.2000.Soil respiration in Siberian Taiga ecosystems with different histories of forest fire.Soil Science and Plant Nutrition,46(1):31-42.

Schelhaas M J,Van Esch P W,Groen T A,et al.2004.CO_2 FIX V 3.1-A Modelling Framework for Quantifying Carbon Sequestration in Forest Ecosystems.Wageningen Netherlands:ALTERRA.

Schilling E B , Lockaby B G , Rummer R . 1999.Belowground nutrient dynamics following three harvest intensities on the Pearl River floodplain, mississippi.Soil Science Society of America Journal, 63(6):1856-1868.

Schlesinger W H, Andrews J A.2000.Soil respiration and the global carbon cycle.Biogeochemistry,48:7-20.

Schulze E D,Freibauer A.2005.Carbon unlocked from soils.Nature,437:205-206.

Scott A N,Tate R K,Ross J D,et al.2006.Processes influencing soil carbon storage following afforestation of pasture with Pinus radiata at different stocking densities in New Zealand.Australian Journal of Soil Research,44(2):85-96.

Seely B,Welham C,Kimmins H.2002.Carbon sequestration in a boreal forest ecosystem:results from the ecosystem simulation model FORECAST.Forest Ecology and Management,169(1/2):123-135.

Sharrow S H,Ismail S .2004.Carbon and nitrogen storage in agroforests, tree plantations, and pastures in western Oregon, USA.Agroforestry Systems, 60(2):123-130.

Sitch S,Smith B,Prentice I C,et al.2003.Evaluation of ecosystem dynamics,plant geography and terrestrial carbon cycling in the LPJ dynamic global vegetation model.Global Change Biology,9(2):161-185.

Smethurst P J,Nambiar E K S.1990.Distribution of carbon and nutrients and fluxes of mineral nitrogen after clear-felling a Pinusradiata plantation.Canadian Journal of Forest Research,20(9):1490-1497.

Smith P,Fang C.2010. Carbon cycle: A warm response by soils. Nature, 464:499.

Startsev N A, McNabb D H, Startsev A D.1998.Soil biological activity in recent clearcuts in west-central Alberta. Canadian Journal of Soil Science,78: 69-76.

Striegl R G,Wickland K P.1998.Effects of a clear-cut harvest on soil respiration in a jack pine-Lichen woodland. Canadian Journal of Forest Research, 28(4):534-539.

Swank L R B T.1984.The Role of Black Locust (Robinia Pseudo-Acacia) in Forest Succession.Journal of Ecology,72(3):749-766.

Thierron V,Laudelout H.1996. Contribution of root respiration to total CO_2 efflux from the soil of a deciduous forest.Canadian Journal of Forest Research,26(7):1142-1148.

Thornton P E,Law B E,Gholz H L,et al.2002.Modeling and measuring the effects of disturbance history and climate on carbon and water budgets in evergreen needleleaf forests.Agricultural and Forest Meteorology,113(1/4):185-222.

Turner D P, Koepper G J, Harmon M E, et al.1995. A carbon budget for forests of the conterminous United States. Ecological Applications, 5(2): 421-436.

Turner D P,Göckede M,Law B E,et al.2007.Multiple constraint analysis of regional land-surface carbon flux.Tellus B,63(2):207-221.

Turner D P,Koepper G J,Harmon M E,et al.1995.A carbon budget for forests of the conterminous United States. Ecological Applications,5(2):421-436.

Van Der Tol C,Rossini M,Cogliati S,et al.2016.A model and measurement comparison of diurnal cycles of sun-induced chlorophyll fluorescence of crops.Remote Sensing of Environment,186:663-677.

Vanhala P.2002. Seasonal variation in the soil respiration rate in coniferous forest soils.Soil Biology and Biochemistry,34(9):1375-1379.

Vargas R,Baldocchi D D,Bahn M,et al.2011. On the multi-temporal correlation between photosynthesis and soil CO_2 efflux: Reconciling lags and observations. New phytologist,191:1006-1017.

Vargas R,Collins S L,Thomey M L,et al.2012. Precipitation variability and fire influence the temporal dynamics of soil CO_2 efflux in an arid grassland. Global Change Biology,18:1401-1411.

Vargas R,Detto M,Baldocchi D D,et al.2010. Multiscale analysis of temporal variability of soil CO_2 production as influenced by weather and vegetation. Global Change Biology,16: 1589-1605.

Vitousek P M.1984.Litterfall,nutrient cycling and nutrient limitation in tropical forests.Ecology,65(1): 285-298.

Vogt K A ,Grier C C ,Vogt D J . 1986.Production, turnover and nutrient dynamics of above and belowground detritus of world forests.Advances in Ecological Research, 15 :303-337.

Vogt K A , Vogt D J , Boon P , et al.1996.Litter Dynamics Along Stream, Riparian and Upslope Areas Following Hurricane Hugo, Luquillo Experimental Forest, Puerto Rico.Biotropica,28(4):458-470.

Vogt Kristiina A . 1996.Ecosystems: Balancing Science with Management.http://www.gbv.de/dms/goettingen/225082063.pdf[2019-12-20].

Vose J M,Swank W T,Clinton B D,et al.1999.Using stand replacement fires to restore southern Appalachian pine-hardwood ecosystems: Effects on mass, carbon, and nutrient pools.Forest Ecology and Management,114(2):215-226.

Waldrop M P, Zak D R,Blackwood C B,et al.2006.Resource availability controls fungal diversity across a plant diversity gradient.Ecology Letters,9(10):1127-1135.

Waldrop T A, Van Lear D H, Lloyd F T, et al. 1987. Long-term studies of prescribed burning in Loblolly Pine Forests of the southeastern coast.https://www.srs.fs.usda.gov/pubs/gtr/gtr_se045.pdf[2019-12-20].

Wan X H,Huang Z Q,Wang M H.2015.Soil C:N ratio is the major determinant of soil microbial community structure in subtropical coniferous and broadleaf forest plantat.Plant and Soil 387(1-2):103-116.

Wan Yong-Ge, Shen Zheng-Kang,Wang Min,et al. 2013.Coseismic slip distribution of the 2001 Kunlun mountain pass west earthquake constrained using GPS and InSAR data.http://www.onacademic.com/detail/ journal_1000038775956310_b966.html[2020-12-20].

Wang Y P,Jarvis P G.1990.Influence of crown structural properties on PAR absorption,photosynthesis,and transpiration in Sitka spruce:application of a model(MAESTRO).Tree Physiology,7(1/4):297-316.

Wang Y P.1988.Crown structure,radiation absorption,photosynthesis and transpiration.Edinburgh:University of Edinburgh,1988.

Wang Y,Bauerle W L,Reynolds R F.2008.Predicting the growth of deciduous tree species in response to water stress:FVS-BGC model parameterization,application,and evaluation.Ecological Modelling,217(1/2):139-147.

Waring R H, Schlesinger W H.1985. Forest Ecosystems: Concepts and Management. Orlando: Academic Press.

Waring R H,Coops N C,Landsberg J J.2010.Improving predictions of forest growth using the 3-PGS model with observations made by remote sensing.Forest Ecology and Management,259(9):1722-1729.

Watson R T,Noble I R,Bolin B,et al.2000.Land use,land-use change,and forestry.Cambridge:Cambridge University Press.

Weber M G.1990.Forest soil respiration in eastern Ontario jack pine ecosystems.Canadian Journal of Forest Research,15(6): 1069-1073.

Wensel L C,Daugherty P J,Meerschaert W J.1985.Cactos User's Guide:The California Conifer Timber Output Simulator.Berkeley:Division of Agriculture Science,University of California.

Widén B.2002.Seasonal variation in forest-floor CO_2 exchange in a Swedish coniferous forest.Agricultural and Forest meteorology,111(4):283-297.

Winkler J P , Cherry R S , Schlesinger W H .1996.The Q10 relationship of microbial respiration in a temperate forest soil.Soil Biology & Biochemistry, 28(8):1067-1072.

Wirth C,Schumacher J,Schulze E D.2004.Generic biomass functions for Norway spruce in Central Europe-a meta-analysis approach toward prediction and uncertainty estimation.Tree Physiology,24(2):121-139.

Wiseman P E, Seiler J R.2004.Soil CO_2 efflux across four age classes of plantation loblolly pine (Pinus taeda L.) on the Virginia Piedmont. Forest Ecology and Management, 192:297-311.

Wu J,Guan D,Miao W,et al.2006.Year-round soil and ecosystem respiration in a temperate broad-leaved Korean Pine forest.Forest Ecology and management, 223(1-3):35-44.

Wutzler T.2007.Projecting the Carbon Sink of Managed Forests Based on Standard Forestry Data. Jena,Germany:Friedrich-Schiller-University.

Xiao X M,Hollinger D,Aber J, et al. 2004.Satellite-based modeling of gross primary production in an evergreen needleleaf forest.Remote Sensing of Environment, 89(4):519-534.

Xu M,Qi Y.2001.Spatial and seasonal variations of Q10 determined by soil respiration measurements at a Sierra Nevadan Forest.Global Biogeochemical Cycles, 15 (3):678-696.

Yang S S,Fan H Y,Yang C K,et al,2003.Microbial population of spruce soil in Tatachia mountain of Taiwan. Chemosphere,52(9):1489-1498.

Yang Y S, Wang L X, Yang Z J, et al.2018.Large ecosystem service benefits of assisted natural regeneration. Journal of Geophysical Research: Biogeosciences, 123(2):676-687.

Yang Y S,Chen G S,Guo J F,et al.2004a.Decomposition dynamic of fine roots in a mixed forest of Cunninghamia lanceolata and Tsoongiodendron odorum in mid-subtropics.Annals of Forest Science, 61:65-72.

Yang Y S,Chen G S,Lin P,et al.2003.Fine root distribution, seasonal pattern and production in a native forest and monoculture plantations in subtropical China.Acta Ecologica Sinica, 23(9):1719-1730.

Yang Y S,Guo J F,Chen G S,et al.2004b.Litterfall, nutrient return, and leaf-litter decomposition in four plantations compared with a natural forest in subtropical China.Annals of Forest Science,61(5): 465-476.

Yang Y S,Guo J F,Chen G S,et al.2005.Carbon and nitrogen pools in Chinese fir and evergreen broadleaved forests and changes associated with felling and burning in mid-subtropical China.Forest Ecology and management, 216(1-3):216-226.

Yang Y S,Guo J F,Chen G S,et al.2007.Soil respiration and carbon balance in a subtropical native forest and two managed plantations.Plant Ecology,193:71-84.

Yang Y S,Wang J M,Wan D P.2018. Micro-topography modification and its effects on the conservation of soil and water in artificially piled landform area:A review.Chinese Journal of Ecology,37(2):569-579.

Yarie J,Billings S.2002.Carbon balance of the taiga forest within Alaska:Present and future.Canadian Journal of Forest Research,32(5):757-767.

Ye Q, Xu M.2001. Separating the effects of moisture and temperature on soil CO_2 efflux in a coniferous forest in the Sierra Nevada mountains.Plant and Soil volume, 237:15-23.

Yi Z, Fu S, Yi W, et al.2007.Partitioning soil respiration of subtropical forests with different successional stages in south China.Forest Ecology and Management,243(2-3): 178-186.

Yue T X,Wang Y F,Du Z P,et al.2016.Analysing the uncertainty of estimating forest carbon stocks in China.Biogeos Ciences,13(13):3991-4004.

Zak D R,Tilman D,Parmenter R R,1994.Plant production and soil microorganisms in late-successional ecosystems : A continental-scale study.Ecology,75(8):2333-2347.

Zhang W B, Xie Y, Liu B Y.2002.Estimation of rainfall erosivity using rainfall amount and rainfall intensity. GEOGRAPHICAL RESEARCH,21(3): 384-390.

Zhao M W,Yue T X,Zhao N,et al.2014.Combining LPJ-GUESS and HASM to simulate the spatial distribution of forest vegetation carbon stock in China.Journal of Geographical Sciences,24(2):249-268.